高等代数问题求解的多向思维

张之正　刘麦学　张

科学出版社

北京

内 容 简 介

本书是作者结合多年给数学专业本科生进行高等代数考研辅导的有关内容，和长期的探索积累编著而成的. 全书精选包括多项式、行列式、线性方程组、矩阵、二次型、线性空间、线性变换、λ-矩阵、欧几里得空间等内容的典型例题，给出多种证法或解法，反映高等代数各类知识点之间的有机联系，注重问题解决的多向思维训练，有利于读者开阔知识视野，拓宽解题思路，提高学习效能，更全面地掌握高等代数的内容、思想和方法.

本书可作为高等学校数学类专业学生考研复习用书，也可作为数学类专业开设高等代数选讲课程的教材，也可供教师讲授高等代数、线性代数课程参考使用.

图书在版编目(CIP)数据

高等代数问题求解的多向思维/张之正, 刘麦学, 张光辉编著. —北京：科学出版社, 2019.12

ISBN 978-7-03-063351-4

Ⅰ.①高… Ⅱ.①张… ②刘… ③张… Ⅲ.①高等代数-问题解答 Ⅳ.①O15

中国版本图书馆 CIP 数据核字(2019) 第 255871 号

责任编辑：胡海霞　孙翠勤／责任校对：杨聪敏
责任印制：赵　博／封面设计：迷底书装

科 学 出 版 社 出版
北京东黄城根北街 16 号
邮政编码：100717
http://www.sciencep.com

北京中石油彩色印刷有限责任公司印刷
科学出版社发行　各地新华书店经销

*

2019 年 12 月第 一 版　开本：720 × 1000　1/16
2025 年 2 月第三次印刷　印张：14　1/2
字数：289 000

定价：59.00 元
(如有印装质量问题，我社负责调换)

前　言

高等代数是数学类专业学生必修的一门重要的专业基础课, 也是各高校数学类专业研究生考试的必考科目之一. 这门课程具有高度的抽象性、严密的逻辑性, 且概念多, 解题方法独特、灵活、多变. 要学好这门课程, 除刻苦用功外, 途径之一就是掌握方法. 要灵活运用所学到的知识, 把各章的内容融会贯通, 使之前后联系, 尝试并学会用典型方法和多个知识点去解决同一个问题, 用同一个思路去尝试解决不同的问题. 这也正是作者编著本书的基本指导思想. 希望读者通过参考本书达到学习和掌握高等代数知识的目的.

本书是作者结合多年给数学专业本科生进行高等代数考研辅导的有关内容和长期的探索积累编著而成的, 不求全, 重在多向思维训练. 全书精选典型问题, 给出多种证法或解法, 反映高等代数各类知识点之间的有机联系, 注重拓宽读者的解题思路, 激发读者的发散性思维, 加强问题解决的多向思维训练, 提高读者的解题能力和知识运用能力, 利于读者开阔视野、分析问题和解决问题, 更全面掌握高等代数的内容、思想和方法.

全书题目基本按照北京大学数学系前代数小组编写的《高等代数》(第 4 版) 前九章自然章的顺序编排 (第十章 "双线性函数与辛空间" 暂未涉及), 每章都配有思路点拨, 讨论若干题目, 有意识注重各知识模块间的紧密联系. 书中题目有经典例题, 有选自各位学者著作中的题目 (见参考文献), 也有选自近年来国内一些知名高校硕士研究生入学考试和全国大学生数学竞赛的典型试题, 在此对题目的设计者表示衷心的感谢.

本书的编著得到了洛阳师范学院研究生和学科建设处、数学科学学院的支持, 得到了科学出版社胡海霞编辑的大力帮助, 在此亦对他们表示衷心的感谢.

由于编者水平所限, 书中不妥之处在所难免, 真诚欢迎读者批评指正.

作　者

2019 年 5 月

目　　录

第1章 多 项 式

1.1 思 路 点 拨

1. 证明多项式 $g(x)$ 整除多项式 $f(x)$ 的常用方法

(1) 用定义, 找多项式 $h(x)$, 使得 $f(x) = g(x)h(x)$.

(2) 用带余除法定理. 设 $f(x) = g(x)q(x) + r(x)$, 证明 $r(x) = 0$.

(3) 把 $g(x)$ 分解成一些两两互素的因式的乘积, 证明每个因式都整除 $f(x)$.

2. 求两个多项式最大公因式的方法

(1) 用辗转相除法, 最后一个不为零的余式为它们的一个最大公因式.

(2) 用多项式的标准分解式, 找出两个多项式公有的不可约因式, 每个不可约因式取两分解式中较低次数方幂, 其乘积为两个多项式的最大公因式.

3. 证明多项式 $d(x)$ 为 $f(x), g(x)$ 的最大公因式的常用方法

(1) 用定义, 先证 $d(x)|f(x), d(x)|g(x)$, 再证 $f(x), g(x)$ 的任意公因式 $c(x)$ 整除 $d(x)$.

(2) 先证 $d(x)|f(x), d(x)|g(x)$, 再证存在 $u(x), v(x)$, 使得

$$d(x) = u(x)f(x) + v(x)g(x).$$

(3) 证明 $(f(x), g(x)) = d(x)(f_1(x), g_1(x))$ 且 $(f_1(x), g_1(x)) = 1$.

(4) 证明两个最大公因式相等, 常证它们互相整除.

4. 证明两多项式 $f(x), g(x)$ 互素的常用方法

(1) 设 $(f(x), g(x)) = d(x)$, 证明 $d(x) = 1$.

(2) 利用互素的充分必要条件, 证明存在多项式 $u(x), v(x)$, 使得

$$u(x)f(x) + v(x)g(x) = 1.$$

(3) 若 $f(x)$ 为不可约多项式, 则 $f(x)$ 不能整除 $g(x)$ 时, $f(x)$ 与 $g(x)$ 互素.

5. 证明两个多项式相等的常用方法

(1) 证明两个多项式互相整除, 再说明它们的首项系数相等.

(2) 若判定 $\max\{\partial(f(x)), \partial(g(x))\} \leqslant n$, 而 $f(x), g(x)$ 在多于 n 个的互异点取值相同, 则 $f(x) = g(x)$.

特例: 若判定 $\partial(f(x)) \leqslant n$, 而 $f(x)$ 有多于 n 个互不相同的根, 则 $f(x) = 0$.

6. 证明整系数多项式 $f(x)$ 在有理数域上不可约的常用方法

(1) 利用艾森斯坦判别法.

(2) 利用 $f(ay+b)(a,b$ 为整数, $a \neq 0)$ 与 $f(x)$ 有相同的可约性, 作适当的代换 $x = ay+b$ 后, 判定 $f(ay+b)$ 在有理数域上不可约.

(3) 利用反证法. 设 $f(x)$ 可约, 利用分解式相乘比较系数, 推出矛盾.

7. 证明整系数多项式 $f(x)$ 无整数根的常用方法

(1) 整系数多项式 $f(x)$ 无有理根, 自然无整数根.

(2) 利用整数的性质, 证明奇数、偶数都不是 $f(x)$ 的根, 则 $f(x)$ 无整数根.

(3) 当整系数多项式 $f(x)$ 的最高项系数为 1 时, 若常数项的因数都不是 $f(x)$ 的根, 则 $f(x)$ 无有理根.

1.2　问 题 探 索

1. 数域 P 上的多项式 $f(x)$ 满足: 对任意 $a, b \in P, f(a+b) = f(a) + f(b)$. 证明:

$$f(x) = kx \quad (k \in P).$$

证法一　易知, 对任意的正整数 n, 有 $f(n) = f(1)n$. 令 $k = f(1), g(x) = f(x) - kx$, 则有

$$g(n) = f(n) - kn = f(n) - f(1)n = 0.$$

所以 $g(x)$ 有无穷多个根, 故知 $g(x) = 0$, 即 $f(x) = kx$.

证法二　设 $f(x) = a_n x^n + a_{n-1} x^{n-1} + \cdots + a_1 x + a_0$. 由题设, 知

$$f(2x) = f(x) + f(x) = 2f(x),$$

从而有

$$\begin{aligned}
0 &= f(2x) - 2f(x) \\
&= (2^n - 2)a_n x^n + (2^{n-1} - 2)a_{n-1} x^{n-1} + \cdots + (2^2 - 2)a_2 x^2 - a_0.
\end{aligned}$$

故 $a_0 = 0, (2^i - 2)a_i = 0(i = 2, \cdots, n)$, 但 $2^i - 2 \neq 0(i = 2, \cdots, n)$, 所以

$$a_n = a_{n-1} = \cdots = a_2 = a_0 = 0.$$

于是 $f(x) = a_1 x(a_1 \in P)$.

证法三　$f(x) = 0$ 结论显然. 设

$$f(x) = a_n x^n + a_{n-1} x^{n-1} + \cdots + a_1 x + a_0 \neq 0 \quad (a_n \neq 0).$$

因为 $f(0) = f(0) + f(0)$, 所以 $a_0 = 0$. 若 $n > 1$, 则由题设 $f(x+1) = f(x) + f(1)$ 得

$$a_n(x+1)^n + a_{n-1}(x+1)^{n-1} + \cdots + a_1(x+1) = a_n x^n + a_{n-1} x^{n-1} + \cdots + a_1 x + f(1).$$

比较上式两边 x^{n-1} 的系数, 得 $na_n + a_{n-1} = a_{n-1}$, 故 $a_n = 0$, 矛盾. 因此 $n = 1$, 即得 $f(x) = a_1 x$.

证法四 $f(x) = 0$ 结论显然. 设 $f(x) \neq 0$. 若 $f(x)$ 有非零根 α, 则 $f(\alpha) = 0$, 从而

$$f(2\alpha) = f(\alpha) + f(\alpha) = 0, \quad f(3\alpha) = f(2\alpha) + f(\alpha) = 0, \quad \cdots\cdots$$

即对任意的自然数 m, $f(m\alpha) = 0$, 这说明 $f(x)$ 有无穷多个根, 此与 $f(x) \neq 0$ 相矛盾, 所以 $f(x)$ 只有零根. 令 $f(x) = kx^n$, 这里 $k \neq 0, n \geqslant 1$. 因为

$$2^n k = f(2) = f(1) + f(1) = 2k,$$

即得 $n = 1$, 所以 $f(x) = kx(k \in P)$.

2. 设 $f(x) = x^{50} + x^{49} + \cdots + x + 1$, $g(x) = x^{50} - x^{49} + x^{48} - x^{47} + \cdots + x^2 - x + 1$, 证明: 乘积 $f(x)g(x)$ 的展开式中无奇数次项.

证法一 设 $h(x) = f(x)g(x)$. 因为 $f(-x) = g(x), g(-x) = f(x)$, 所以

$$h(-x) = f(-x)g(-x) = g(x)f(x) = h(x),$$

从而 $h(x) = f(x)g(x)$ 为偶函数, 故 $f(x)g(x)$ 的展开式中无奇数次项.

证法二 易知

$$(x - 1)f(x) = (x - 1)(x^{50} + x^{49} + \cdots + x + 1) = x^{51} - 1,$$

$$(x + 1)g(x) = (x + 1)(x^{50} - x^{49} + x^{48} - x^{47} + \cdots + x^2 - x + 1) = x^{51} + 1,$$

所以

$$(x^2 - 1)f(x)g(x) = x^{102} - 1 = (x^2)^{51} - 1,$$

从而

$$f(x)g(x) = \frac{(x^2)^{51} - 1}{x^2 - 1} = (x^2)^{50} + (x^2)^{49} + \cdots + (x^2)^1 + 1$$

无奇数次项.

3. 设 $f(x), g(x), h(x) \in \mathbb{R}[x]$, 若它们满足 $f^2(x) = xg^2(x) + xh^2(x)$, 证明:

$$f(x) = g(x) = h(x) = 0.$$

证法一 若 $f(x) \neq 0$, 则 $g^2(x) + h^2(x) \neq 0$, 等式左边次数为 $2\partial(f(x))$ 是偶数, 而右边次数为 $2\partial(g^2(x) + h^2(x)) + 1$ 是奇数, 矛盾. 所以 $f(x) = 0$, 从而

$g^2(x) + h^2(x) = 0$, 即得 $g^2(x) = -h^2(x)$. 若 $g(x) \neq 0$, 则 $h(x) \neq 0$, 且它们的次数相同. 设它们的最高次项系数分别为 $a_m, b_m(a_m b_m \neq 0)$, 由 $g^2(x) = -h^2(x)$ 可得 $a_m^2 = -b_m^2$, 因为 a_m, b_m 为实数, 所以这不可能. 故 $g(x) = h(x) = 0$.

证法二 若 $f(x) \neq 0$, 则必有 $x_0 < 0$, 使 $f(x_0) \neq 0$, 否则 $f(x)$ 有无穷多个根, 与 $f(x) \neq 0$ 的假设相矛盾. 将 x_0 代入 $f^2(x) = xg^2(x) + xh^2(x)$, 得

$$f^2(x_0) = x_0 g^2(x_0) + x_0 h^2(x_0),$$

上式左边大于零, 右边小于等于零, 这不可能, 所以 $f(x) = 0$, 从而 $g^2(x) + h^2(x) = 0$. 若 $g(x) \neq 0$, 则 $h(x) \neq 0$, 从而有 $x_1 \in \mathbb{R}$, 使得 $g(x_1) \neq 0, h(x_1) \neq 0$, 从而 $g^2(x_1) + h^2(x_1) \neq 0$, 矛盾, 所以 $g(x) = h(x) = 0$.

4. 设多项式 $f(x), g(x), h(x), k(x)$ 满足

$$\begin{cases} (x^2 + 1)h(x) + (x + 1)f(x) + (x + 2)g(x) = 0, & (1) \\ (x^2 + 1)k(x) + (x - 1)f(x) + (x - 2)g(x) = 0. & (2) \end{cases}$$

证明: $(x^2 + 1)|f(x), (x^2 + 1)|g(x)$.

证法一 $(1) \times (x - 2) - (2) \times (x + 2)$ 得

$$(x^2 + 1)[(x - 2)h(x) - (x + 2)k(x)] + [(x - 2)(x + 1) - (x + 2)(x - 1)]f(x) = 0.$$

整理得

$$(x^2 + 1)[(x - 2)h(x) - (x + 2)k(x)] = 2xf(x) \Rightarrow (x^2 + 1)|2xf(x).$$

因为 $(x^2 + 1, 2x) = 1$, 所以 $(x^2 + 1)|f(x)$. 同理可证 $(x^2 + 1)|g(x)$.

证法二 设 i 为虚数单位, 代入关系式, 得

$$\begin{cases} (i + 1)f(i) + (i + 2)g(i) = 0, \\ (i - 1)f(i) + (i - 2)g(i) = 0. \end{cases}$$

因为 $\begin{vmatrix} i + 1 & i + 2 \\ i - 1 & i - 2 \end{vmatrix} = -2i \neq 0$, 所以 $f(i) = g(i) = 0$, 从而 $(x - i)|f(x), (x - i)|g(x)$. 同理可证 $(x + i)|f(x), (x + i)|g(x)$. 又 $(x - i, x + i) = 1$, 所以

$$(x^2 + 1)|f(x), (x^2 + 1)|g(x).$$

5. 证明: $(x^m - 1)|(x^n - 1)$ 的充要条件是 $m|n$.

(充分性) **证法一** 设 $m|n$, 则存在正整数 k, 使得 $n = mk$. 于是

$$x^n - 1 = (x^m)^k - 1 = (x^m - 1)[(x^m)^{k-1} + (x^m)^{k-2} + \cdots + 1],$$

所以 $(x^m - 1)|(x^n - 1)$.

证法二 设 $m|n$, 则存在正整数 k, 使得 $n = mk$. 再设 $x^m - 1$ 的根为 $\varepsilon_0 = 1, \varepsilon_1, \cdots, \varepsilon_{m-1}$, 则

$$\varepsilon_i^n = \varepsilon_i^{mk} = (\varepsilon_i^m)^k = 1 \quad (i = 0, 1, \cdots, m-1),$$

即 $x^m - 1$ 的根都是 $x^n - 1$ 的根, 又 $\varepsilon_0 = 1, \varepsilon_1, \cdots, \varepsilon_{m-1}$ 互不相同, 所以 $x - 1, x - \varepsilon_1, \cdots, x - \varepsilon_{m-1}$ 两两互素, 故

$$(x - 1)(x - \varepsilon_1) \cdots (x - \varepsilon_{m-1})|(x^n - 1),$$

即 $(x^m - 1)|(x^n - 1)$.

证法三 设 $x^n - 1 = (x^m - 1)q(x) + r(x)$, 这里 $r(x) = 0$ 或者 $\partial(r(x)) < m$. 令 $n = mk, k \in \mathbb{Z}$, 则对 $x^m - 1$ 的任意根 α 都有 $\alpha^n = (\alpha^m)^k = 1$, 即 $x^m - 1$ 的任意根 α 都是 $x^n - 1$ 的根. 又 $x^m - 1$ 的根互不相同, 所以 $r(x)$ 有 m 个互不相同的根, 这只有 $r(x) = 0$, 从而 $(x^m - 1)|(x^n - 1)$.

(必要性) **证法一** 设 $(x^m - 1)|(x^n - 1)$, 则

$$(x^{m-1} + x^{m-2} + \cdots + x + 1)|(x^{n-1} + x^{n-2} + \cdots + x + 1),$$

所以

$$x^{n-1} + x^{n-2} + \cdots + x + 1 = (x^{m-1} + x^{m-2} + \cdots + x + 1)q(x), \quad q(x) \in \mathbb{Z}[x].$$

上式中令 $x = 1$, 即得 $m|n$.

证法二 设 $\varepsilon = \cos\dfrac{2\pi}{m} + i\sin\dfrac{2\pi}{m}$ 为 $x^m - 1$ 的一个原根. 因为 $(x^m - 1)|(x^n - 1)$, 所以 $\varepsilon = \cos\dfrac{2\pi}{m} + i\sin\dfrac{2\pi}{m}$ 也是 $x^n - 1$ 的根, 故

$$1 = \varepsilon^n = \cos\frac{2n\pi}{m} + i\sin\frac{2n\pi}{m},$$

于是其辐角 $\dfrac{2n\pi}{m}$ 为 2π 的整数倍, 即知 $m|n$.

证法三 设 $n = mq + r(0 \leqslant r < m)$, 则

$$x^n - 1 = x^{mq+r} - 1 = x^r(x^{mq} - 1) + (x^r - 1).$$

因为 $(x^m - 1)|(x^n - 1), (x^m - 1)|(x^{mq} - 1)$, 所以 $(x^m - 1)|(x^r - 1)$, 这只有 $r = 0$, 故得 $m|n$.

6. 设 m, n 均是自然数, $d = (m, n)$, 求证: $(x^m - 1, x^n - 1) = x^d - 1$.

证法一 若 $d = m$ 或 $d = n$, 则结论显然. 下设 $d \neq m, d \neq n$. 因为 $d|m$ 和 $d|n$, 所以

$$(x^d - 1)|(x^n - 1), \quad (x^d - 1)|(x^m - 1),$$

即 $x^d - 1$ 为 $x^m - 1, x^n - 1$ 的公因式.

设 $h(x)|(x^m - 1), h(x)|(x^n - 1)$, 下面证明 $h(x)|(x^d - 1)$. 不妨设 $d = ms - nt$, 这里 s, t 是正整数, 则

$$x^{nt}(x^d - 1) = x^{nt}(x^{ms-nt} - 1) = (x^{ms} - 1) - (x^{nt} - 1).$$

由 $h(x)|(x^m - 1), h(x)|(x^n - 1)$, 得 $h(x)|(x^{ms} - 1), h(x)|(x^{nt} - 1)$, 因此 $h(x)|x^{nt}(x^d - 1)$. 注意到 $h(0) \neq 0, (h(x), x^{nt}) = 1$, 即得 $h(x)|(x^d - 1)$. 所以 $(x^m - 1, x^n - 1) = x^d - 1$.

证法二   易知 $(x^d - 1)|(x^n - 1), (x^d - 1)|(x^m - 1)$. 设 $h(x)|(x^m - 1), h(x)|(x^n - 1)$, α 是 $h(x)$ 的任一根, 则 $\alpha^m = \alpha^n = 1$. 由于 $d = (m, n)$, 故存在整数 s, t, 使得 $d = ms + nt$, 即得 $\alpha^d = \alpha^{ms+nt} = \alpha^{ms}\alpha^{nt} = 1$, 即 $h(x)$ 的根都是 $x^d - 1$ 的根, 又 $h(x)$ 无重根. 所以 $h(x)|(x^d - 1)$. 故 $(x^m - 1, x^n - 1) = x^d - 1$.

证法三   设 $m = kd, n = ld$, 则 $(k, l) = 1$, 并且

$$x^m - 1 = (x^d - 1)(x^{d(k-1)} + x^{d(k-2)} + \cdots + x^d + 1);$$

$$x^n - 1 = (x^d - 1)(x^{d(l-1)} + x^{d(l-2)} + \cdots + x^d + 1).$$

令

$$f(y) = y^{k-1} + \cdots + y + 1, \quad g(y) = y^{l-1} + \cdots + y + 1.$$

设 $\varepsilon = \cos\dfrac{2\pi}{k} + \mathrm{i}\sin\dfrac{2\pi}{k}$, 则 $f(y)$ 的根为 $\varepsilon, \varepsilon^2, \cdots, \varepsilon^{k-1}$. 而 $(\varepsilon^j)^l = \cos\dfrac{2jl\pi}{k} + \mathrm{i}\sin\dfrac{2jl\pi}{k}, j = 1, 2, \cdots, k-1$. 若 $(\varepsilon^j)^l = 1$, 则 $\dfrac{2jl\pi}{k} = 2s\pi$, 得 $jl = sk$, 故 $k|jl$, 这不可能. 故 $(\varepsilon^j)^l \neq 1, j = 1, 2, \cdots, k-1$, 即 $f(y)$ 的根都不是 $g(y)$ 的根. 同理 $g(y)$ 的根也不是 $f(y)$ 的根, 所以 $(f(y), g(y)) = 1$, 因此 $(f(x^d), g(x^d)) = 1$, 即得

$$(x^m - 1, x^n - 1) = x^d - 1.$$

7. 设 $f_j(x) \in P[x](j = 1, 2, \cdots, n-1), g(x) = 1 + x + \cdots + x^{n-1}$, 则

$$g(x)\left|\sum_{j=1}^{n-1} x^{j-1} f_j(x^n)\right.$$

的充要条件是 $(x - 1)|f_j(x)(j = 1, 2, \cdots, n-1)$.

(必要性) **证法一**   设 $g(x)$ 的根为 $\varepsilon_1, \varepsilon_2, \cdots, \varepsilon_{n-1}$, 则它们互不相同, 且 $\varepsilon_i^n = 1(i = 1, 2, \cdots, n-1)$. 因为

$$g(x)\left|\sum_{j=1}^{n-1} x^{j-1} f_j(x^n),\right.$$

所以

$$\sum_{j=1}^{n-1} \varepsilon_i^{j-1} f_j(1) = 0 \quad (i = 1, 2, \cdots, n-1). \tag{3}$$

又因为

$$D = \begin{vmatrix} 1 & \varepsilon_1 & \cdots & \varepsilon_1^{n-2} \\ 1 & \varepsilon_2 & \cdots & \varepsilon_2^{n-2} \\ \vdots & \vdots & & \vdots \\ 1 & \varepsilon_{n-1} & \cdots & \varepsilon_{n-1}^{n-2} \end{vmatrix} \neq 0,$$

所以线性方程组 (3) 只有零解, 即 $f_j(1) = 0 (j = 1, 2, \cdots, n-1)$, 因此

$$(x-1) | f_j(x) \quad (j = 1, 2, \cdots, n-1).$$

证法二 设 $f_j(x) = (x-1)q_j(x) + r_j (j = 1, 2, \cdots, n-1)$, 则

$$\sum_{j=1}^{n-1} x^{j-1} f_j(x^n) = \sum_{j=1}^{n-1} x^{j-1}[(x^n-1)q_j(x^n) + r_j] = (x^n-1)\sum_{j=1}^{n-1} x^{j-1} q_j(x^n) + \sum_{j=1}^{n-1} r_j x^{j-1}.$$

因为 $g(x) \Big| \sum_{j=1}^{n-1} x^{j-1} f_j(x^n)$, 且 $g(x)|(x^n - 1)$, 所以 $g(x) \Big| \sum_{j=1}^{n-1} r_j x^{j-1}$, 而这只有 $\sum_{j=1}^{n-1} r_j x^{j-1} = 0$, 从而 $r_j = 0 (j = 1, 2, \cdots, n-1)$, 故 $(x-1)|f_j(x) (j = 1, 2, \cdots, n-1)$.

(充分性) 证法一 设 $(x-1)|f_j(x) (j = 1, 2, \cdots, n-1)$, 则 $f_j(x) = (x-1)q_j(x) (j = 1, 2, \cdots, n-1)$, 从而

$$f_j(x^n) = (x^n - 1)q_j(x^n) \quad (j = 1, 2, \cdots, n-1),$$

故

$$\sum_{j=1}^{n-1} x^{j-1} f_j(x^n) = (x^n - 1) \sum_{j=1}^{n-1} x^{j-1} q_j(x^n).$$

因为 $g(x)|(x^n - 1)$, 所以 $g(x) \Big| \sum_{j=1}^{n-1} x^{j-1} f_j(x^n)$.

证法二 设 $\sum_{j=1}^{n-1} x^{j-1} f_j(x^n) = g(x)q(x) + r(x)$, 这里 $r(x) = 0$ 或者 $\partial(r(x)) < n-1$, 从而

$$r(x) = \sum_{j=1}^{n-1} x^{j-1} f_j(x^n) - g(x)q(x).$$

设 $\varepsilon_1, \varepsilon_2, \cdots, \varepsilon_{n-1}$ 为 $g(x) = 1 + x + \cdots + x^{n-1}$ 的全部根, 则它们互不相同, 且 $\varepsilon_i^n = 1 (i = 1, 2, \cdots, n-1)$. 因为 $f_j(1) = 0 (j = 1, 2, \cdots, n-1)$, 所以 $r(x)$ 有 $n-1$

个互不相同的根, 这只有 $r(x) = 0$. 因此,

$$g(x) \left| \sum_{j=1}^{n-1} x^{j-1} f_j(x^n). \right.$$

8. 设 $f_i(x) \in P[x] (i = 0, 1, \cdots, n-1), a \in P, a \neq 0$, 且

$$(x^n - a) \left| \sum_{i=0}^{n-1} x^i f_i(x^n). \right.$$

求证: $(x - a) | f_i(x) (i = 0, 1, \cdots, n-1)$.

证法一   已知 $x^n - a$ 在复数域内有 n 个互异的根. 设 c 是 $x^n - a$ 的任意一个根. 由已知条件得 $\sum\limits_{i=0}^{n-1} c^i f_i(a) = 0$, 上式表明数域 P 上的次数最多为 $n-1$ 的多项式 $\sum\limits_{i=0}^{n-1} x^i f_i(a)$ 在复数域内有 n 个互异的根, 故 $\sum\limits_{i=0}^{n-1} x^i f_i(a) = 0$, 从而 $f_i(a) = 0 (i = 0, 1, \cdots, n-1)$. 因此 $(x - a) | f_i(x) (i = 0, 1, \cdots, n-1)$.

证法二   由带余除法得

$$f_i(x) = (x - a)q_i(x) + f_i(a) \quad (i = 0, 1, \cdots, n-1),$$

则

$$f_i(x^n) = (x^n - a)q_i(x^n) + f_i(a) \quad (i = 0, 1, \cdots, n-1),$$

即得

$$\sum_{i=0}^{n-1} x^i f_i(x^n) = (x^n - a) \sum_{i=0}^{n-1} x^i q_i(x^n) + \sum_{i=0}^{n-1} x^i f_i(a).$$

由已知条件得

$$(x^n - a) \left| \sum_{i=0}^{n-1} x^i f_i(a), \right.$$

从而 $\sum\limits_{i=0}^{n-1} x^i f_i(a) = 0$. 因此 $f_i(a) = 0 (i = 0, 1, \cdots, n-1)$, 所以

$$(x - a) | f_i(x) \quad (i = 0, 1, \cdots, n-1).$$

9. 设 $p(x), f(x) \in P[x]$, $p(x)$ 在数域 P 上不可约. 若 $p(x), f(x)$ 有公共复根, 则

$$p(x) | f(x).$$

证法一   因为 $p(x), f(x)$ 有公共复根, 所以 $p(x), f(x)$ 在复数域不互素. 而多项式的互素不因系数域的扩大而改变, 所以 $p(x), f(x)$ 在数域 P 上不互素. 又 $p(x)$ 在数域 P 上不可约, 所以 $p(x) | f(x)$.

证法二 $p(x)$ 在数域 P 上不可约, 若 $p(x)$ 不整除 $f(x)$, 则 $(p(x), f(x)) = 1$. 故存在 $u(x), v(x)$, 使得

$$u(x)p(x) + v(x)f(x) = 1.$$

设 α 为 $p(x), f(x)$ 的公共复根, 代入上式, 得

$$u(\alpha)p(\alpha) + v(\alpha)f(\alpha) = 1.$$

即 $0 = 1$, 矛盾, 所以 $p(x)|f(x)$.

10. 证明: 对于 $P[x]$ 中任意两个多项式 $f(x), g(x)$, 在 $P[x]$ 中存在一个最大公因式 $d(x)$, 且 $d(x)$ 可以表成 $f(x), g(x)$ 的一个组合, 即有 $P[x]$ 中多项式 $u(x), v(x)$ 使

$$d(x) = u(x)f(x) + v(x)g(x).$$

证法一 如果 $f(x), g(x)$ 有一个为零, 譬如说, $g(x) = 0$, 那么 $f(x)$ 就是一个最大公因式, 且

$$f(x) = 1 \cdot f(x) + 1 \cdot 0.$$

下面来看一般的情形. 不妨设 $g(x) \neq 0$. 按带余除法, 用 $g(x)$ 除 $f(x)$, 得到商 $q_1(x)$, 余式 $r_1(x)$; 如果 $r_1(x) \neq 0$, 就再用 $r_1(x)$ 除 $g(x)$, 得到商 $q_2(x)$, 余式 $r_2(x)$; 如果 $r_2(x) \neq 0$, 就再用 $r_2(x)$ 除 $r_1(x)$, 得出商 $q_3(x)$, 余式 $r_3(x)$; 如此辗转相除下去, 显然, 所得余式的次数不断降低, 即

$$\partial(g(x)) > \partial(r_1(x)) > \partial(r_2(x)) > \cdots,$$

因此在有限次之后, 必然有余式为零. 于是有一串等式

$$f(x) = q_1(x)g(x) + r_1(x),$$

$$g(x) = q_2(x)r_1(x) + r_2(x),$$

$$\cdots\cdots$$

$$r_{i-2}(x) = q_i(x)r_{i-1}(x) + r_i(x),$$

$$\cdots\cdots$$

$$r_{s-3}(x) = q_{s-1}(x)r_{s-2}(x) + r_{s-1}(x),$$

$$r_{s-2}(x) = q_s(x)r_{s-1}(x) + r_s(x),$$

$$r_{s-1}(x) = q_{s+1}(x)r_s(x) + 0.$$

$r_s(x)$ 与 0 的最大公因式是 $r_s(x)$. 根据前面的说明, $r_s(x)$ 也就是 $r_s(x)$ 与 $r_{s-1}(x)$ 的一个最大公因式; 同样的理由, 逐步推上去, $r_s(x)$ 就是 $f(x)$ 与 $g(x)$ 的一个最大公因式.

由上面的倒数第二个等式, 我们有

$$r_s(x) = r_{s-2}(x) - \dot{q}_s(x)r_{s-1}(x).$$

再由倒数第三式, $r_{s-1}(x) = r_{s-3}(x) - q_{s-1}(x)r_{s-2}(x)$, 代入上式可消去 $r_{s-1}(x)$, 得到

$$r_s(x) = (1 + q_s(x)q_{s-1}(x))r_{s-2}(x) - q_s(x)r_{s-3}(x).$$

然后根据同样的方法用它上面的等式逐个地消去 $r_{s-2}(x), \cdots, r_1(x)$, 再并项就得到

$$r_s(x) = u(x)f(x) + v(x)g(x),$$

即有 $P[x]$ 中多项式 $u(x), v(x)$ 使 $d(x) = u(x)f(x) + v(x)g(x)$. (北京大学数学系前代数小组, 2013)[13]

证法二 若 $f(x) = g(x) = 0$, 则 0 为 $f(x), g(x)$ 的最大公因式, 且

$$0 = 0f(x) + 0g(x).$$

设 $f(x), g(x)$ 不全为零, 作集合

$$R = \{s(x)f(x) + t(x)g(x) \mid s(x), t(x) \in P[x]\}.$$

易知 $f(x), g(x) \in R$, 即 R 中含有非零多项式. 设 $d(x)$ 为 R 中次数最低的首一多项式, 则有

$$d(x) = u(x)f(x) + v(x)g(x), \quad u(x), v(x) \in P[x].$$

下证 $d(x)$ 为 $f(x), g(x)$ 的最大公因式.

设 $f(x) = d(x)q(x) + r(x)$, 这里 $r(x) = 0$ 或者 $\partial(r(x)) < \partial(d(x))$. 若 $r(x) \neq 0$, 则

$$r(x) = f(x) - d(x)q(x) = [1 - u(x)q(x)]f(x) + [-v(x)q(x)]g(x) \in R,$$

这与 $d(x) \in R$ 相矛盾, 所以 $r(x) = 0$, 从而 $d(x)|f(x)$; 同理, $d(x)|g(x)$, 即 $d(x)$ 为 $f(x), g(x)$ 的公因式.

再设 $c(x)$ 为 $f(x), g(x)$ 的任意公因式. 因为 $d(x) = u(x)f(x) + v(x)g(x)$, 所以 $c(x)|d(x)$.

由上可证, $d(x)$ 是 $f(x), g(x)$ 的最大公因式, 且为 $f(x), g(x)$ 的线性组合.

11. 设 $f(x), g(x) \in P[x]$, 且 $f(x), g(x)$ 不全为零, n 为正整数, 证明:

$$(f^n(x), g^n(x)) = (f(x), g(x))^n.$$

证法一 设 $(f(x), g(x)) = d(x)$, 则 $d(x)|f(x), d(x)|g(x)$. 令

$$f(x) = d(x)f_1(x), \quad g(x) = d(x)g_1(x),$$

则 $(f_1(x), g_1(x)) = 1$, 从而 $(f_1^n(x), g_1^n(x)) = 1$. 于是有

$$(f^n(x), g^n(x)) = (d^n(x)f_1^n(x), d^n(x)g_1^n(x))$$
$$= d^n(x)(f_1^n(x), g_1^n(x)) = d^n(x) = (f(x), g(x))^n.$$

证法二 设 $(f(x), g(x)) = d(x)$, 则 $d(x)|f(x), d(x)|g(x)$. 令

$$f(x) = d(x)f_1(x), \quad g(x) = d(x)g_1(x),$$

则 $f^n(x) = d^n(x)f_1^n(x), g^n(x) = d^n(x)g_1^n(x)$, 所以 $d^n(x)$ 是 $f^n(x), g^n(x)$ 的公因式. 又

$$(f_1(x), g_1(x)) = 1 \Rightarrow (f_1^n(x), g_1^n(x)) = 1.$$

故 $d^n(x)$ 是 $f^n(x), g^n(x)$ 的最大公因式, 即

$$(f^n(x), g^n(x)) = d^n(x) = (f(x), g(x))^n.$$

证法三 若 $f(x), g(x)$ 中有一个为常数, 结论显然成立. 设 $f(x), g(x)$ 的次数均大于零, 且它们的标准分解式分别为

$$f(x) = ap_1^{m_1}(x)p_2^{m_2}(x) \cdots p_s^{m_s}(x)h_{s+1}^{m_{s+1}}(x) \cdots h_{s_0}^{m_{s_0}}(x),$$

$$g(x) = bp_1^{r_1}(x)p_2^{r_2}(x) \cdots p_s^{r_s}(x)q_{s+1}^{r_{s+1}}(x) \cdots q_{t_0}^{r_{t_0}}(x),$$

则

$$(f(x), g(x)) = p_1^{k_1}(x)p_2^{k_2}(x) \cdots p_s^{k_s}(x),$$

其中 $s \geqslant 0, k_i = \min\{m_i, r_i\}$. 因为

$$f^n(x) = a^n p_1^{nm_1}(x)p_2^{nm_2}(x) \cdots p_s^{nm_s}(x)h_{s+1}^{nm_{s+1}}(x) \cdots h_{s_0}^{nm_{s_0}}(x),$$

$$g^n(x) = b^n p_1^{nr_1}(x)p_2^{nr_2}(x) \cdots p_s^{nr_s}(x)q_{s+1}^{nr_{s+1}}(x) \cdots q_{t_0}^{nr_{t_0}}(x),$$

所以

$$(f^n(x), g^n(x)) = p_1^{nk_1}(x)p_2^{nk_2}(x) \cdots p_s^{nk_s}(x) = (f(x), g(x))^n.$$

12. 设 $f(x), g(x) \in P[x]$, k 为正整数, 证明: $f(x)|g(x)$ 的充要条件是 $f^k(x)|g^k(x)$.

证明 必要性显然. 下证充分性.

证法一 若 $g(x) = 0$, 结论显然. 设 $g(x) \neq 0$, 令 $d(x) = (f(x), g(x))$, 设

$$f(x) = d(x)f_1(x), \quad g(x) = d(x)g_1(x),$$

则 $(f_1(x), g_1(x)) = 1$. 由 $f^k(x)|g^k(x)$ 得

$$d^k(x)g_1^k(x) = d^k(x)f_1^k(x)h(x).$$

于是 $g_1^k(x) = f_1^k(x)h(x)$, 即得 $f_1(x)|g_1^k(x)$. 因为 $(f_1(x), g_1(x)) = 1$, 所以 $f_1(x)|g_1(x)$, 故得 $f(x)|g(x)$.

证法二 若 $g(x) = 0$, 结论显然. 设 $g(x) \neq 0$, $(f(x), g(x)) = d(x)$.

(1) $d(x) = 1$.

若 $g(x)$ 不能被 $f(x)$ 整除, 则 $g(x) = f(x)q(x) + r(x)$, $r(x) \neq 0$ 且 $\partial(r(x)) < \partial(f(x))$, 所以

$$g^k(x) = (f(x)q(x) + r(x))^k$$
$$= [f(x)q(x)]^k + C_k^1[f(x)q(x)]^{k-1}r(x) + \cdots + C_k^{k-1}[f(x)q(x)]r^{k-1}(x) + r^k(x).$$

由 $f^k(x)|g^k(x)$ 知,

$$f^k(x)|\{[f(x)q(x)]^k + C_k^1[f(x)q(x)]^{k-1}r(x) + \cdots + C_k^{k-1}[f(x)q(x)]r^{k-1}(x) + r^k(x)\},$$

从而

$$f(x)|\{[f(x)q(x)]^k + C_k^1[f(x)q(x)]^{k-1}r(x) + \cdots + C_k^{k-1}[f(x)q(x)]r^{k-1}(x) + r^k(x)\},$$

由上式知, $f(x)|r^k(x)$, 但 $(f(x), r(x)) = (f(x), g(x)) = 1$, 故 $f(x)|r(x)$ 不可能. 所以 $f(x)|g(x)$.

(2) $d(x) \neq 1$.

设 $f(x) = d(x)f_1(x)$, $g(x) = d(x)g_1(x)$, 则 $(f_1(x), g_1(x)) = 1$. 由 $f^k(x)|g^k(x)$ 可得 $f_1^k(x)|g_1^k(x)$. 由 (1) 知 $f_1(x)|g_1(x)$, 从而 $d(x)f_1(x)|d(x)g_1(x)$, 即 $f(x)|g(x)$.

证法三 若 $g(x) = 0$, 结论显然. 设 $g(x) \neq 0$, $f(x), g(x)$ 的全部首项系数为 1 的互不相同的不可约多项式有 $p_1(x), p_2(x), \cdots, p_s(x)$, 则

$$f(x) = ap_1^{m_1}(x)p_2^{m_2}(x) \cdots p_s^{m_s}(x), \quad m_i \geqslant 0 \quad (i = 1, 2, \cdots, s),$$

$$g(x) = bp_1^{n_1}(x)p_2^{n_2}(x) \cdots p_s^{n_s}(x), \quad n_i \geqslant 0 \quad (i = 1, 2, \cdots, s).$$

因为 $f^k(x)|g^k(x)$, 所以

$$p_1^{km_1}(x)p_2^{km_2}(x)\cdots p_s^{km_s}(x)|p_1^{kn_1}(x)p_2^{kn_2}(x)\cdots p_s^{kn_s}(x).$$

故

$$km_i \leqslant kn_i \ (i=1,2,\cdots,s) \Rightarrow m_i \leqslant n_i \quad (i=1,2,\cdots,s),$$

所以 $f(x)|g(x)$.

证法四 若 $f(x)$ 不整除 $g(x)$, 则 $f(x)$ 必有不可约多项式 $p(x)$, 使得 $p(x)$ 不整除 $g(x)$. 但 $p(x)|f^k(x)$, $f^k(x)|g^k(x)$, 所以 $p(x)|g^k(x)$. 因为 $p(x)$ 不可约, 所以 $p(x)|g(x)$, 出现矛盾. 所以 $f(x)|g(x)$.

证法五 设 $(f(x),g(x))=d(x)$, 则 $(f^k(x),g^k(x))=d^k(x)$. 因为 $f^k(x)|g^k(x)$, 所以又有

$$(f^k(x),g^k(x))=\frac{1}{a^k}f^k(x),$$

其中 a 是 $f(x)$ 的最高次项系数, 故 $d(x)=\frac{1}{a}f(x)$, 所以 $f(x)|g(x)$.

13. 设 $f(x),g(x),h(x)\in P[x]$. 若 $(f(x),g(x))=1$, $(f(x),h(x))=1$, 则

$$(f(x),g(x)h(x))=1.$$

证法一 因为 $(f(x),g(x))=1$, $(f(x),h(x))=1$, 所以存在 $u_i(x),v_i(x)\in P[x](i=1,2)$, 使得

$$u_1(x)f(x)+v_1(x)g(x)=1,$$
$$u_2(x)f(x)+v_2(x)h(x)=1.$$

将上面两个式子左右两端相乘, 得

$$[u_1(x)u_2(x)f(x)+u_1(x)v_2(x)h(x)+u_2(x)v_1(x)g(x)]f(x)+v_1(x)v_2(x)g(x)h(x)=1,$$

所以 $(f(x),g(x)h(x))=1$.

证法二 因为 $(f(x),g(x))=1$, 所以存在 $u(x),v(x)\in P[x]$, 使得

$$u(x)f(x)+v(x)g(x)=1,$$

从而

$$u(x)f(x)h(x)+v(x)g(x)h(x)=h(x).$$

设 $d(x)=(f(x),g(x)h(x))$, 则 $d(x)|f(x)$, $d(x)|g(x)h(x)$. 由上式得 $d(x)|h(x)$. 又 $d(x)|f(x)$, 所以

$$d(x)|(f(x),h(x))=1,$$

故 $d(x) = 1$, 即 $(f(x), g(x)h(x)) = 1$.

证法三　设 $d(x) = (f(x), g(x)h(x))$. 显然 $d(x)|g(x)h(x)$. 又由 $d(x)|f(x)$ 得 $d(x)|f(x)h(x)$. 故

$$d(x)|(f(x)h(x), g(x)h(x)).$$

但

$$(f(x)h(x), g(x)h(x)) = \frac{1}{c}h(x)(f(x), g(x)) = \frac{1}{c}h(x),$$

这里 c 是 $h(x)$ 的首项系数. 故 $d(x)|h(x)$. 又因为 $d(x)|f(x)$, 所以 $d(x)|(f(x), h(x)) = 1$, 故 $d(x) = 1$, 即 $(f(x), g(x)h(x)) = 1$.

证法四　利用反证法. 若 $(f(x), g(x)h(x)) = d(x) \neq 1$, 则 $d(x)$ 有不可约因式 $p(x)$, 从而 $p(x)|f(x)$ 且 $p(x)|g(x)h(x)$. 因为 $p(x)$ 不可约, 所以 $p(x)|g(x)$ 或者 $p(x)|h(x)$, 从而 $p(x)|(f(x), g(x))$ 或者 $p(x)|(f(x), h(x))$, 此与 $(f(x), g(x)) = 1$, $(f(x), h(x)) = 1$ 相矛盾, 所以 $(f(x), g(x)h(x)) = 1$.

14. 设 $g(x) = x^2 + x + 1$. 对任意非负整数 n, 令 $f_n(x) = x^{n+2} - (x+1)^{2n+1}$. 证明: $(g(x), f_n(x)) = 1$.

证法一　因为

$$
\begin{aligned}
f_n(x) &= x^{n+2} - (x+1)^{2n+1}\\
&= x^{n+2} - (x+1)(x^2 + 2x + 1)^n\\
&= x^{n+2} - (x+1)[x + (x^2 + x + 1)]^n\\
&= x^{n+2} - (x+1)[x + g(x)]^n\\
&= x^{n+2} - (x+1)\left[x^n + nx^{n-1}g(x) + \frac{n(n-1)}{2}x^{n-2}g^2(x)\right.\\
&\quad \left. + \cdots + nxg^{n-1}(x) + g^n(x)\right]\\
&= (x^{n+2} - x^{n+1} - x^n) - (x+1)\left[nx^{n-1}g(x) + \frac{n(n-1)}{2}x^{n-2}g^2(x)\right.\\
&\quad \left. + \cdots + nxg^{n-1}(x) + g^n(x)\right]\\
&= x^n(x^2 - x - 1) + h(x)g(x)\\
&= x^n[2x^2 - g(x)] + h(x)g(x)\\
&= (h(x) - x^n)g(x) + 2x^{n+2},
\end{aligned}
$$

所以

$$(g(x), f_n(x)) = (g(x), 2x^{n+2}) = 1.$$

证法二 设 $\varepsilon_1, \varepsilon_2$ 为 $g(x)$ 的两个根, 则

$$\varepsilon_i^3 = 1, \quad \varepsilon_i + 1 = -\varepsilon_i^2 \quad (i = 1, 2).$$

代入 $f_n(x)$ 得

$$f_n(\varepsilon_i) = \varepsilon_i^{n+2} - (\varepsilon_i + 1)^{2n+1} = \varepsilon_i^{n+2} - (-\varepsilon_i^2)^{2n+1} = \varepsilon_i^{n+2}(1 + \varepsilon_i^{3n}) = 2\varepsilon_i^{n+2} \neq 0 \ (i = 1, 2),$$

即 $g(x)$ 的根都不是 $f_n(x)$ 的根, 故 $g(x)$ 与 $f_n(x)$ 没有公共根, 因此 $(g(x), f_n(x)) = 1$.

证法三 对 n 作数学归纳法.

当 $n = 0$ 时, $f_0(x) = x^2 - (x + 1) = x^2 - x - 1$, 这时 $g(x) + f_0(x) = 2x^2$, 故

$$(g(x), f_0(x)) = (g(x), g(x) + f_0(x)) = (g(x), 2x^2) = 1,$$

即当 $n = 0$ 时, 结论成立.

设 $n = k$ 时结论成立, 即 $(g(x), f_k(x)) = 1$. 当 $n = k + 1$ 时,

$$\begin{aligned}
f_{k+1}(x) &= x^{k+1+2} - (x + 1)^{2(k+1)+1} \\
&= x^{k+3} - x(x + 1)^{2k+1} + x(x + 1)^{2k+1} - (x + 1)^{2(k+1)+1} \\
&= xf_k(x) + (x + 1)^{2k+1}[x - (x + 1)^2] \\
&= xf_k(x) - g(x)(x + 1)^{2k+1},
\end{aligned}$$

所以 $(f_{k+1}(x), g(x)) = (g(x), xf_k(x))$. 由归纳假设 $(g(x), f_k(x)) = 1$; 又因为 $(g(x), x) = 1$, 所以 $(g(x), xf_k(x)) = 1$, 即得 $(g(x), f_{k+1}(x)) = 1$.

由归纳法原理, 对任意非负整数 n, 有 $(g(x), f_n(x)) = 1$.

15. 设 $f(x) \in P[x]$. 若 $\partial(f(x)) = n$, 则 $f'(x) | f(x)$ 的充要条件是 $f(x) = a(x - b)^n$, 这里 a 是 $f(x)$ 的首项系数, b 是一个常数.

证明 (充分性) 设 $f(x) = a(x - b)^n$, 则 $f'(x) = an(x - b)^{n-1}$, 显然 $f'(x) | f(x)$.

(必要性) **证法一** 因为 $f'(x) | f(x)$, 所以 $f(x) = f'(x) \cdot \dfrac{1}{n}(x - b)$, 从而

$$\frac{f(x)}{(f(x), f'(x))} = a(x - b).$$

因此 $f(x)$ 的不可约因式只有 $x - b$. 又 $\partial(f(x)) = n$, 所以 $f(x) = a(x - b)^n$.

证法二 因为 $f'(x) | f(x)$, 所以 $f(x) = (x - b)\dfrac{1}{n}f'(x)$, 即 $nf(x) = (x - b)f'(x)$. 两边求导并移项, 可得

$$(n - 1)f'(x) = (x - b)f''(x),$$

$$(n-2)f''(x) = (x-b)f'''(x),$$

$$\cdots\cdots$$

$$f^{(n-1)}(x) = (x-b)f^{(n)}(x) = (x-b)n!a.$$

反复代入, 可得

$$n!f(x) = (x-b)^n n!a.$$

所以 $f(x) = a(x-b)^n$.

证法三 设 $f(x)$ 的标准分解式为 $f(x) = ap_1^{k_1}(x)p_2^{k_2}(x)\cdots p_s^{k_s}(x)$, 则 $\sum\limits_{i=1}^{s}k_i \cdot \partial(p_i(x)) = n$. 又

$$f'(x) = p_1^{k_1-1}(x)p_2^{k_2-1}(x)\cdots p_s^{k_s-1}(x)g(x),$$

这里 $(g(x), p_i(x)) = 1(i = 1, 2, \cdots, s)$. 因为 $f'(x)|f(x)$, 所以 $g(x)|f(x)$, 这只有 $\partial(g(x)) = 0$. 否则 $g(x)$ 有异于 $p_i(x)(i = 1, 2, \cdots, s)$ 的不可约因式, 与 $f'(x)|f(x)$ 相矛盾, 从而

$$n - 1 = \partial(f'(x)) = \sum_{i=1}^{s}(k_i - 1)\partial(p_i(x)) \Rightarrow \sum_{i=1}^{s}\partial(p_i(x)) = 1,$$

所以 $s = 1$, 且 $\partial(p_1(x)) = 1$. 令 $p_1(x) = x - b$, 则 $f(x) = a(x-b)^n$.

16. 设 $f(x) \in \mathbb{R}[x]$, 求证: 存在多项式 $g(x) \in \mathbb{R}[x]$, 使得 $g''(x) + g'(x) = f(x)$.

证法一 先证如下命题: 设 σ 是 $\mathbb{R}[x]$ 到 $\mathbb{R}[x]$ 的一个线性映射, 若对每一个非常数多项式 $h(x) \in \mathbb{R}[x]$, 均有 $\deg(\sigma(h(x))) = \deg(h(x)) - 1$, 这里 $\deg(h(x))$ 表示多项式 $h(x)$ 的次数, 则 σ 是满射.

依题设, 可令

$$\sigma(x, x^2, \cdots, x^{n+1}) = (1, x, x^2, \cdots, x^n)\begin{pmatrix} a_{00} & a_{01} & \cdots & a_{0n} \\ 0 & a_{11} & \cdots & a_{1n} \\ \vdots & \vdots & & \vdots \\ 0 & 0 & \cdots & a_{nn} \end{pmatrix},$$

这里 $a_{ii} \neq 0, i = 0, 1, \cdots, n$.

任取 $f(x) = a_0 + a_1 x + a_2 x^2 + \cdots + a_n x^n \in \mathbb{R}[x]$, 下证存在多项式 $g(x)$, 使得 $\sigma(g(x)) = f(x)$. 令 $g(x) = b_1 x + b_2 x^2 + \cdots + b_{n+1}x^{n+1}$, 则由 $\sigma(g(x)) = f(x)$ 得

$$\sigma(x, x^2, \cdots, x^{n+1})\begin{pmatrix} b_1 \\ b_2 \\ \vdots \\ b_{n+1} \end{pmatrix} = (1, x, x^2, \cdots, x^n)\begin{pmatrix} a_0 \\ a_1 \\ \vdots \\ a_n \end{pmatrix},$$

即得

$$(1, x, x^2, \cdots, x^n) \begin{pmatrix} a_{00} & a_{01} & \cdots & a_{0n} \\ 0 & a_{11} & \cdots & a_{1n} \\ \vdots & \vdots & & \vdots \\ 0 & 0 & \cdots & a_{nn} \end{pmatrix} \begin{pmatrix} b_1 \\ b_2 \\ \vdots \\ b_{n+1} \end{pmatrix} = (1, x, x^2, \cdots, x^n) \begin{pmatrix} a_0 \\ a_1 \\ \vdots \\ a_n \end{pmatrix}.$$

比较系数得

$$\begin{pmatrix} a_{00} & a_{01} & \cdots & a_{0n} \\ 0 & a_{11} & \cdots & a_{1n} \\ \vdots & \vdots & & \vdots \\ 0 & 0 & \cdots & a_{nn} \end{pmatrix} \begin{pmatrix} b_1 \\ b_2 \\ \vdots \\ b_{n+1} \end{pmatrix} = \begin{pmatrix} a_0 \\ a_1 \\ \vdots \\ a_n \end{pmatrix}.$$

因此

$$\begin{pmatrix} b_1 \\ b_2 \\ \vdots \\ b_{n+1} \end{pmatrix} = \begin{pmatrix} a_{00} & a_{01} & \cdots & a_{0n} \\ 0 & a_{11} & \cdots & a_{1n} \\ \vdots & \vdots & & \vdots \\ 0 & 0 & \cdots & a_{nn} \end{pmatrix}^{-1} \begin{pmatrix} a_0 \\ a_1 \\ \vdots \\ a_n \end{pmatrix}.$$

故存在多项式 $g(x)$, 使得 $\sigma(g(x)) = f(x)$, 所以 σ 是满射.

定义 $\mathbb{R}[x]$ 上的一个线性映射如下:

$$\sigma(g(x)) = g''(x) + g'(x),$$

则由上述结论可知 σ 是满射, 即对任意的 $f(x) \in \mathbb{R}[x]$, 存在多项式 $g(x) \in \mathbb{R}[x]$, 使得 $g''(x) + g'(x) = f(x)$.

证法二 利用待定系数法. 对任意的

$$f(x) = a_0 + a_1 x + a_2 x^2 + \cdots + a_n x^n \ (a_n \neq 0) \in \mathbb{R}[x],$$

令

$$g(x) = b_0 + b_1 x + b_2 x^2 + \cdots + b_{n+1} x^{n+1}.$$

由 $g''(x) + g'(x) = f(x)$, 比较系数得

$$\begin{cases} b_1 + 2b_2 = a_0, \\ 2b_2 + 2 \cdot 3 b_3 = a_1, \\ \qquad \cdots\cdots \\ nb_n + n(n+1)b_{n+1} = a_{n-1}, \\ (n+1)b_{n+1} = a_n. \end{cases}$$

由上述方程组的最后一个等式开始, 待定系数 $b_{n+1}, b_n, \cdots, b_1$ 可以逐个确定, 而 b_0 取任意常数. 因此, 存在多项式 $g(x) \in \mathbb{R}[x]$, 使得 $g''(x) + g'(x) = f(x)$.

17. 设 $f(x)$ 是一个整系数多项式, 若存在一个偶数 a 和一个奇数 b, 使得 $f(a), f(b)$ 都是奇数, 则 $f(x)$ 没有整数根.

证法一　因为 $f(a)$ 为奇数, 所以 $f(x)$ 的常数项为奇数, 故偶数不是 $f(x)$ 的根. 设 m 为任一奇数, $f(x) = (x - m)q(x) + r$, 这里 $q(x)$ 是整系数多项式, r 是整数, 则 $f(b) = (b - m)q(b) + r$. 因为 $f(b)$ 为奇数, $(b - m)q(b)$ 为偶数, 所以 $f(m) = r$ 为奇数, 不等于零. 故奇数也不是 $f(x)$ 的根, 从而 $f(x)$ 没有整数根.

证法二　设
$$f(x) = c_0 x^n + c_1 x^{n-1} + \cdots + c_{n-1} x + c_n,$$
由题设 $f(a)$ 为奇数, 所以 c_n 为奇数, 从而任意偶数不是 $f(x)$ 的根. 设 m 为任意一个奇数, 则
$$f(b) - f(m) = c_0(b^n - m^n) + c_1(b^{n-1} - m^{n-1}) + \cdots + c_{n-1}(b - m)$$
为偶数. 因为 $f(b)$ 为奇数, 从而 $f(m)$ 为奇数, 不等于零. 故奇数也不是 $f(x)$ 的根, 从而 $f(x)$ 没有整数根.

证法三　设 $f(x)$ 有整数根 β, 则 $f(x) = (x - \beta)q(x)$, 这里 $q(x)$ 为整系数多项式. 由题设
$$f(a) = (a - \beta)q(a), \quad f(b) = (b - \beta)q(b)$$
均为奇数. 于是 $a - \beta, b - \beta$ 均为奇数, 因而 $a - b = (a - \beta) - (b - \beta)$ 为偶数, 这与 a 为偶数、b 为奇数矛盾. 故 $f(x)$ 没有整数根.

18. 设 $f(x)$ 为一个有理系数多项式, $a, b, c, d \in \mathbb{Q}, ac \neq 0$, $\sqrt{b}, \sqrt{d}$ 为无理数且非同类根式. 如果无理数 $a\sqrt{b} + c\sqrt{d}$ 是 $f(x)$ 的一个根, 则无理数
$$a\sqrt{b} - c\sqrt{d}, \quad -a\sqrt{b} + c\sqrt{d}, \quad -a\sqrt{b} - c\sqrt{d}$$
都是 $f(x)$ 的根.

证法一　设
$$\begin{aligned}
g(x) &= [x - (a\sqrt{b} + c\sqrt{d})][x - (-a\sqrt{b} - c\sqrt{d})][x - (a\sqrt{b} - c\sqrt{d})][x - (-a\sqrt{b} + c\sqrt{d})] \\
&= [x^2 - (a\sqrt{b} + c\sqrt{d})^2][x^2 - (a\sqrt{b} - c\sqrt{d})^2] \\
&= x^4 - 2(a^2 b + c^2 d)x^2 + (a^2 b - c^2 d)^2,
\end{aligned}$$
则 $g(x)$ 为有理系数多项式. 由带余除法得
$$f(x) = g(x)q(x) + Ax^3 + Bx^2 + Cx + D.$$

因为 $a\sqrt{b}+c\sqrt{d}$ 是 $f(x)$ 和 $g(x)$ 共同的根, 所以

$$A(a\sqrt{b}+c\sqrt{d})^3 + B(a\sqrt{b}+c\sqrt{d})^2 + C(a\sqrt{b}+c\sqrt{d}) + D = 0.$$

展开整理得

$$[A(a^3b+3ac^2d)+Ca]\sqrt{b}+[A(c^3d+3a^2bc)+Cc]\sqrt{d}+2acB\sqrt{bd}+Ba^2b+Bc^2d+D = 0.$$

比较同类根式系数, 得

$$A(a^3b + 3ac^2d) + Ca = 0, \tag{4}$$

$$A(c^3d + 3a^2bc) + Cc = 0, \tag{5}$$

$$2acB = 0, \tag{6}$$

$$Ba^2b + Bc^2d + D = 0, \tag{7}$$

由式 (6) 得 $B = 0$, 代入式 (7) 得 $D = 0$. 式 (4) 和 (5) 是以 A, C 为未知量的方程组, 其系数矩阵的行列式

$$\begin{vmatrix} a^3b + 3ac^2d & a \\ c^3d + 3a^2bc & c \end{vmatrix} = a^3bc + 3ac^3d - ac^3d - 3a^3bc$$

$$= 2ac^3d - 2a^3bc = 2ac(c^2d - a^2b) \neq 0.$$

否则 $\sqrt{\dfrac{b}{d}} = \left|\dfrac{c}{a}\right|$ 为有理数, 此与 $\sqrt{b}, \sqrt{d}$ 为非同类根式相矛盾. 故 $A = C = 0$. 所以 $g(x)|f(x)$. 因此 $a\sqrt{b}-c\sqrt{d}, -a\sqrt{b}+c\sqrt{d}, -a\sqrt{b}-c\sqrt{d}$ 都是 $f(x)$ 的根.

证法二 设

$$g(x) = [x - (a\sqrt{b}+c\sqrt{d})][x - (-a\sqrt{b}-c\sqrt{d})][x - (a\sqrt{b}-c\sqrt{d})][x - (-a\sqrt{b}+c\sqrt{d})]$$

$$= [x^2 - (a\sqrt{b}+c\sqrt{d})^2][x^2 - (a\sqrt{b}-c\sqrt{d})^2]$$

$$= x^4 - 2(a^2b+c^2d)x^2 + (a^2b - c^2d)^2,$$

则 $g(x)$ 为有理数域上不可约多项式. 因为 $a\sqrt{b}+c\sqrt{d}$ 是 $f(x)$ 和 $g(x)$ 共同的根, 所以 $f(x)$ 和 $g(x)$ 不互素, 从而 $g(x)|f(x)$, 因此 $a\sqrt{b}-c\sqrt{d}, -a\sqrt{b}+c\sqrt{d}, -a\sqrt{b}-c\sqrt{d}$ 都是 $f(x)$ 的根.

19. 设 p 是素数, 求证: $f(x) = px^4 + 2px^3 - px + (3p-1)$ 在有理数域上不可约.

证法一 已知 $f(x)$ 的互反多项式是 $g(x) = (3p-1)x^4 - px^3 + 2px + p$. 由艾森斯坦判别法得到 $g(x)$ 在有理数域上不可约. 因此 $f(x)$ 在有理数域上不可约.

证法二 (1) 首先证明 $f(x)$ 无有理根.

若 $f(x)$ 有有理根, 因为最高次数系数 p 为素数, 所以它的有理根只可能是整

数 c 或分数 $\dfrac{r}{p}$, 这里 r 是整数, 且 $(p, r) = 1$. 若它的有理根是整数 c, 则

$$pc^4 + 2pc^3 - pc + (3p - 1) = 0,$$

得到 $p|1$, 矛盾. 若它的有理根是 $\dfrac{r}{p}$, 则

$$p\left(\frac{r}{p}\right)^4 + 2p\left(\frac{r}{p}\right)^3 - p\left(\frac{r}{p}\right) + (3p - 1) = 0$$
$$\Rightarrow r^4 + 2pr^3 - p^3 r + p^3(3p - 1) = 0 \Rightarrow p|r^4.$$

因为 p 为素数, 所以 $p|r$, 矛盾, 故 $f(x)$ 没有有理根.

(2) 设 $f(x)$ 在有理数域上可约, 由于 $f(x)$ 无有理根, 故 $f(x)$ 只能有如下分解:

$$f(x) = p(x^2 + ax + b)(x^2 + cx + d)$$
$$= px^4 + p(a + c)x^3 + p(d + ac + b)x^2 + p(ad + bc)x + pbd,$$

比较常数项, 有 $pbd = 3p - 1$, 于是得到 $p|1$, 这不可能. 故 $f(x)$ 在有理数域上不可约.

20. 设 $a_1, a_2, \cdots, a_n$ 是 n 个互不相同的整数, 证明:

$$f(x) = (x - a_1)^2(x - a_2)^2 \cdots (x - a_n)^2 + 1$$

在有理数域上不可约.

证法一 $f(x) = (x - a_1)^2(x - a_2)^2 \cdots (x - a_n)^2 + 1 \in \mathbb{Z}[x]$. 若 $f(x)$ 在有理数域上可约, 则有 $p(x), q(x) \in \mathbb{Z}[x]$, 满足 $\partial(p(x)) = k > 0, \partial(q(x)) = 2n - k$, 使得 $f(x) = p(x)q(x)$. 于是

$$p(a_i)q(a_i) = f(a_i) = 1 \quad (i = 1, 2, \cdots, n).$$

因为 $p(a_i), q(a_i) \in \mathbb{Z}(i = 1, 2, \cdots, n)$, 故 $p(a_i) = \pm 1, q(a_i) = \pm 1(i = 1, 2, \cdots, n)$. 若有 $p(a_i) = 1, p(a_j) = -1$, 则必有 $x_0 \in \mathbb{R}$, 使 $p(x_0) = 0$, 从而

$$0 = p(x_0)q(x_0) = f(x_0) = (x_0 - a_1)^2(x_0 - a_2)^2 \cdots (x_0 - a_n)^2 + 1 \geqslant 1,$$

出现矛盾. 于是 $p(a_i) = q(a_i) = 1(i = 1, 2, \cdots, n)$ (或者 $p(a_i) = q(a_i) = -1(i = 1, 2, \cdots, n)$), 故 $p_1(x) = p(x) - 1, q_1(x) = q(x) - 1$ (或者 $p_1(x) = p(x) + 1, q_1(x) = q(x) + 1$) 有根 $a_1, a_2, \cdots, a_n$. 若 $k < n$, 则 $p_1(x) = 0$; 若 $k > n$, 则 $2n - k < n$, 又有 $q_1(x) = 0$, 与假设矛盾. 所以 $\partial(p_1(x)) = \partial(q_1(x)) = n$ 且首项系数为 1, 故

$$p_1(x) = q_1(x) = (x - a_1)(x - a_2) \cdots (x - a_n).$$

因此,

$$f(x) = p(x)q(x) = (x-a_1)^2(x-a_2)^2 \cdots (x-a_n)^2 \pm 2(x-a_1)(x-a_2) \cdots (x-a_n) + 1,$$

出现矛盾. 所以 $f(x)$ 在有理数域上不可约.

证法二　若 $f(x)$ 在有理数域上可约, 则有 $p(x), q(x) \in \mathbb{Z}[x]$, 满足 $\partial(p(x)) > 0$, $\partial(q(x)) > 0$, 使得 $f(x) = p(x)q(x)$. 因为 $f(x)$ 没有实根, 所以 $p(x), q(x)$ 没有实根, 从而它们的次数均为偶数, 且满足

$$2 \leqslant \partial(p(x)), \quad \partial(q(x)) \leqslant 2n - 2.$$

由证法一可知, $p(a_i) = q(a_i) = 1(i = 1, 2, \cdots, n)$ (或者 $p(a_i) = q(a_i) = -1(i = 1, 2, \cdots, n))$. 令 $h(x) = p(x) + q(x)$, 则

$$h(a_i) = p(a_i) + q(a_i) = 2 \text{ (或 } -2) \quad (i = 1, 2, \cdots, n).$$

设 $a_1 < a_2 < \cdots < a_n$, 由罗尔定理知存在 b_j 满足 $a_j < b_j < a_{j+1}(j = 1, 2, \cdots, n-1)$, 使得

$$h'(b_j) = p'(b_j) + q'(b_j) = 0 \ (j = 1, 2, \cdots, n-1).$$

又

$$h'(a_i) = p'(a_i) + q'(a_i) = q(a_i)p'(a_i) + p(a_i)q'(a_i) = \pm f'(a_i) = 0 \quad (i = 1, 2, \cdots, n),$$

所以 $h'(x)$ 有 $2n-1$ 个根, 但 $\partial(h'(x)) \leqslant \max\{\partial(p'(x)), \partial(q'(x))\} \leqslant 2n-3$, 所以 $h'(x) = 0$, 从而 $h(x) = p(x) + q(x) = c$ 为一个常数, 故

$$f(x) = p(x)q(x) = -p^2(x) + cp(x),$$

这与 $f(x)$ 的首项系数为 1 矛盾. 所以 $f(x)$ 在有理数域上不可约.

第2章 行 列 式

2.1 思 路 点 拨

行列式的计算总体上是利用行列式的性质, 方法灵活, 技巧性强, 需勤学多练, 长期积累. 常用方法总结如下:

1. 用定义

当行列式中零元素很多时, 用定义计算也是一种选择.

2. 化三角形

对具体的数字行列式, 主对角线以下元素和第一行元素对应成比例的行列式和所谓的 "箭型" 行列式, 均可考虑化三角形去计算.

3. 降阶法

(1) 某一行 (列) 元素有较多的零, 可考虑用行列式按行 (列) 展开.

(2) 行列式中有大块的零元素, 可考虑用拉普拉斯定理展开.

(3) 行和相等的行列式常考虑各列加到第一列, 再消元降阶.

4. 递推法

将行列式按行 (列) 展开后, 得到一个 D_n 与 D_{n-1}, 或 D_n 与 D_{n-1}, D_{n-2} 之间的关系式, 称为递推关系式. 利用递推公式计算行列式的方法称为递推法.

(1) 一阶递推: $D_n = qD_{n-1}$, 则 $D_n = q^{n-1}D_1$.

(2) 二阶递推: $D_n = aD_{n-1} + bD_{n-2}$ $(n \geqslant 3, \, b \neq 0)$.

设 α, β 是方程 $x^2 - ax - b = 0$ 的根.

若 $\alpha \neq \beta$, 则

$$D_n = \frac{\alpha^{n-1}(D_2 - \beta D_1) - \beta^{n-1}(D_2 - \alpha D_1)}{\alpha - \beta}.$$

若 $\alpha = \beta$, 则

$$D_n = (n-1)\alpha^{n-2}D_2 - (n-2)\alpha^{n-1}D_1.$$

5. 拆项法

(1) 某行 (列) 元素均为两项 (或多项) 元素的和, 可将行列式拆分为两个 (或多个) 行列式的和计算.

(2) 行列式中某列 (行) 中只有一个元素和其他元素不同时也常考虑拆项.

6. 分解乘积法

当行列式的元素为多项的和式时, 可考虑把行列式分解成两个行列式的乘积, 而分解后的两个行列式容易计算.

7. 加边法 (升阶法)

行列式每列 (行) 元素都含有一个固定项时, 常根据其特点加一行一列保持值不变, 但易于消去固定项, 从而易于计算.

8. 逐行 (列) 相消法

行列式的相邻行 (列) 差值的绝对值除个别外为常量时, 常逐行 (列) 相消, 使计算简便.

9. 利用已知行列式的结果

例如当行列式的元素为有规律的方幂时, 常考虑利用范德蒙德行列式.

10. 公式降阶法

(1) 设 A, B 为 n 阶方阵, 则 $\begin{vmatrix} A & B \\ B & A \end{vmatrix} = |A + B||A - B|$.

(2) 设 A 为 $n \times m$ 矩阵, B 为 $m \times n$ 矩阵, 则 $|E_n \pm AB| = |E_m \pm BA|$.

(3) 设 A, B, C, D 分别为 $n \times n, n \times m, m \times n, m \times m$ 矩阵, 则

当 A 可逆时, $\begin{vmatrix} A & B \\ C & D \end{vmatrix} = |A||D - CA^{-1}B|$.

当 D 可逆时, $\begin{vmatrix} A & B \\ C & D \end{vmatrix} = |D||A - BD^{-1}C|$.

11. 当 n 阶矩阵 A 的全部特征值 $\lambda_1, \lambda_2, \cdots, \lambda_n$ 可以方便求出时, 有 $|A| = \lambda_1 \lambda_2 \cdots \lambda_n$

12. 数学归纳法也是计算行列式常用的方法之一

2.2 问题探索

1. 设 $D = \begin{vmatrix} a_{11} & a_{12} & \cdots & a_{1n} \\ a_{21} & a_{22} & \cdots & a_{2n} \\ \vdots & \vdots & & \vdots \\ a_{n1} & a_{n2} & \cdots & a_{nn} \end{vmatrix}$ 是一个 n 级行列式, 证明:

$$\sum_{j_1 j_2 \cdots j_n} \begin{vmatrix} a_{1j_1} & a_{1j_2} & \cdots & a_{1j_n} \\ a_{2j_1} & a_{2j_2} & \cdots & a_{2j_n} \\ \vdots & \vdots & & \vdots \\ a_{nj_1} & a_{nj_2} & \cdots & a_{nj_n} \end{vmatrix} = 0.$$

证法一　令

$$A = \sum_{j_1 j_2 \cdots j_n} \begin{vmatrix} a_{1j_1} & a_{1j_2} & \cdots & a_{1j_n} \\ a_{2j_1} & a_{2j_2} & \cdots & a_{2j_n} \\ \vdots & \vdots & & \vdots \\ a_{nj_1} & a_{nj_2} & \cdots & a_{nj_n} \end{vmatrix},$$

则 A 为 $n!$ 个 n 阶行列式的代数和, 每个行列式都是由 D 的列不同重排得到的, 而这不同的重排有且只有 $n!$ 个. 和式中每个行列式都交换第一、二列, 则所有的行列式反号, 故这时和式等于 $-A$. 另一方面, 其总和还是原来的 $n!$ 个行列式之和, 故其值不变仍为 A, 从而 $A = -A$, 即知 $A = 0$.

证法二　由于任意一个 n 元排列 $j_1 j_2 \cdots j_n$ 总可以经一系列对换化为自然排列 $12 \cdots n$, 且所作对换的个数与排列 $j_1 j_2 \cdots j_n$ 的反序数 $\tau(j_1 j_2 \cdots j_n)$ 有相同的奇偶性, 从而对行列式

$$\begin{vmatrix} a_{1j_1} & a_{1j_2} & \cdots & a_{1j_n} \\ a_{2j_1} & a_{2j_2} & \cdots & a_{2j_n} \\ \vdots & \vdots & & \vdots \\ a_{nj_1} & a_{nj_2} & \cdots & a_{nj_n} \end{vmatrix}$$

施行适当的列交换可得

$$\begin{vmatrix} a_{1j_1} & a_{1j_2} & \cdots & a_{1j_n} \\ a_{2j_1} & a_{2j_2} & \cdots & a_{2j_n} \\ \vdots & \vdots & & \vdots \\ a_{nj_1} & a_{nj_2} & \cdots & a_{nj_n} \end{vmatrix} = (-1)^{\tau(j_1 j_2 \cdots j_n)} D.$$

因为所有 n 元排列奇偶各半, 即知

$$\sum_{j_1 j_2 \cdots j_n} \begin{vmatrix} a_{1j_1} & a_{1j_2} & \cdots & a_{1j_n} \\ a_{2j_1} & a_{2j_2} & \cdots & a_{2j_n} \\ \vdots & \vdots & & \vdots \\ a_{nj_1} & a_{nj_2} & \cdots & a_{nj_n} \end{vmatrix} = \sum_{j_1 j_2 \cdots j_n} (-1)^{\tau(j_1 j_2 \cdots j_n)} D = 0.$$

2. 设 $f_1(x), f_2(x), \cdots, f_n(x) \in P[x]$, $\partial(f_j(x)) \leqslant n-2$　$(j = 1, 2, \cdots, n); a_1, a_2, \cdots, a_n$ 是 n 个互不相同的数, 计算

$$D = \begin{vmatrix} f_1(a_1) & f_1(a_2) & \cdots & f_1(a_n) \\ f_2(a_1) & f_2(a_2) & \cdots & f_2(a_n) \\ \vdots & \vdots & & \vdots \\ f_n(a_1) & f_n(a_2) & \cdots & f_n(a_n) \end{vmatrix}.$$

解法一 令

$$F(x) = \begin{vmatrix} f_1(x) & f_1(a_2) & \cdots & f_1(a_n) \\ f_2(x) & f_2(a_2) & \cdots & f_2(a_n) \\ \vdots & \vdots & & \vdots \\ f_n(x) & f_n(a_2) & \cdots & f_n(a_n) \end{vmatrix}.$$

下证必有 $F(x) = 0$.

若 $F(x) \neq 0$, 则 $\partial(F(x)) \leqslant n-2$. 由行列式性质知, $F(a_i) = 0 (i = 2, \cdots, n)$, 即 $F(x)$ 有 $n-1$ 个互不相同的根, 出现矛盾, 所以 $F(x) = 0$, 从而 $D = F(a_1) = 0$.

解法二 设 $f_i(x) = \sum\limits_{j=0}^{n-2} c_{ij} x^j (i = 1, 2, \cdots, n)$, 则

$$D = \begin{vmatrix} f_1(a_1) & f_1(a_2) & \cdots & f_1(a_n) \\ f_2(a_1) & f_2(a_2) & \cdots & f_2(a_n) \\ \vdots & \vdots & & \vdots \\ f_n(a_1) & f_n(a_2) & \cdots & f_n(a_n) \end{vmatrix} = \begin{vmatrix} \sum\limits_{j=0}^{n-2} c_{1j} a_1^j & \sum\limits_{j=0}^{n-2} c_{1j} a_2^j & \cdots & \sum\limits_{j=0}^{n-2} c_{1j} a_n^j \\ \sum\limits_{j=0}^{n-2} c_{2j} a_1^j & \sum\limits_{j=0}^{n-2} c_{2j} a_2^j & \cdots & \sum\limits_{j=0}^{n-2} c_{2j} a_n^j \\ \vdots & \vdots & & \vdots \\ \sum\limits_{j=0}^{n-2} c_{nj} a_1^j & \sum\limits_{j=0}^{n-2} c_{nj} a_2^j & \cdots & \sum\limits_{j=0}^{n-2} c_{nj} a_n^j \end{vmatrix}.$$

令

$$A = \begin{pmatrix} \sum\limits_{j=0}^{n-2} c_{1j} a_1^j & \sum\limits_{j=0}^{n-2} c_{1j} a_2^j & \cdots & \sum\limits_{j=0}^{n-2} c_{1j} a_n^j \\ \sum\limits_{j=0}^{n-2} c_{2j} a_1^j & \sum\limits_{j=0}^{n-2} c_{2j} a_2^j & \cdots & \sum\limits_{j=0}^{n-2} c_{2j} a_n^j \\ \vdots & \vdots & & \vdots \\ \sum\limits_{j=0}^{n-2} c_{nj} a_1^j & \sum\limits_{j=0}^{n-2} c_{nj} a_2^j & \cdots & \sum\limits_{j=0}^{n-2} c_{nj} a_n^j \end{pmatrix},$$

则

$$A = \begin{pmatrix} c_{10} & c_{11} & \cdots & c_{1,n-2} \\ c_{20} & c_{21} & \cdots & c_{2,n-2} \\ \vdots & \vdots & & \vdots \\ c_{n0} & c_{n1} & \cdots & c_{n,n-2} \end{pmatrix} \begin{pmatrix} 1 & 1 & \cdots & 1 \\ a_1 & a_2 & \cdots & a_n \\ \vdots & \vdots & & \vdots \\ a_1^{n-2} & a_2^{n-2} & \cdots & a_n^{n-2} \end{pmatrix}.$$

即 A 可分解为一个 $n \times (n-1)$ 矩阵和一个 $(n-1) \times n$ 矩阵的乘积, 所以 $r(A) \leqslant n-1$. 故 $D = |A| = 0$.

解法三 设 $P[x]_{n-2}$ 是由数域 P 上所有次数不超过 $n-2$ 的多项式和零多项式关于多项式的加法和数乘作成的线性空间, 则 $\dim P[x]_{n-2} = n-1$. 因为多项

式 $f_1(x), f_2(x), \cdots, f_n(x) \in P[x]_{n-2}$, 所以它们线性相关, 故存在一组不全为零的数 $k_1, k_2, \cdots, k_n$, 使得

$$k_1 f_1(x) + k_2 f_2(x) + \cdots + k_n f_n(x) = 0.$$

将 $a_1, a_2, \cdots, a_n$ 分别代入, 得

$$k_1 f_1(a_i) + k_2 f_2(a_i) + \cdots + k_n f_n(a_i) = 0 \quad (i = 1, 2, \cdots, n).$$

因为齐次线性方程组

$$x_1 f_1(a_i) + x_2 f_2(a_i) + \cdots + x_n f_n(a_i) = 0 \quad (i = 1, 2, \cdots, n)$$

有非零解 $(k_1, k_2, \cdots, k_n)$, 所以其系数矩阵的行列式 $D = 0$.

3. 计算 $D_{n+1} = \begin{vmatrix} x & a_1 & a_2 & \cdots & a_{n-1} & a_n \\ a_1 & x & a_2 & \cdots & a_{n-1} & a_n \\ a_1 & a_2 & x & \cdots & a_{n-1} & a_n \\ \vdots & \vdots & \vdots & & \vdots & \vdots \\ a_1 & a_2 & a_3 & \cdots & x & a_n \\ a_1 & a_2 & a_3 & \cdots & a_n & x \end{vmatrix}$, 其中 $a_1, a_2, \cdots, a_n$ 互不相同.

解法一 各行元素和是一个定值, 各列加到第一列提出, 再各行减去第一行, 得

$$D_{n+1} = \left(x + \sum_{i=1}^{n} a_i\right) \begin{vmatrix} 1 & a_1 & a_2 & \cdots & a_{n-1} & a_n \\ 1 & x & a_2 & \cdots & a_{n-1} & a_n \\ 1 & a_2 & x & \cdots & a_{n-1} & a_n \\ \vdots & \vdots & \vdots & & \vdots & \vdots \\ 1 & a_2 & a_3 & \cdots & x & a_n \\ 1 & a_2 & a_3 & \cdots & a_n & x \end{vmatrix}$$

$$= \left(x + \sum_{i=1}^{n} a_i\right) \begin{vmatrix} 1 & a_1 & a_2 & \cdots & a_{n-1} & a_n \\ 0 & x-a_1 & 0 & \cdots & 0 & 0 \\ 0 & a_2-a_1 & x-a_2 & \cdots & 0 & 0 \\ \vdots & \vdots & \vdots & & \vdots & \vdots \\ 0 & a_2-a_1 & a_3-a_2 & \cdots & x-a_{n-1} & 0 \\ 0 & a_2-a_1 & a_3-a_2 & \cdots & a_n-a_{n-1} & x-a_n \end{vmatrix}$$

$$= \left(x + \sum_{i=1}^{n} a_i\right) \prod_{i=1}^{n} (x - a_i).$$

解法二 由解法一知,

$$D_{n+1} = \left(x + \sum_{i=1}^{n} a_i \right) \begin{vmatrix} 1 & a_1 & a_2 & \cdots & a_{n-1} & a_n \\ 1 & x & a_2 & \cdots & a_{n-1} & a_n \\ 1 & a_2 & x & \cdots & a_{n-1} & a_n \\ \vdots & \vdots & \vdots & & \vdots & \vdots \\ 1 & a_2 & a_3 & \cdots & x & a_n \\ 1 & a_2 & a_3 & \cdots & a_n & x \end{vmatrix}.$$

令

$$D_n(x) = \begin{vmatrix} 1 & a_1 & a_2 & \cdots & a_{n-1} & a_n \\ 1 & x & a_2 & \cdots & a_{n-1} & a_n \\ 1 & a_2 & x & \cdots & a_{n-1} & a_n \\ \vdots & \vdots & \vdots & & \vdots & \vdots \\ 1 & a_2 & a_3 & \cdots & x & a_n \\ 1 & a_2 & a_3 & \cdots & a_n & x \end{vmatrix},$$

则行列式 $D_n(x)$ 展开为一个关于文字 x 的首项系数为 1 的 n 次多项式. 由行列式的性质容易看出

$$D_n(a_i) = 0 \quad (i = 1, 2, \cdots, n),$$

即 $a_1, a_2, \cdots, a_n$ 为 $D_n(x)$ 的互不相同的根, 故

$$D_n(x) = \prod_{i=1}^{n}(x - a_i).$$

因此

$$D_{n+1} = \left(x + \sum_{i=1}^{n} a_i \right) D_n(x) = \left(x + \sum_{i=1}^{n} a_i \right) \prod_{i=1}^{n}(x - a_i).$$

4. 计算 $n+1$ 阶行列式 $D = \begin{vmatrix} a_1 & a_2 & \cdots & a_n & 0 \\ 1 & 0 & \cdots & 0 & b_1 \\ 0 & 1 & \cdots & 0 & b_2 \\ \vdots & \vdots & & \vdots & \vdots \\ 0 & 0 & \cdots & 1 & b_n \end{vmatrix}.$

解法一 将 D 的第 i 列乘以 $-b_i(i = 1, 2, \cdots, n)$ 加到最后一列, 得

$$D = \begin{vmatrix} a_1 & a_2 & \cdots & a_n & -\sum_{i=1}^{n} a_i b_i \\ 1 & 0 & \cdots & 0 & 0 \\ 0 & 1 & \cdots & 0 & 0 \\ \vdots & \vdots & & \vdots & \vdots \\ 0 & 0 & \cdots & 1 & 0 \end{vmatrix} = \left(-\sum_{i=1}^{n} a_i b_i \right)(-1)^{1+n+1} = (-1)^{n+1} \left(\sum_{i=1}^{n} a_i b_i \right).$$

解法二　令 $\alpha = (a_1, a_2, \cdots, a_n), \beta = (b_1, b_2, \cdots, b_n)'$, 则 $D = \begin{vmatrix} \alpha & 0 \\ E & \beta \end{vmatrix}$, 这里 E 是 n 阶单位矩阵. 对分块矩阵 $\begin{pmatrix} \alpha & 0 \\ E & \beta \end{pmatrix}$ 作第三类广义行初等变换, 把它的第二行的 (左) $(-\alpha)$ 倍加到第一行, 得 $\begin{pmatrix} 0 & -\alpha\beta \\ E & \beta \end{pmatrix}$, 即

$$\begin{pmatrix} 1 & -\alpha \\ 0 & E \end{pmatrix} \begin{pmatrix} \alpha & 0 \\ E & \beta \end{pmatrix} = \begin{pmatrix} 0 & -\alpha\beta \\ E & \beta \end{pmatrix}.$$

两边取行列式, 得

$$D = (-1)^{n+1} \left(\sum_{i=1}^{n} a_i b_i \right).$$

5. 计算 $D_n = \begin{vmatrix} 1 & 2 & 3 & \cdots & n \\ x & 1 & 2 & \cdots & n-1 \\ x & x & 1 & \cdots & n-2 \\ \vdots & \vdots & \vdots & & \vdots \\ x & x & x & \cdots & 1 \end{vmatrix}$.

解法一　从第一行开始, 每行依次减去下一行并就最后一行拆项, 可得

$$D_n = \begin{vmatrix} 1 & 2 & 3 & \cdots & n \\ x & 1 & 2 & \cdots & n-1 \\ x & x & 1 & \cdots & n-2 \\ \vdots & \vdots & \vdots & & \vdots \\ x & x & x & \cdots & 1 \end{vmatrix} = \begin{vmatrix} 1-x & 1 & 1 & \cdots & 1 \\ 0 & 1-x & 1 & \cdots & 1 \\ 0 & 0 & 1-x & \cdots & 1 \\ \vdots & \vdots & \vdots & & \vdots \\ x & x & x & \cdots & 1 \end{vmatrix}$$

$$= \begin{vmatrix} 1-x & 1 & 1 & \cdots & 1 \\ 0 & 1-x & 1 & \cdots & 1 \\ 0 & 0 & 1-x & \cdots & 1 \\ \vdots & \vdots & \vdots & & \vdots \\ 0 & 0 & 0 & \cdots & 1-x \end{vmatrix} + \begin{vmatrix} 1-x & 1 & 1 & \cdots & 1 \\ 0 & 1-x & 1 & \cdots & 1 \\ 0 & 0 & 1-x & \cdots & 1 \\ \vdots & \vdots & \vdots & & \vdots \\ x & x & x & \cdots & x \end{vmatrix}$$

$$= (1-x)^n + \begin{vmatrix} 1-x & 1 & 1 & \cdots & 1 \\ 0 & 1-x & 1 & \cdots & 1 \\ 0 & 0 & 1-x & \cdots & 1 \\ \vdots & \vdots & \vdots & & \vdots \\ x & x & x & \cdots & x \end{vmatrix}$$

$$= (1-x)^n + \begin{vmatrix} -x & 0 & 0 & \cdots & 1 \\ -1 & -x & 0 & \cdots & 1 \\ -1 & -1 & -x & \cdots & 1 \\ \vdots & \vdots & \vdots & & \vdots \\ 0 & 0 & 0 & \cdots & x \end{vmatrix} = (1-x)^n + (-1)^{n-1}x^n$$

$$= (-1)^n[(x-1)^n - x^n].$$

解法二　令 $1 = x + (1-x)$, 按第一列拆项, 得

$$D_n = \begin{vmatrix} x & 2 & 3 & \cdots & n \\ x & 1 & 2 & \cdots & n-1 \\ x & x & 1 & \cdots & n-2 \\ \vdots & \vdots & \vdots & & \vdots \\ x & x & x & \cdots & 1 \end{vmatrix} + \begin{vmatrix} 1-x & 2 & 3 & \cdots & n \\ 0 & 1 & 2 & \cdots & n-1 \\ 0 & x & 1 & \cdots & n-2 \\ \vdots & \vdots & \vdots & & \vdots \\ 0 & x & x & \cdots & 1 \end{vmatrix}.$$

第一个行列式的每行都减去它的下一行, 并按第一列展开, 得

$$D_n = \begin{vmatrix} 0 & 1 & 1 & \cdots & 1 & 1 \\ 0 & 1-x & 1 & \cdots & 1 & 1 \\ 0 & 0 & 1-x & \cdots & 1 & 1 \\ \vdots & \vdots & \vdots & & \vdots & \vdots \\ 0 & 0 & 0 & \cdots & 1-x & 1 \\ x & x & x & \cdots & x & 1 \end{vmatrix} + (1-x)D_{n-1}$$

$$= (-1)^{n+1}x \begin{vmatrix} 1 & 1 & \cdots & 1 & 1 \\ 1-x & 1 & \cdots & 1 & 1 \\ 0 & 1-x & \cdots & 1 & 1 \\ \vdots & \vdots & & \vdots & \vdots \\ 0 & 0 & \cdots & 1-x & 1 \end{vmatrix}_{n-1} + (1-x)D_{n-1}.$$

再次每行减去它的下一行, 可得

$$D_n = (-1)^{n+1}x \begin{vmatrix} x & 0 & 0 & \cdots & 0 & 0 & 0 \\ 1-x & x & 0 & \cdots & 0 & 0 & 0 \\ 0 & 1-x & x & \cdots & 0 & 0 & 0 \\ \vdots & \vdots & \vdots & & \vdots & \vdots & \vdots \\ 0 & 0 & 0 & \cdots & 1-x & x & 0 \\ 0 & 0 & 0 & \cdots & 0 & 1-x & 1 \end{vmatrix}_{n-1} + (1-x)D_{n-1}$$

$$= (-1)^{n+1}x^{n-1} + (1-x)D_{n-1}$$

$$= (-1)^{n+1}x^{n-1} + (-1)^n(1-x)x^{n-2} + (1-x)^2 D_{n-2}$$

$$= (-1)^{n+1}x^{n-1} + (-1)^n(1-x)x^{n-2} + (-1)^{n-1}(1-x)^2 x^{n-3} + (1-x)^3 D_{n-3}$$

$$= \cdots\cdots$$

$$= (-1)^{n+1}x^{n-1} + (-1)^n(1-x)x^{n-2} + (-1)^{n-1}(1-x)^2 x^{n-3} + \cdots$$
$$\quad + (-1)^3(1-x)^{n-2}x + (1-x)^{n-1}D_1$$

$$= (-1)^{n+1}x^{n-1} + (-1)^n(1-x)x^{n-2} + (-1)^{n-1}(1-x)^2 x^{n-3} + \cdots$$
$$\quad + (-1)^3(1-x)^{n-2}x + (1-x)^{n-1}$$

$$= (-1)^{n+1}[x^{n-1} + (x-1)x^{n-2} + (x-1)^2 x^{n-3} + \cdots + (x-1)^{n-2}x + (x-1)^{n-1}]$$

$$= (-1)^{n+1}[x^n - (x-1)^n].$$

6. 计算 $D_n = \begin{vmatrix} x+y & xy & 0 & \cdots & 0 & 0 \\ 1 & x+y & xy & \cdots & 0 & 0 \\ 0 & 1 & x+y & \cdots & 0 & 0 \\ \vdots & \vdots & \vdots & & \vdots & \vdots \\ 0 & 0 & 0 & \cdots & x+y & xy \\ 0 & 0 & 0 & \cdots & 1 & x+y \end{vmatrix}.$

解法一 按第一列把 D_n 拆成两个行列式的和

$$D_n = \begin{vmatrix} x & xy & 0 & \cdots & 0 & 0 \\ 1 & x+y & xy & \cdots & 0 & 0 \\ 0 & 1 & x+y & \cdots & 0 & 0 \\ \vdots & \vdots & \vdots & & \vdots & \vdots \\ 0 & 0 & 0 & \cdots & x+y & xy \\ 0 & 0 & 0 & \cdots & 1 & x+y \end{vmatrix} + \begin{vmatrix} y & xy & 0 & \cdots & 0 & 0 \\ 0 & x+y & xy & \cdots & 0 & 0 \\ 0 & 1 & x+y & \cdots & 0 & 0 \\ \vdots & \vdots & \vdots & & \vdots & \vdots \\ 0 & 0 & 0 & \cdots & x+y & xy \\ 0 & 0 & 0 & \cdots & 1 & x+y \end{vmatrix}.$$

对第一个行列式从第一列开始依次乘以 $-y$ 加到后一列, 则易得第一个行列式的值为 x^n, 第二个行列式按第一列展开, 可得

$$D_n = x^n + y D_{n-1}.$$

注意到 $D_1 = x+y$, 由此递推公式可得

$$D_n = x^n + y D_{n-1} = x^n + y x^{n-1} + y^2 D_{n-2} = x^n + y x^{n-1} + y^2 x^{n-2} + y^3 D_{n-3}$$
$$= \cdots\cdots$$
$$= x^n + y x^{n-1} + y^2 x^{n-2} + \cdots + y^{n-1} D_1$$
$$= x^n + y x^{n-1} + y^2 x^{n-2} + \cdots + y^{n-1}x + y^n.$$

$$= \begin{cases} \dfrac{x^{n+1} - y^{n+1}}{x - y}, & x \neq y, \\ (n+1)x^n, & x = y. \end{cases}$$

解法二 同解法一, 可得

$$D_n = x^n + yD_{n-1}, \tag{1}$$

由 x, y 的对称性, 又有

$$D_n = y^n + xD_{n-1}. \tag{2}$$

当 $x = y$ 时, 易知 $D_n = (n+1)x^n$. 当 $x \neq y$ 时, 将 $(1) \times x - (2) \times y$, 得

$$(x - y)D_n = x^{n+1} - y^{n+1}.$$

故

$$D_n = \begin{cases} \dfrac{x^{n+1} - y^{n+1}}{x - y}, & x \neq y, \\ (n+1)x^n, & x = y. \end{cases}$$

解法三 将行列式按第一列展开, 得

$$D_n = (x + y)D_{n-1} - xyD_{n-2}.$$

这是一个二级递推公式, 可将其化为一级递推公式求解. 将上式变形为

$$D_n - yD_{n-1} = x(D_{n-1} - yD_{n-2}).$$

令

$$T_n = D_{n+1} - yD_n \ (n = 1, 2, \cdots),$$

则 T_n 是一个等比数列. 易知 $T_1 = D_2 - yD_1 = x^2$, 由此可得 $T_{n-1} = x^n$, 即 $D_n - yD_{n-1} = T_{n-1} = x^n$, 所以

$$D_n = x^n + yD_{n-1}.$$

参考解法一、二可得结果.

解法四 将 D_n 按第一列展开, 得

$$D_n = (x + y)D_{n-1} - xyD_{n-2}.$$

这是一个二级递推公式, 其特征方程为

$$\lambda^2 - (x + y)\lambda + xy = 0,$$

其两个根为 $\lambda_1 = x, \lambda_2 = y$.

当 $\lambda_1 = \lambda_2$ 时, 由通项公式

$$D_n = \lambda_1^n(nC_1 + C_2)$$

及 $D_1 = 2x, D_2 = 3x^2$, 可得 $C_1 + C_2 = 2, 2C_1 + C_2 = 3$, 解之得 $C_1 = C_2 = 1$. 故

$$D_n = (n+1)x^n.$$

当 $\lambda_1 \neq \lambda_2$ 时, 由通项公式

$$D_n = C_1\lambda_1^n + C_2\lambda_2^n$$

及 $D_1 = x+y, D_2 = x^2+xy+y^2$, 可得 $x+y = C_1x+C_2y, x^2+xy+y^2 = C_1x^2+C_2y^2$, 解之得

$$C_1 = \frac{x}{x-y}, \quad C_2 = \frac{-y}{x-y}.$$

故

$$D_n = \frac{x^{n+1} - y^{n+1}}{x-y}.$$

7. 计算 n 阶行列式 $D_n = \begin{vmatrix} a_1+b & a_2 & a_3 & \cdots & a_n \\ a_1 & a_2+b & a_3 & \cdots & a_n \\ a_1 & a_2 & a_3+b & \cdots & a_n \\ \vdots & \vdots & \vdots & & \vdots \\ a_1 & a_2 & a_3 & \cdots & a_n+b \end{vmatrix}.$

解法一　利用箭形行列式化三角形. 各行减去第一行, 再将各列加到第一列, 得

$$D_n = \begin{vmatrix} a_1+b & a_2 & a_3 & \cdots & a_n \\ -b & b & 0 & \cdots & 0 \\ -b & 0 & b & \cdots & 0 \\ \vdots & \vdots & \vdots & & \vdots \\ -b & 0 & 0 & \cdots & b \end{vmatrix}$$

$$= \begin{vmatrix} \sum\limits_{i=1}^{n} a_i+b & a_2 & a_3 & \cdots & a_n \\ 0 & b & 0 & \cdots & 0 \\ 0 & 0 & b & \cdots & 0 \\ \vdots & \vdots & \vdots & & \vdots \\ 0 & 0 & 0 & \cdots & b \end{vmatrix} = b^{n-1}\left(\sum_{i=1}^{n} a_i + b\right).$$

解法二　将行列式各列加到第一列提出, 各行都减去第一行, 得

$$D_n = \left(\sum_{i=1}^{n} a_i + b\right) \begin{vmatrix} 1 & a_2 & a_3 & \cdots & a_n \\ 1 & a_2 + b & a_3 & \cdots & a_n \\ 1 & a_2 & a_3 + b & \cdots & a_n \\ \vdots & \vdots & \vdots & & \vdots \\ 1 & a_2 & a_3 & \cdots & a_n + b \end{vmatrix}$$

$$= \left(\sum_{i=1}^{n} a_i + b\right) \begin{vmatrix} 1 & a_2 & a_3 & \cdots & a_n \\ 0 & b & 0 & \cdots & 0 \\ 0 & 0 & b & \cdots & 0 \\ \vdots & \vdots & \vdots & & \vdots \\ 0 & 0 & 0 & \cdots & b \end{vmatrix} = b^{n-1}\left(\sum_{i=1}^{n} a_i + b\right).$$

解法三　若 $b = 0$, 则 $D_n = \begin{cases} a_1, & n = 1, \\ 0, & n \geqslant 2; \end{cases}$　若 $b \neq 0$, 利用加边法.

$$D_n = \begin{vmatrix} a_1 + b & a_2 & a_3 & \cdots & a_n \\ a_1 & a_2 + b & a_3 & \cdots & a_n \\ a_1 & a_2 & a_3 + b & \cdots & a_n \\ \vdots & \vdots & \vdots & & \vdots \\ a_1 & a_2 & a_3 & \cdots & a_n + b \end{vmatrix}_n$$

$$= \frac{1}{b} \begin{vmatrix} b & a_1 & a_2 & a_3 & \cdots & a_n \\ 0 & a_1 + b & a_2 & a_3 & \cdots & a_n \\ 0 & a_1 & a_2 + b & a_3 & \cdots & a_n \\ 0 & a_1 & a_2 & a_3 + b & \cdots & a_n \\ \vdots & \vdots & \vdots & \vdots & & \vdots \\ 0 & a_1 & a_2 & a_3 & \cdots & a_n + b \end{vmatrix}_{n+1}$$

$$= \frac{1}{b} \begin{vmatrix} b & a_1 & a_2 & a_3 & \cdots & a_n \\ -b & b & 0 & 0 & \cdots & 0 \\ -b & 0 & b & 0 & \cdots & 0 \\ -b & 0 & 0 & b & \cdots & 0 \\ \vdots & \vdots & \vdots & \vdots & & \vdots \\ -b & 0 & 0 & 0 & \cdots & b \end{vmatrix}_{n+1}$$

$$= \frac{1}{b} \begin{vmatrix} b + \sum_{i=1}^{n} a_i & a_1 & a_2 & a_3 & \cdots & a_n \\ 0 & b & 0 & 0 & \cdots & 0 \\ 0 & 0 & b & 0 & \cdots & 0 \\ 0 & 0 & 0 & b & \cdots & 0 \\ \vdots & \vdots & \vdots & \vdots & & \vdots \\ 0 & 0 & 0 & 0 & \cdots & b \end{vmatrix}_{n+1}$$

$$= b^{n-1}\left(\sum_{i=1}^{n} a_i + b\right).$$

解法四 设 A, B 分别为 $n \times m$ 和 $m \times n$ 矩阵, 则 $|E_n + AB| = |E_m + BA|$.
利用此公式可得

$$D_n = \left| bE_n + \begin{pmatrix} a_1 & a_2 & a_3 & \cdots & a_n \\ a_1 & a_2 & a_3 & \cdots & a_n \\ a_1 & a_2 & a_3 & \cdots & a_n \\ \vdots & \vdots & \vdots & & \vdots \\ a_1 & a_2 & a_3 & \cdots & a_n \end{pmatrix} \right| = b^n \left| E_n + \frac{1}{b} \begin{pmatrix} 1 \\ 1 \\ 1 \\ \vdots \\ 1 \end{pmatrix} (a_1, a_2, a_3, \cdots, a_n) \right|$$

$$= b^n \left| 1 + \frac{1}{b}(a_1, a_2, a_3, \cdots, a_n) \begin{pmatrix} 1 \\ 1 \\ 1 \\ \vdots \\ 1 \end{pmatrix} \right| = b^n \left(1 + \frac{1}{b}\sum_{i=1}^{n} a_i\right) = b^{n-1}\left(b + \sum_{i=1}^{n} a_i\right).$$

解法五 设 A 为 n 阶方阵, α, β 为 n 维列向量, 则 $|A + \alpha\beta'| = |A| + \beta' A^* \alpha$.
利用此公式可得

$$D_n = \left| bE_n + \begin{pmatrix} a_1 & a_2 & a_3 & \cdots & a_n \\ a_1 & a_2 & a_3 & \cdots & a_n \\ a_1 & a_2 & a_3 & \cdots & a_n \\ \vdots & \vdots & \vdots & & \vdots \\ a_1 & a_2 & a_3 & \cdots & a_n \end{pmatrix} \right| = \left| bE_n + \begin{pmatrix} 1 \\ 1 \\ 1 \\ \vdots \\ 1 \end{pmatrix} (a_1, a_2, a_3, \cdots, a_n) \right|$$

$$= |bE_n| + (a_1, a_2, a_3, \cdots, a_n)(bE_n)^* \begin{pmatrix} 1 \\ 1 \\ 1 \\ \vdots \\ 1 \end{pmatrix}$$

$$= b^n + b^{n-1}\sum_{i=1}^{n} a_i = b^{n-1}\left(b + \sum_{i=1}^{n} a_i\right).$$

解法六 利用拆项法, 构造递推公式计算.

$$D_n = \begin{vmatrix} a_1+b & a_2 & a_3 & \cdots & a_n \\ a_1 & a_2+b & a_3 & \cdots & a_n \\ a_1 & a_2 & a_3+b & \cdots & a_n \\ \vdots & \vdots & \vdots & & \vdots \\ a_1 & a_2 & a_3 & \cdots & a_n \end{vmatrix} + \begin{vmatrix} a_1+b & a_2 & a_3 & \cdots & 0 \\ a_1 & a_2+b & a_3 & \cdots & 0 \\ a_1 & a_2 & a_3+b & \cdots & 0 \\ \vdots & \vdots & \vdots & & \vdots \\ a_1 & a_2 & a_3 & \cdots & b \end{vmatrix}$$

$$= a_n b^{n-1} + bD_{n-1}$$

$$= a_n b^{n-1} + b(a_{n-1}b^{n-2} + bD_{n-2})$$

$$= a_n b^{n-1} + a_{n-1}b^{n-1} + b^2 D_{n-2}$$

$$= a_n b^{n-1} + a_{n-1}b^{n-1} + b^2(a_{n-2}b^{n-3} + bD_{n-3})$$

$$= \cdots\cdots$$

$$= a_n b^{n-1} + a_{n-1}b^{n-1} + a_{n-2}b^{n-1} + \cdots + b^{n-3}(a_3 b^2 + bD_2)$$

$$= a_n b^{n-1} + a_{n-1}b^{n-1} + a_{n-2}b^{n-1} + \cdots + b^{n-2}(a_2 b + bD_1)$$

$$= b^{n-1}\left(b + \sum_{i=1}^{n} a_i\right).$$

解法七　利用特征值计算行列式的值. 令

$$
A = \begin{pmatrix}
a_1 & a_2 & a_3 & \cdots & a_n \\
a_1 & a_2 & a_3 & \cdots & a_n \\
a_1 & a_2 & a_3 & \cdots & a_n \\
\vdots & \vdots & \vdots & & \vdots \\
a_1 & a_2 & a_3 & \cdots & a_n
\end{pmatrix},
$$

则 A 的全部特征值为 $\sum\limits_{i=1}^{n} a_i, 0, \cdots, 0$, 从而 $bE_n + A$ 的全部特征值为 $b + \sum\limits_{i=1}^{n} a_i, b, \cdots, b$, 所以

$$D_n = |bE_n + A| = b^{n-1}\left(b + \sum_{i=1}^{n} a_i\right).$$

8. 计算 n 阶行列式 $D_n = \begin{vmatrix} x & y & y & \cdots & y \\ z & x & y & \cdots & y \\ z & z & x & \cdots & y \\ \vdots & \vdots & \vdots & & \vdots \\ z & z & z & \cdots & x \end{vmatrix}$.

解法一　若 $y = z$, 则

$$
D_n = \begin{vmatrix}
x & y & y & \cdots & y \\
y & x & y & \cdots & y \\
y & y & x & \cdots & y \\
\vdots & \vdots & \vdots & & \vdots \\
y & y & y & \cdots & x
\end{vmatrix} = [x + (n-1)y]\begin{vmatrix}
1 & y & y & \cdots & y \\
1 & x & y & \cdots & y \\
1 & y & x & \cdots & y \\
\vdots & \vdots & \vdots & & \vdots \\
1 & y & y & \cdots & x
\end{vmatrix}
$$

$$= [x+(n-1)y] \begin{vmatrix} 1 & y & y & \cdots & y \\ 0 & x-y & 0 & \cdots & 0 \\ 0 & 0 & x-y & \cdots & 0 \\ \vdots & \vdots & \vdots & & \vdots \\ 0 & 0 & 0 & \cdots & x-y \end{vmatrix} = [x+(n-1)y](x-y)^{n-1}.$$

若 $y \neq z$, 则

$$D_n = \begin{vmatrix} (x-z)+z & y & y & \cdots & y \\ 0+z & x & y & \cdots & y \\ 0+z & z & x & \cdots & y \\ \vdots & \vdots & \vdots & & \vdots \\ 0+z & z & z & \cdots & x \end{vmatrix} = \begin{vmatrix} x-z & y & y & \cdots & y \\ 0 & x & y & \cdots & y \\ 0 & z & x & \cdots & y \\ \vdots & \vdots & \vdots & & \vdots \\ 0 & z & z & \cdots & x \end{vmatrix} + \begin{vmatrix} z & y & y & \cdots & y \\ z & x & y & \cdots & y \\ z & z & x & \cdots & y \\ \vdots & \vdots & \vdots & & \vdots \\ z & z & z & \cdots & x \end{vmatrix}$$

$$= (x-z)D_{n-1} + \begin{vmatrix} z & y & y & \cdots & y \\ 0 & x-y & 0 & \cdots & 0 \\ 0 & z-y & x-y & \cdots & 0 \\ \vdots & \vdots & \vdots & & \vdots \\ 0 & z-y & z-y & \cdots & x-y \end{vmatrix}$$

$$= (x-z)D_{n-1} + z(x-y)^{n-1}. \tag{3}$$

由 y, z 的对称性, 又可得

$$D_n = (x-y)D_{n-1} + y(x-z)^{n-1}. \tag{4}$$

$(3) \times (x-y) - (4) \times (x-z)$, 得

$$(z-y)D_n = z(x-y)^n - y(x-z)^n,$$

所以当 $y \neq z$ 时,

$$D_n = \frac{z(x-y)^n - y(x-z)^n}{z-y}.$$

解法二 若 $y = z$, 则由解法一知 $D_n = [x+(n-1)y](x-y)^{n-1}$. 若 $y \neq z$, 则

$$D_n(t) = \begin{vmatrix} x+t & y+t & y+t & \cdots & y+t \\ z+t & x+t & y+t & \cdots & y+t \\ z+t & z+t & x+t & \cdots & y+t \\ \vdots & \vdots & \vdots & & \vdots \\ z+t & z+t & z+t & \cdots & x+t \end{vmatrix} = D_n + tr,$$

其中 $r = \sum\limits_{i=1}^{n} \sum\limits_{j=1}^{n} A_{ij}$ 是一个与 t 无关的常数. 易知

$$D_n(-y) = (x-y)^n, \quad D_n(-z) = (x-z)^n,$$

所以

$$D_n - yr = (x-y)^n, \quad D_n - zr = (x-z)^n,$$

消去 r, 得

$$D_n = \frac{z(x-y)^n - y(x-z)^n}{z-y}.$$

9. 计算 n 阶行列式 $D_n = \begin{vmatrix} x_1 & \alpha & \cdots & \alpha \\ \beta & x_2 & \cdots & \alpha \\ \vdots & \vdots & & \vdots \\ \beta & \beta & \cdots & x_n \end{vmatrix}$ $(\alpha \neq \beta)$.

解法一

$$D_n = \begin{vmatrix} x_1 & \alpha & \cdots & \alpha & 0 \\ \beta & x_2 & \cdots & \alpha & 0 \\ \vdots & \vdots & & \vdots & \vdots \\ \beta & \beta & \cdots & x_{n-1} & 0 \\ \beta & \beta & \cdots & \beta & x_n - \alpha \end{vmatrix} + \begin{vmatrix} x_1 & \alpha & \cdots & \alpha & \alpha \\ \beta & x_2 & \cdots & \alpha & \alpha \\ \vdots & \vdots & & \vdots & \vdots \\ \beta & \beta & \cdots & x_{n-1} & \alpha \\ \beta & \beta & \cdots & \beta & \alpha \end{vmatrix}$$

$$= (x_n - \alpha)D_{n-1} + \begin{vmatrix} x_1 - \beta & \alpha - \beta & \cdots & \alpha - \beta & 0 \\ 0 & x_2 - \beta & \cdots & \alpha - \beta & 0 \\ \vdots & \vdots & & \vdots & \vdots \\ 0 & 0 & \cdots & x_{n-1} - \beta & 0 \\ \beta & \beta & \cdots & \beta & \alpha \end{vmatrix}$$

$$= (x_n - \alpha)D_{n-1} + \alpha \prod_{i=1}^{n-1}(x_i - \beta),$$

又由 α, β 的对称性可得

$$D_n = (x_n - \beta)D_{n-1} + \beta \prod_{i=1}^{n-1}(x_i - \alpha),$$

因此,

$$D_n = \frac{\alpha \prod\limits_{i=1}^{n}(x_i - \beta) - \beta \prod\limits_{i=1}^{n}(x_i - \alpha)}{\alpha - \beta}.$$

解法二　设 A 为 D_n 对应的矩阵. 构造

$$D_n(x) = \begin{vmatrix} x_1 + x & \alpha + x & \cdots & \alpha + x \\ \beta + x & x_2 + x & \cdots & \alpha + x \\ \vdots & \vdots & & \vdots \\ \beta + x & \beta + x & \cdots & x_n + x \end{vmatrix}$$

$$= \left| A + x \begin{pmatrix} 1 \\ 1 \\ \vdots \\ 1 \end{pmatrix} (1 \ 1 \ \cdots \ 1) \right|.$$

利用公式 $|A + \alpha\beta'| = |A| + \beta'A^*\alpha$, 得

$$D_n(x) = |A| + x(1 \ 1 \ \cdots \ 1)A^* \begin{pmatrix} 1 \\ 1 \\ \vdots \\ 1 \end{pmatrix}$$

$$= D_n + x \sum_{i,j=1}^{n} A_{ij} = D_n + xr,$$

这里 A^* 为 A 的伴随矩阵, $r = \sum\limits_{i,j=1}^{n} A_{ij}$, 是一个与 x 无关的常数.

分别令 $x = -\alpha$ 和 $x = -\beta$ 可得

$$D_n - \alpha r = \prod_{i=1}^{n}(x_i - \alpha), \quad D_n - \beta r = \prod_{i=1}^{n}(x_i - \beta),$$

消去 r, 得到

$$D_n = \frac{\alpha \prod\limits_{i=1}^{n}(x_i - \beta) - \beta \prod\limits_{i=1}^{n}(x_i - \alpha)}{\alpha - \beta}.$$

10. 设 $\prod\limits_{i=1}^{n} a_i \neq 0$, 计算 n 阶行列式 $D_n = \begin{vmatrix} 0 & a_1 + a_2 & \cdots & a_1 + a_n \\ a_2 + a_1 & 0 & \cdots & a_2 + a_n \\ \vdots & \vdots & & \vdots \\ a_n + a_1 & a_n + a_2 & \cdots & 0 \end{vmatrix}.$

解法一　加边, 各行减去第一行, 再加边, 从第三列开始, 各列减去第一列, 然后再把各列的 $\dfrac{1}{2}$ 倍加到第一列, $-\dfrac{1}{2a_i}$ 倍加到第二列.

$$
D_n = \begin{vmatrix}
1 & a_1 & a_2 & \cdots & a_n \\
0 & 0 & a_1+a_2 & \cdots & a_1+a_n \\
0 & a_2+a_1 & 0 & \cdots & a_2+a_n \\
\vdots & \vdots & \vdots & & \vdots \\
0 & a_n+a_1 & a_n+a_2 & \cdots & 0
\end{vmatrix}
$$

$$
= \begin{vmatrix}
1 & a_1 & a_2 & \cdots & a_n \\
-1 & -a_1 & a_1 & \cdots & a_1 \\
-1 & a_2 & -a_2 & \cdots & a_2 \\
\vdots & \vdots & \vdots & & \vdots \\
-1 & a_n & a_n & \cdots & -a_n
\end{vmatrix}_{n+1}
\quad \text{(各行减第一行)}
$$

$$
= \begin{vmatrix}
1 & 0 & 0 & 0 & \cdots & 0 \\
0 & 1 & a_1 & a_2 & \cdots & a_n \\
a_1 & -1 & -a_1 & a_1 & \cdots & a_1 \\
a_2 & -1 & a_2 & -a_2 & \cdots & a_2 \\
\vdots & \vdots & \vdots & \vdots & & \vdots \\
a_n & -1 & a_n & a_n & \cdots & -a_n
\end{vmatrix}_{n+2}
$$

$$
= \begin{vmatrix}
1 & 0 & -1 & -1 & \cdots & -1 \\
0 & 1 & a_1 & a_2 & \cdots & a_n \\
a_1 & -1 & -2a_1 & 0 & \cdots & 0 \\
a_2 & -1 & 0 & -2a_2 & \cdots & 0 \\
\vdots & \vdots & \vdots & \vdots & & \vdots \\
a_n & -1 & 0 & 0 & \cdots & -2a_n
\end{vmatrix}_{n+2}
$$

$$
= \begin{vmatrix}
1-\dfrac{n}{2} & 0 & -1 & -1 & \cdots & -1 \\
\dfrac{1}{2}\sum\limits_{i=1}^{n} a_i & 1 & a_1 & a_2 & \cdots & a_n \\
0 & -1 & -2a_1 & 0 & \cdots & 0 \\
0 & -1 & 0 & -2a_2 & \cdots & 0 \\
\vdots & \vdots & \vdots & \vdots & & \vdots \\
0 & -1 & 0 & 0 & \cdots & -2a_n
\end{vmatrix}_{n+2}
$$

$$
= \begin{vmatrix}
1 - \dfrac{n}{2} & \dfrac{1}{2}\sum\limits_{i=1}^{n}\dfrac{1}{a_i} & -1 & -1 & \cdots & -1 \\
\dfrac{1}{2}\sum\limits_{i=1}^{n}a_i & 1 - \dfrac{n}{2} & a_1 & a_2 & \cdots & a_n \\
0 & 0 & -2a_1 & 0 & \cdots & 0 \\
0 & 0 & 0 & -2a_2 & \cdots & 0 \\
\vdots & \vdots & \vdots & \vdots & & \vdots \\
0 & 0 & 0 & 0 & \cdots & -2a_n
\end{vmatrix}_{n+2}
$$

$$
= \begin{vmatrix}
1 - \dfrac{n}{2} & \dfrac{1}{2}\sum\limits_{i=1}^{n}\dfrac{1}{a_i} \\
\dfrac{1}{2}\sum\limits_{i=1}^{n}a_i & 1 - \dfrac{n}{2}
\end{vmatrix}
\begin{vmatrix}
-2a_1 & 0 & \cdots & 0 \\
0 & -2a_2 & \cdots & 0 \\
\vdots & \vdots & & \vdots \\
0 & 0 & \cdots & -2a_n
\end{vmatrix}_{n}
$$

$$
= (-2)^{n}\left(\prod_{i=1}^{n}a_i\right)\left[\left(1-\dfrac{n}{2}\right)^2 - \dfrac{1}{2^2}\left(\sum_{i=1}^{n}a_i\right)\left(\sum_{i=1}^{n}\dfrac{1}{a_i}\right)\right]
$$

$$
= (-2)^{n-2}\left(\prod_{i=1}^{n}a_i\right)\left[(2-n)^2 - \left(\sum_{i=1}^{n}a_i\right)\left(\sum_{i=1}^{n}\dfrac{1}{a_i}\right)\right]
$$

$$
= (-2)^{n-2}\left(\prod_{i=1}^{n}a_i\right)\left[(2-n)^2 - \sum_{i,j=1}^{n}\dfrac{a_j}{a_i}\right].
$$

解法二 设 A 为 n 阶可逆矩阵, B, C 分别为 $n \times m$ 和 $m \times n$ 矩阵, 则有降阶公式

$$
|A + BC| = |A||E_m + CA^{-1}B|.
$$

由此公式可得

$$
D_n = \begin{vmatrix}
0 & a_1 + a_2 & \cdots & a_1 + a_n \\
a_2 + a_1 & 0 & \cdots & a_2 + a_n \\
\vdots & \vdots & & \vdots \\
a_n + a_1 & a_n + a_2 & \cdots & 0
\end{vmatrix}
$$

$$
= \left| \begin{pmatrix}
-2a_1 & 0 & \cdots & 0 \\
0 & -2a_2 & \cdots & 0 \\
\vdots & \vdots & & \vdots \\
0 & 0 & \cdots & -2a_n
\end{pmatrix} + \begin{pmatrix}
2a_1 & a_1 + a_2 & \cdots & a_1 + a_n \\
a_2 + a_1 & 2a_2 & \cdots & a_2 + a_n \\
\vdots & \vdots & & \vdots \\
a_n + a_1 & a_n + a_2 & \cdots & 2a_n
\end{pmatrix} \right|
$$

$$= \left| \begin{pmatrix} -2a_1 & 0 & \cdots & 0 \\ 0 & -2a_2 & \cdots & 0 \\ \vdots & \vdots & & \vdots \\ 0 & 0 & \cdots & -2a_n \end{pmatrix} + \begin{pmatrix} a_1 & 1 \\ a_2 & 1 \\ \vdots & \vdots \\ a_n & 1 \end{pmatrix} \begin{pmatrix} 1 & 1 & \cdots & 1 \\ a_1 & a_2 & \cdots & a_n \end{pmatrix} \right|$$

$$= (-2)^n \left(\prod_{i=1}^n a_i \right)$$

$$\times \left| E_2 + \begin{pmatrix} 1 & 1 & \cdots & 1 \\ a_1 & a_2 & \cdots & a_n \end{pmatrix} \begin{pmatrix} -2a_1 & 0 & \cdots & 0 \\ 0 & -2a_2 & \cdots & 0 \\ \vdots & \vdots & & \vdots \\ 0 & 0 & \cdots & -2a_n \end{pmatrix}^{-1} \begin{pmatrix} a_1 & 1 \\ a_2 & 1 \\ \vdots & \vdots \\ a_n & 1 \end{pmatrix} \right|$$

$$= (-2)^n \left(\prod_{i=1}^n a_i \right) \left| \begin{matrix} 1 - \dfrac{n}{2} & -\dfrac{1}{2} \sum_{i=1}^n \dfrac{1}{a_i} \\ -\dfrac{1}{2} \sum_{i=1}^n a_i & 1 - \dfrac{n}{2} \end{matrix} \right|$$

$$= (-2)^{n-2} \left(\prod_{i=1}^n a_i \right) \left[(2-n)^2 - \left(\sum_{i=1}^n a_i \right) \left(\sum_{i=1}^n \dfrac{1}{a_i} \right) \right]$$

$$= (-2)^{n-2} \left(\prod_{i=1}^n a_i \right) \left[(2-n)^2 - \sum_{i,j=1}^n \dfrac{a_j}{a_i} \right].$$

11. 设 $D_n = \begin{vmatrix} a_{11} & a_{12} & \cdots & a_{1n} \\ a_{21} & a_{22} & \cdots & a_{2n} \\ \vdots & \vdots & & \vdots \\ a_{n1} & a_{n2} & \cdots & a_{nn} \end{vmatrix}$, 证明:

$$\begin{vmatrix} a_{11} + x_1 & a_{12} + x_2 & \cdots & a_{1n} + x_n \\ a_{21} + x_1 & a_{22} + x_2 & \cdots & a_{2n} + x_n \\ \vdots & \vdots & & \vdots \\ a_{n1} + x_1 & a_{n2} + x_2 & \cdots & a_{nn} + x_n \end{vmatrix} = D_n + \sum_{j=1}^n x_j \sum_{i=1}^n A_{ij},$$

其中 A_{ij} 是 a_{ij} 的代数余子式.

证法一   逐列拆项可得

$$\begin{vmatrix} a_{11} + x_1 & a_{12} + x_2 & \cdots & a_{1n} + x_n \\ a_{21} + x_1 & a_{22} + x_2 & \cdots & a_{2n} + x_n \\ \vdots & \vdots & & \vdots \\ a_{n1} + x_1 & a_{n2} + x_2 & \cdots & a_{nn} + x_n \end{vmatrix}$$

$$
= \begin{vmatrix} a_{11} & a_{12}+x_2 & \cdots & a_{1n}+x_n \\ a_{21} & a_{22}+x_2 & \cdots & a_{2n}+x_n \\ \vdots & \vdots & & \vdots \\ a_{n1} & a_{n2}+x_2 & \cdots & a_{nn}+x_n \end{vmatrix} + \begin{vmatrix} x_1 & a_{12}+x_2 & \cdots & a_{1n}+x_n \\ x_1 & a_{22}+x_2 & \cdots & a_{2n}+x_n \\ \vdots & \vdots & & \vdots \\ x_1 & a_{n2}+x_2 & \cdots & a_{nn}+x_n \end{vmatrix}
$$

$$
= \begin{vmatrix} a_{11} & a_{12}+x_2 & \cdots & a_{1n}+x_n \\ a_{21} & a_{22}+x_2 & \cdots & a_{2n}+x_n \\ \vdots & \vdots & & \vdots \\ a_{n1} & a_{n2}+x_2 & \cdots & a_{nn}+x_n \end{vmatrix} + x_1 \begin{vmatrix} 1 & a_{12}+x_2 & \cdots & a_{1n}+x_n \\ 1 & a_{22}+x_2 & \cdots & a_{2n}+x_n \\ \vdots & \vdots & & \vdots \\ 1 & a_{n2}+x_2 & \cdots & a_{nn}+x_n \end{vmatrix}
$$

$$
= \begin{vmatrix} a_{11} & a_{12}+x_2 & \cdots & a_{1n}+x_n \\ a_{21} & a_{22}+x_2 & \cdots & a_{2n}+x_n \\ \vdots & \vdots & & \vdots \\ a_{n1} & a_{n2}+x_2 & \cdots & a_{nn}+x_n \end{vmatrix} + x_1 \sum_{i=1}^{n} A_{i1}
$$

$$
= \begin{vmatrix} a_{11} & a_{12} & \cdots & a_{1n}+x_n \\ a_{21} & a_{22} & \cdots & a_{2n}+x_n \\ \vdots & \vdots & & \vdots \\ a_{n1} & a_{n2} & \cdots & a_{nn}+x_n \end{vmatrix} + \begin{vmatrix} a_{11} & x_2 & \cdots & a_{1n}+x_n \\ a_{21} & x_2 & \cdots & a_{2n}+x_n \\ \vdots & \vdots & & \vdots \\ a_{n1} & x_2 & \cdots & a_{nn}+x_n \end{vmatrix} + x_1 \sum_{i=1}^{n} A_{i1}
$$

$$
= \begin{vmatrix} a_{11} & a_{12} & \cdots & a_{1n}+x_n \\ a_{21} & a_{22} & \cdots & a_{2n}+x_n \\ \vdots & \vdots & & \vdots \\ a_{n1} & a_{n2} & \cdots & a_{nn}+x_n \end{vmatrix} + x_2 \sum_{i=1}^{n} A_{i2} + x_1 \sum_{i=1}^{n} A_{i1}
$$

$$
= D_n + x_n \sum_{i=1}^{n} A_{in} + \cdots + x_2 \sum_{i=1}^{n} A_{i2} + x_1 \sum_{i=1}^{n} A_{i1} = D_n + \sum_{j=1}^{n} x_j \sum_{i=1}^{n} A_{ij}.
$$

证法二   加边消去式中 x, 再按第一列展开, 得

$$
\text{左端} = \begin{vmatrix} 1 & x_1 & x_2 & \cdots & x_n \\ 0 & a_{11}+x_1 & a_{12}+x_2 & \cdots & a_{1n}+x_n \\ 0 & a_{21}+x_1 & a_{22}+x_2 & \cdots & a_{2n}+x_n \\ \vdots & \vdots & \vdots & & \vdots \\ 0 & a_{n1}+x_1 & a_{n2}+x_2 & \cdots & a_{nn}+x_n \end{vmatrix} = \begin{vmatrix} 1 & x_1 & x_2 & \cdots & x_n \\ -1 & a_{11} & a_{12} & \cdots & a_{1n} \\ -1 & a_{21} & a_{22} & \cdots & a_{2n} \\ \vdots & \vdots & \vdots & & \vdots \\ -1 & a_{n1} & a_{n2} & \cdots & a_{nn} \end{vmatrix}
$$

$$
= D_n + (-1)(-1)^{2+1} \begin{vmatrix} x_1 & x_2 & \cdots & x_n \\ a_{21} & a_{22} & \cdots & a_{2n} \\ \vdots & \vdots & & \vdots \\ a_{n1} & a_{n2} & \cdots & a_{nn} \end{vmatrix}
$$

$$
+ (-1)(-1)^{3+1} \begin{vmatrix} x_1 & x_2 & x_3 & \cdots & x_n \\ a_{11} & a_{12} & a_{13} & \cdots & a_{1n} \\ a_{31} & a_{32} & a_{33} & \cdots & a_{3n} \\ \vdots & \vdots & \vdots & & \vdots \\ a_{n1} & a_{n2} & a_{n3} & \cdots & a_{nn} \end{vmatrix}
$$

$$+\cdots+(-1)(-1)^{n+1+1}\begin{vmatrix} x_1 & x_2 & x_3 & \cdots & x_n \\ a_{11} & a_{12} & a_{13} & \cdots & a_{1n} \\ a_{21} & a_{22} & a_{23} & \cdots & a_{2n} \\ \vdots & \vdots & \vdots & & \vdots \\ a_{n-1,1} & a_{n-1,2} & a_{n-1,3} & \cdots & a_{n-1,n} \end{vmatrix}$$

$$=D_n+\begin{vmatrix} x_1 & x_2 & \cdots & x_n \\ a_{21} & a_{22} & \cdots & a_{2n} \\ \vdots & \vdots & & \vdots \\ a_{n1} & a_{n2} & \cdots & a_{nn} \end{vmatrix}+\begin{vmatrix} a_{11} & a_{12} & \cdots & a_{1n} \\ x_1 & x_2 & \cdots & x_n \\ \vdots & \vdots & & \vdots \\ a_{n1} & a_{n2} & \cdots & a_{nn} \end{vmatrix}+\cdots$$

$$+\begin{vmatrix} a_{11} & a_{12} & \cdots & a_{1n} \\ a_{21} & a_{22} & \cdots & a_{2n} \\ \vdots & \vdots & & \vdots \\ x_1 & x_2 & \cdots & x_n \end{vmatrix}$$

$$=D_n+\sum_{j=1}^{n}x_jA_{1j}+\sum_{j=1}^{n}x_jA_{2j}+\cdots+\sum_{j=1}^{n}x_jA_{nj}=D_n+\sum_{i=1}^{n}\sum_{j=1}^{n}x_jA_{ij}=\text{右端}.$$

证法三 设 A 为 n 阶矩阵, α,β 为 n 维列向量, 则有公式 $|A+\alpha\beta'|=|A|+\beta'A^*\alpha$. 设 $A=(a_{ij})_{n\times n}$, 利用上述公式, 有

$$\text{左端}=\left|A+\begin{pmatrix} 1 \\ 1 \\ \vdots \\ 1 \end{pmatrix}(x_1,x_2,\cdots,x_n)\right|$$

$$=|A|+(x_1,x_2,\cdots,x_n)A^*\begin{pmatrix} 1 \\ 1 \\ \vdots \\ 1 \end{pmatrix}=D_n+\sum_{j=1}^{n}x_j\sum_{i=1}^{n}A_{ij}=\text{右端}.$$

注 当 $x_1=x_2=\cdots=x_n$ 时, 有

$$\begin{vmatrix} a_{11}+x & a_{12}+x & \cdots & a_{1n}+x \\ a_{21}+x & a_{22}+x & \cdots & a_{2n}+x \\ \vdots & \vdots & & \vdots \\ a_{n1}+x & a_{n2}+x & \cdots & a_{nn}+x \end{vmatrix}=D_n+x\sum_{i=1}^{n}\sum_{j=1}^{n}A_{ij}.$$

12. 设 $a_1,a_2,\cdots,a_n$ 是互不相同的数, 计算 $D_n=\begin{vmatrix} 1 & a_1 & a_1^2 & \cdots & a_1^{n-2} & a_1^n \\ 1 & a_2 & a_2^2 & \cdots & a_2^{n-2} & a_2^n \\ 1 & a_3 & a_3^2 & \cdots & a_3^{n-2} & a_3^n \\ \vdots & \vdots & \vdots & & \vdots & \vdots \\ 1 & a_n & a_n^2 & \cdots & a_n^{n-2} & a_n^n \end{vmatrix}$.

解法一 构造线性方程组

$$\begin{cases} x_1 + a_1 x_2 + \cdots + a_1^{n-2} x_{n-1} + a_1^{n-1} x_n = a_1^n, \\ x_1 + a_2 x_2 + \cdots + a_2^{n-2} x_{n-1} + a_2^{n-1} x_n = a_2^n, \\ \qquad\qquad \cdots\cdots \\ x_1 + a_n x_2 + \cdots + a_n^{n-2} x_{n-1} + a_n^{n-1} x_n = a_n^n, \end{cases}$$

其系数行列式 Δ 是一个范德蒙德行列式. 因为 $a_1, a_2, \cdots, a_n$ 是互不相同的数, 所以

$$\Delta = \prod_{1 \leqslant j < i \leqslant n} (a_i - a_j) \neq 0,$$

从而方程组有唯一解, 且 $x_n = \dfrac{D_n}{\Delta}$, 故 $D_n = x_n \Delta$.

再作关于 y 的一元 n 次方程

$$y^n - x_n y^{n-1} - x_{n-1} y^{n-2} - \cdots - x_2 y - x_1 = 0.$$

由方程组的构造知 $a_1, a_2, \cdots, a_n$ 是它的根. 由根与系数的关系得 $x_n = a_1 + a_2 + \cdots + a_n$, 所以

$$D_n = x_n \Delta = (a_1 + a_2 + \cdots + a_n) \prod_{1 \leqslant j < i \leqslant n} (a_i - a_j).$$

解法二 作 $n+1$ 阶行列式

$$D_{n+1}(y) = \begin{vmatrix} 1 & a_1 & a_1^2 & \cdots & a_1^{n-2} & a_1^{n-1} & a_1^n \\ 1 & a_2 & a_2^2 & \cdots & a_2^{n-2} & a_2^{n-1} & a_2^n \\ 1 & a_3 & a_3^2 & \cdots & a_3^{n-2} & a_3^{n-1} & a_3^n \\ \vdots & \vdots & \vdots & & \vdots & \vdots & \vdots \\ 1 & a_n & a_n^2 & \cdots & a_n^{n-2} & a_n^{n-1} & a_n^n \\ 1 & y & y^2 & \cdots & y^{n-2} & y^{n-1} & y^n \end{vmatrix},$$

则

$$D_{n+1}(y) = (y - a_1)(y - a_2) \cdots (y - a_n) \prod_{1 \leqslant j < i \leqslant n} (a_i - a_j).$$

又将 $D_{n+1}(y)$ 按最后一行展开, 可知 D_n 应为 $D_{n+1}(y)$ 中 y^{n-1} 的系数的相反数, 所以

$$D_n = (a_1 + a_2 + \cdots + a_n) \prod_{1 \leqslant j < i \leqslant n} (a_i - a_j).$$

13. (克拉默法则) 若线性方程组

$$
\begin{cases}
a_{11}x_1 + a_{12}x_2 + \cdots + a_{1n}x_n = b_1, \\
a_{21}x_1 + a_{22}x_2 + \cdots + a_{2n}x_n = b_2, \\
\qquad \cdots\cdots \\
a_{n1}x_1 + a_{n2}x_2 + \cdots + a_{nn}x_n = b_n
\end{cases}
\tag{5}
$$

的系数行列式 $d = |a_{ij}| \neq 0$, 则它有唯一解

$$
x_k = \frac{d_k}{d} \quad (k = 1, 2, \cdots, n),
\tag{6}
$$

其中 d_k 为用常数项列换掉 d 中第 k 列得到的 n 阶行列式.

证法一 把线性方程组 (5) 简写成

$$
\sum_{j=1}^{n} a_{ij}x_j = b_i \quad (i = 1, 2, \cdots, n).
$$

首先来证明式 (6) 是式 (5) 的解. 把式 (6) 代入第 i 个方程, 左端为

$$
\sum_{j=1}^{n} a_{ij}\frac{d_j}{d} = \frac{1}{d}\sum_{j=1}^{n} a_{ij}d_j.
$$

因为

$$
d_j = b_1 A_{1j} + b_2 A_{2j} + \cdots + b_n A_{nj} = \sum_{s=1}^{n} b_s A_{sj},
$$

所以

$$
\begin{aligned}
\frac{1}{d}\sum_{j=1}^{n} a_{ij}d_j &= \frac{1}{d}\sum_{j=1}^{n} a_{ij}\sum_{s=1}^{n} b_s A_{sj} \\
&= \frac{1}{d}\sum_{j=1}^{n}\sum_{s=1}^{n} a_{ij}A_{sj}b_s \\
&= \frac{1}{d}\sum_{s=1}^{n}\sum_{j=1}^{n} a_{ij}A_{sj}b_s \\
&= \frac{1}{d}\sum_{s=1}^{n}\left(\sum_{j=1}^{n} a_{ij}A_{sj}\right) b_s.
\end{aligned}
$$

根据

$$
\sum_{j=1}^{n} a_{ij}A_{sj} = \begin{cases} d, & i = s, \\ 0, & i \neq s, \end{cases}
$$

有

$$\frac{1}{d}\sum_{s=1}^{n}\left(\sum_{j=1}^{n}a_{ij}A_{sj}\right)b_s = \frac{1}{d}\cdot db_i = b_i.$$

这与第 i 个方程的右端一致. 换句话说, 把式 (6) 代入方程使它们同时变成恒等式, 因而式 (6) 确为线性方程组 (5) 的解.

设 $(c_1, c_2, \cdots, c_n)$ 是线性方程组 (5) 的一个解, 于是有 n 个恒等式

$$\sum_{j=1}^{n}a_{ij}c_j = b_i, \quad i = 1, 2, \cdots, n. \tag{7}$$

为了证明 $c_k = \dfrac{d_k}{d}$, 我们取系数矩阵中第 k 列元素的代数余子式 $A_{1k}, A_{2k}, \cdots, A_{nk}$, 用它们分别乘式 (7) 中 n 个恒等式, 有

$$A_{ik}\sum_{j=1}^{n}a_{ij}c_j = b_iA_{ik}, \quad i = 1, 2, \cdots, n,$$

这还是 n 个恒等式. 把它们加起来, 即得

$$\sum_{i=1}^{n}A_{ik}\sum_{j=1}^{n}a_{ij}c_j = \sum_{i=1}^{n}b_iA_{ik}. \tag{8}$$

等式右端等于在行列式 d 按第 k 列的展开式中把 a_{ik} 分别换成 $b_i(i = 1, 2, \cdots, n)$. 因此, 它等于把行列式 d 中第 k 列换成 $b_1, b_2, \cdots, b_n$ 所得的行列式, 也就是 d_k. 再来看式 (8) 的左端, 即

$$\sum_{i=1}^{n}A_{ik}\sum_{j=1}^{n}a_{ij}c_j = \sum_{i=1}^{n}\sum_{j=1}^{n}a_{ij}A_{ik}c_j$$

$$= \sum_{j=1}^{n}\sum_{i=1}^{n}a_{ij}A_{ik}c_j$$

$$= \sum_{j=1}^{n}\left(\sum_{i=1}^{n}a_{ij}A_{ik}\right)c_j.$$

利用公式

$$\sum_{i=1}^{n}a_{ij}A_{ik} = \begin{cases} d, & j = k, \\ 0, & j \neq k, \end{cases}$$

所以

$$\sum_{j=1}^{n}\left(\sum_{i=1}^{n}a_{ij}A_{ik}\right)c_j = dc_k.$$

于是, 式 (8) 即为

$$dc_k = d_k, \quad k = 1, 2, \cdots, n.$$

也就是

$$c_k = \frac{d_k}{d}, \quad k = 1, 2, \cdots, n.$$

这就是说, 如果 $(c_1, c_2, \cdots, c_n)$ 是线性方程组 (5) 的一个解, 它必为

$$\left(\frac{d_1}{d}, \frac{d_2}{d}, \cdots, \frac{d_n}{d} \right),$$

因而线性方程组 (5) 最多有一组解. (北京大学数学系前代数小组, 2013)[84-87]

证法二 设

$$A = \begin{pmatrix} a_{11} & a_{12} & \cdots & a_{1n} \\ a_{21} & a_{22} & \cdots & a_{2n} \\ \vdots & \vdots & & \vdots \\ a_{n1} & a_{n2} & \cdots & a_{nn} \end{pmatrix}, \quad b = \begin{pmatrix} b_1 \\ b_2 \\ \vdots \\ b_n \end{pmatrix}, \quad X = \begin{pmatrix} x_1 \\ x_2 \\ \vdots \\ x_n \end{pmatrix},$$

则方程组可写成 $AX = b$. 因为 $|A| = d \neq 0$, 所以 A 可逆, 从而

$$X = A^{-1}b = \frac{A^*}{d}b,$$

所以

$$x_k = \frac{1}{d}(A_{1k}, A_{2k}, \cdots, A_{nk}) \begin{pmatrix} b_1 \\ b_2 \\ \vdots \\ b_n \end{pmatrix}$$

$$= \frac{1}{d} \sum_{i=1}^{n} b_i A_{ik} = \frac{d_k}{d} \quad (k = 1, 2, \cdots, n).$$

若 $c = (c_1, c_2, \cdots, c_n)'$ 是方程组的任一解, 则 $Ac = b$, 从而 $c = A^{-1}b = X$, 所以方程组的解是唯一的.

证法三 构造 $n + 1$ 阶行列式

$$D = \begin{vmatrix} a_{i1} & a_{i2} & \cdots & a_{in} & b_i \\ a_{11} & a_{12} & \cdots & a_{1n} & b_1 \\ a_{21} & a_{22} & \cdots & a_{2n} & b_2 \\ \vdots & \vdots & & \vdots & \vdots \\ a_{n1} & a_{n2} & \cdots & a_{nn} & b_n \end{vmatrix},$$

则 $D = 0$. 因为 d_k 为用常数项列换掉 d 中第 k 列得到的 n 阶行列式, 所以 D 中第一行元素 a_{ik} 的代数余子式为

$$(-1)^{k+1} \begin{vmatrix} a_{11} & \cdots & a_{1,k-1} & a_{1,k+1} & \cdots & a_{1n} & b_1 \\ a_{21} & \cdots & a_{2,k-1} & a_{2,k+1} & \cdots & a_{2n} & b_2 \\ \vdots & & \vdots & \vdots & & \vdots & \vdots \\ a_{n1} & \cdots & a_{n,k-1} & a_{n,k+1} & \cdots & a_{nn} & b_n \end{vmatrix} = (-1)^{k+1}(-1)^{n-k}d_k = (-1)^{n+1}d_k,$$

b_i 的代数余子式为 $(-1)^{n+2}d$.

将 D 按第一行展开, 得

$$a_{i1}(-1)^{n+1}d_1 + a_{i2}(-1)^{n+1}d_2 + \cdots + a_{in}(-1)^{n+1}d_n + b_i(-1)^{n+2}d = 0.$$

于是

$$a_{i1}\frac{d_1}{d} + a_{i2}\frac{d_2}{d} + \cdots + a_{in}\frac{d_n}{d} = b_i \ (i = 1, 2, \cdots, n),$$

所以 $x_k = \dfrac{d_k}{d}(k = 1, 2, \cdots, n)$ 是所给方程组的解.

设 $(c_1, c_2, \cdots, c_n)$ 是方程组的另一个不同的解, 分别代入方程组相减得

$$\begin{cases} a_{11}\left(c_1 - \dfrac{d_1}{d}\right) + a_{12}\left(c_2 - \dfrac{d_2}{d}\right) + \cdots + a_{1n}\left(c_n - \dfrac{d_n}{d}\right) = 0, \\ a_{21}\left(c_1 - \dfrac{d_1}{d}\right) + a_{22}\left(c_2 - \dfrac{d_2}{d}\right) + \cdots + a_{2n}\left(c_n - \dfrac{d_n}{d}\right) = 0, \\ \qquad\qquad \cdots\cdots \\ a_{n1}\left(c_1 - \dfrac{d_1}{d}\right) + a_{n2}\left(c_2 - \dfrac{d_2}{d}\right) + \cdots + a_{nn}\left(c_n - \dfrac{d_n}{d}\right) = 0, \end{cases}$$

其中 $c_k - \dfrac{d_k}{d}(k = 1, 2, \cdots, n)$ 不全为零. 不妨设 $c_1 - \dfrac{d_1}{d} \neq 0$, 在系数行列式 d 中第一列乘以 $c_1 - \dfrac{d_1}{d}$, 第 $k(k \geqslant 2)$ 列乘以 $c_k - \dfrac{d_k}{d}$ 加到第一列, 则

$$d = \frac{1}{c_1 - \dfrac{d_1}{d}} \begin{vmatrix} 0 & a_{11} & a_{12} & \cdots & a_{1n} \\ 0 & a_{21} & a_{22} & \cdots & a_{2n} \\ \vdots & \vdots & \vdots & & \vdots \\ 0 & a_{n1} & a_{n2} & \cdots & a_{nn} \end{vmatrix} = 0,$$

此与题设 $d \neq 0$ 矛盾, 所以所给线性方程组的解是唯一的.

第3章 线性方程组

3.1 思路点拨

1. 向量组线性无关的常用证法

(1) 用定义. 证明向量组 $\alpha_1, \alpha_2, \cdots, \alpha_m$ 线性无关, 可设 $k_1\alpha_1 + k_2\alpha_2 + \cdots + k_m\alpha_m = 0$, 证明必有 $k_1 = k_2 = \cdots = k_m = 0$.

(2) 证明向量组 $\alpha_1, \alpha_2, \cdots, \alpha_m$ 线性无关, 可令 $A = (\alpha_1, \alpha_2, \cdots, \alpha_m)$, 证明线性方程组 $Ax = 0$ 只有零解.

(3) 证明 n 个 n 维向量 $\alpha_1, \alpha_2, \cdots, \alpha_n$ 线性无关, 可证由它们作列 (行) 构成的 n 阶行列式不为零.

(4) 证明向量组 $\alpha_1, \alpha_2, \cdots, \alpha_m$ 线性无关, 可证其中任何一个向量都不能由其他向量线性表出.

(5) 证明向量组 $\alpha_1, \alpha_2, \cdots, \alpha_m$ 线性无关, 可证它与另一已知 m 个向量的线性无关向量组等价.

(6) 证明 n 维向量组 $\alpha_1, \alpha_2, \cdots, \alpha_m$ 线性无关, 可证它们为某个线性无关 $p(p < n)$ 维向量组 $\beta_1, \beta_2, \cdots, \beta_m$ 的延长向量组.

2. 向量组线性相关的常用证法

(1) 用定义. 证明向量组 $\alpha_1, \alpha_2, \cdots, \alpha_m$ 线性相关, 可证存在不全为零的数 $k_1, k_2, \cdots, k_m$, 使得 $k_1\alpha_1 + k_2\alpha_2 + \cdots + k_m\alpha_m = 0$.

(2) 若向量组 $\alpha_1, \alpha_2, \cdots, \alpha_m$ 有一个部分组线性相关, 则整个向量组线性相关.

(3) 证明向量组 $\alpha_1, \alpha_2, \cdots, \alpha_m$ 线性相关, 可证其中某向量可由其余向量线性表示.

(4) 证明向量组 $\alpha_1, \alpha_2, \cdots, \alpha_m$ 线性相关, 可证 $r\{\alpha_1, \alpha_2, \cdots, \alpha_m\} < m$.

(5) 证明向量组 $\alpha_1, \alpha_2, \cdots, \alpha_m$ 线性相关, 可证它可由向量个数少于 m 个的向量组线性表示.

(6) 设 $m > n$, 则 m 个 n 维向量构成的向量组必定线性相关.

3. 线性方程组有解的判定

(1) 设 A 是一个 n 阶方阵, 线性方程组 $Ax = b$ 有唯一解的充分必要条件是 $|A| \neq 0 (r(A) = n)$.

(2) 设 A 是一个 $m \times n$ 矩阵, $Ax = b$ 有解当且仅当 $r(A) = r(A, b)$.

　4. 线性方程组解的结构

　(1) 设 A 是一个 $m \times n$ 矩阵, 当 $r(A) = n$ 时, 齐次线性方程组 $Ax = 0$ 只有零解; 当 $r(A) < n$ 时, 齐次线性方程组 $Ax = 0$ 有非零解. 设 $\alpha_1, \alpha_2, \cdots, \alpha_{n-r}$ 是它的一个基础解系, 则 $Ax = 0$ 的全部解为

$$k_1\alpha_1 + k_2\alpha_2 + \cdots + k_{n-r}\alpha_{n-r},$$

其中 $k_1, k_2, \cdots, k_{n-r}$ 为任意数.

　(2) 设 A 是一个 $m \times n$ 矩阵, 当 $r(A) = r(A, b) = r$ 时, 线性方程组 $Ax = b$ 有解. 当 $r = n$ 时, $Ax = b$ 有唯一解; 当 $r < n$ 时, $Ax = b$ 有无穷多解. $Ax = b$ 的全部解为

$$\beta + k_1\alpha_1 + k_2\alpha_2 + \cdots + k_{n-r}\alpha_{n-r},$$

其中 β 是 $Ax = b$ 的一个特解, $\alpha_1, \alpha_2, \cdots, \alpha_{n-r}$ 是导出组 $Ax = 0$ 的一个基础解系, $k_1, k_2, \cdots, k_{n-r}$ 为任意数.

　5. 线性方程组同解的证明

　(1) 由定义, 证明两方程组的解集合互相包含.

　(2) 设 A 是 $m \times n$ 矩阵, b_1 为 m 维列向量, 线性方程组 $Ax = b_1$ 有解. 又 B 为 $p \times n$ 矩阵, b_2 为 p 维列向量. 若 $r\begin{pmatrix} A & b_1 \\ B & b_2 \end{pmatrix} = r(A, b_1)$, 则线性方程组 $\begin{pmatrix} A \\ B \end{pmatrix} x = \begin{pmatrix} b_1 \\ b_2 \end{pmatrix}$ 与 $Ax = b_1$ 同解.

　(3) 设 A 是 $m \times n$ 矩阵, B 为 $p \times n$ 矩阵. 齐次线性方程组 $Ax = 0$ 与 $Bx = 0$ 中有一个方程组的解都是另一个方程组的解, 且 $r(A) = r(B)$, 则 $Ax = 0$ 与 $Bx = 0$ 同解.

　6. 注意齐次线性方程组 $Ax = 0$ 的解空间的维数与 $r(A)$ 的关系的运用

3.2　问 题 探 索

　1. 设 $\alpha_1, \alpha_2, \cdots, \alpha_m$ 是线性方程组 $AX = b(b \neq 0)$ 的解, 证明: $\sum\limits_{i=1}^{m} k_i\alpha_i$ 也是 $AX = b$ 的解的充要条件是 $\sum\limits_{i=1}^{m} k_i = 1$.

　(必要性)**证法一**　设 $\sum\limits_{i=1}^{m} k_i\alpha_i$ 是 $AX = b$ 的解, 则

$$b = A\left(\sum_{i=1}^{m} k_i\alpha_i\right) = \sum_{i=1}^{m} k_i A\alpha_i = \left(\sum_{i=1}^{m} k_i\right) b.$$

因为 $b \neq 0$, 所以 $\sum\limits_{i=1}^{m} k_i = 1$.

证法二　设 $\sum\limits_{i=1}^{m} k_i\alpha_i$ 是 $AX = b$ 的解. 注意到

$$\sum_{i=1}^{m} k_i\alpha_i = \left(\sum_{i=1}^{m} k_i\right)\alpha_1 + k_2(\alpha_2 - \alpha_1) + \cdots + \cdots + k_m(\alpha_m - \alpha_1),$$

而 $\alpha_i - \alpha_1$　$(i = 2, 3, \cdots, m)$ 是 $AX = 0$ 的解, 即知 $\left(\sum\limits_{i=1}^{m} k_i\right)\alpha_1$ 是 $AX = b$ 的解. 于是

$$b = A\left(\sum_{i=1}^{m} k_i\right)\alpha_1 = \left(\sum_{i=1}^{m} k_i\right)A\alpha_1 = \left(\sum_{i=1}^{m} k_i\right)b.$$

因为 $b \neq 0$, 所以 $\sum\limits_{i=1}^{m} k_i = 1$.

(充分性)**证法一**　设 $\sum\limits_{i=1}^{m} k_i = 1$, 则

$$A\left(\sum_{i=1}^{m} k_i\alpha_i\right) = \sum_{i=1}^{m} k_i A\alpha_i = \left(\sum_{i=1}^{m} k_i\right)b = b.$$

故 $\sum\limits_{i=1}^{m} k_i\alpha_i$ 也是 $AX = b$ 的解.

证法二　设 $\sum\limits_{i=1}^{m} k_i = 1$, 则 $k_1 = 1 - k_2 - \cdots - k_m$, 于是

$$\sum_{i=1}^{m} k_i\alpha_i = \alpha_1 + k_2(\alpha_2 - \alpha_1) + \cdots + \cdots + k_m(\alpha_m - \alpha_1).$$

因为 $\alpha_i - \alpha_1$　$(i = 2, 3, \cdots, m)$ 是 $AX = 0$ 的解, 所以 $\sum\limits_{i=1}^{m} k_i\alpha_i$ 是 $AX = b$ 的解.

2. 设 A, B 为两个 n 阶方阵, b 为 n 维列向量. 若线性方程组 $ABX = b$ 有解, 则 $AX = b$ 也有解.

证法一　设 α 为线性方程组 $ABX = b$ 的解, 即 $AB\alpha = b$. 令 $\beta = B\alpha$, 则 $A\beta = AB\alpha = b$, 故线性方程组 $AX = b$ 有解 β.

证法二　设 α 为线性方程组 $ABX = b$ 的解, 即 $AB\alpha = b$, 则

$$(A, b)\begin{pmatrix} E_n & -B\alpha \\ 0 & 1 \end{pmatrix} = (A, -AB\alpha + b) = (A, 0),$$

所以 $r(A, b) = r\left[(A, b)\begin{pmatrix} E_n & -B\alpha \\ 0 & 1 \end{pmatrix}\right] = r(A, 0) = r(A)$. 故线性方程组 $AX = b$ 也有解.

证法三　设 A 的列向量组为 $\alpha_1, \alpha_2, \cdots, \alpha_n, B = (b_{ij})_{n \times n}$; 再设 $\alpha = (c_1, c_2, \cdots, c_n)'$ 为线性方程组 $ABX = b$ 的解, 则

$$(\alpha_1, \alpha_2, \cdots, \alpha_n) \begin{pmatrix} b_{11} & b_{12} & \cdots & b_{1n} \\ b_{21} & b_{22} & \cdots & b_{2n} \\ \vdots & \vdots & & \vdots \\ b_{n1} & b_{n2} & \cdots & b_{nn} \end{pmatrix} \begin{pmatrix} c_1 \\ c_2 \\ \vdots \\ c_n \end{pmatrix} = b.$$

故

$$b = (\alpha_1, \alpha_2, \cdots, \alpha_n) \begin{pmatrix} \sum\limits_{j=1}^{n} b_{1j} c_j \\ \sum\limits_{j=1}^{n} b_{2j} c_j \\ \vdots \\ \sum\limits_{j=1}^{n} b_{nj} c_j \end{pmatrix} = \sum_{i=1}^{n} \left(\sum_{j=1}^{n} b_{ij} c_j \right) \alpha_i,$$

即 b 可由 A 的列向量组 $\alpha_1, \alpha_2, \cdots, \alpha_n$ 线性表出, 所以线性方程组 $AX = b$ 有解.

3. 设 A 为 $n \times m$ 实矩阵, b 为任意实 n 维列向量, 证明: 线性方程组

$$A'AX = A'b$$

总有解.

证法一　易知 $r(A'A, A'b) \geqslant r(A'A)$, 又

$$r(A'A, A'b) = r[A'(A, b)] \leqslant r(A') = r(A'A),$$

所以 $r(A'A, A'b) = r(A'A)$. 因为线性方程组 $A'AX = A'b$ 的系数矩阵的秩等于增广矩阵的秩, 所以线性方程组 $A'AX = A'b$ 总有解.

证法二　设 $r(A) = r$, 则 $r(A') = r$, 故存在 m 阶可逆矩阵 P, 使得

$$PA' = \begin{pmatrix} B_{r \times n} \\ 0_{(m-r) \times n} \end{pmatrix},$$

其中 $B_{r \times n}$ 为行满秩矩阵, 从而

$$P(A'A, A'b) = (PA')(A, b) = \begin{pmatrix} B_{r \times n} \\ 0_{(m-r) \times n} \end{pmatrix} (A, b).$$

注意到右端矩阵乘积的后 $m - r$ 行全为零, 所以

$$r(A'A, A'b) = r[P(A'A, A'b)] \leqslant r = r(A) = r(A'A).$$

又 $r(A'A, A'b) \geqslant r(A'A)$, 故 $r(A'A, A'b) = r(A'A)$. 因为线性方程组 $A'AX = A'b$ 的系数矩阵的秩等于增广矩阵的秩, 所以线性方程组 $A'AX = A'b$ 总有解.

4. 设 $a_1, a_2, \cdots, a_m$ 是互不相同的数, $n \geqslant m$, 令

$$\alpha_i = (1, a_i, a_i^2, \cdots, a_i^{n-1}) \quad (i = 1, 2, \cdots, m).$$

证明: 向量组 $\alpha_1, \alpha_2, \cdots, \alpha_m$ 线性无关.

证法一 当 $n = m$ 时, 以 $\alpha_1, \alpha_2, \cdots, \alpha_m$ 为列的行列式

$$D = \begin{vmatrix} 1 & 1 & \cdots & 1 \\ a_1 & a_2 & \cdots & a_m \\ \vdots & \vdots & & \vdots \\ a_1^{m-1} & a_2^{m-1} & \cdots & a_m^{m-1} \end{vmatrix}$$

为范德蒙德行列式, 因为 $a_1, a_2, \cdots, a_m$ 互不相同, 所以 $D \neq 0$, 从而 $\alpha_1, \alpha_2, \cdots, \alpha_m$ 线性无关.

若 $m < n$, 令

$$\beta_i = (1, a_i, a_i^2, \cdots, a_i^{m-1}) \quad (i = 1, 2, \cdots, m),$$

则 $\beta_1, \beta_2, \cdots, \beta_m$ 线性无关, 而 $\alpha_1, \alpha_2, \cdots, \alpha_m$ 为它的延长向量组, 故 $\alpha_1, \alpha_2, \cdots, \alpha_m$ 线性无关.

证法二 当 $n = m$ 时, 证明同证法一.

若 $m < n$, 取 $a_{m+1}, \cdots, a_n$, 使 $a_1, a_2, \cdots, a_m, a_{m+1}, \cdots, a_n$ 互不相同, 令

$$\alpha_j = (1, a_j, a_j^2, \cdots, a_j^{n-1}) \quad (j = m+1, \cdots, n).$$

可知 $\alpha_1, \alpha_2, \cdots, \alpha_n$ 线性无关, 而 $\alpha_1, \alpha_2, \cdots, \alpha_m$ 是它的一个部分组, 故 $\alpha_1, \alpha_2, \cdots, \alpha_m$ 线性无关.

证法三 设 $k_1\alpha_1 + k_2\alpha_2 + \cdots + k_m\alpha_m = 0$, 则有

$$\begin{pmatrix} 1 & 1 & \cdots & 1 \\ a_1 & a_2 & \cdots & a_m \\ \vdots & \vdots & \cdots & \vdots \\ a_1^{n-1} & a_2^{n-1} & \cdots & a_m^{n-1} \end{pmatrix} \begin{pmatrix} k_1 \\ k_2 \\ \vdots \\ k_m \end{pmatrix} = 0.$$

注意到此齐次线性方程组中前 m 个方程构成的方程组的系数行列式为一个非零的范德蒙德行列式, 它只有零解, 故原方程组只有零解, 所以 $\alpha_1, \alpha_2, \cdots, \alpha_m$ 线性无关.

5. 设向量组 $\varepsilon_1, \varepsilon_2, \cdots, \varepsilon_n (n \geqslant 2)$ 线性无关, 证明: 向量组

$$\alpha_1 = \varepsilon_2 + \varepsilon_3 + \cdots + \varepsilon_n, \alpha_2 = \varepsilon_1 + \varepsilon_3 + \cdots + \varepsilon_n, \cdots, \alpha_n = \varepsilon_1 + \varepsilon_2 + \cdots + \varepsilon_{n-1}$$

线性无关.

证法一 设 $k_1\alpha_1 + k_2\alpha_2 + \cdots + k_n\alpha_n = 0$, 即

$$(k_2 + k_3 + \cdots + k_n)\varepsilon_1 + (k_1 + k_3 + \cdots + k_n)\varepsilon_2 + \cdots + (k_1 + k_2 + \cdots + k_{n-1})\varepsilon_n = 0.$$

因为向量组 $\varepsilon_1, \varepsilon_2, \cdots, \varepsilon_n$ 线性无关, 所以

$$\begin{cases} k_2 + k_3 + \cdots + k_n = 0, \\ k_1 + k_3 + \cdots + k_n = 0, \\ \quad\quad\cdots\cdots \\ k_1 + k_2 + \cdots + k_{n-1} = 0, \end{cases}$$

其系数行列式

$$\begin{vmatrix} 0 & 1 & \cdots & 1 & 1 \\ 1 & 0 & \cdots & 1 & 1 \\ \vdots & \vdots & & \vdots & \vdots \\ 1 & 1 & \cdots & 0 & 1 \\ 1 & 1 & \cdots & 1 & 0 \end{vmatrix} = (-1)^{n-1}(n-1) \neq 0.$$

故 $k_1 = k_2 = \cdots = k_n = 0$, 所以 $\alpha_1, \alpha_2, \cdots, \alpha_n$ 线性无关.

证法二 设 $\alpha_1, \alpha_2, \cdots, \alpha_n$ 可由 $\varepsilon_1, \varepsilon_2, \cdots, \varepsilon_n$ 线性表出, 将 $\alpha_1, \alpha_2, \cdots, \alpha_n$ 相加得

$$\alpha_1 + \alpha_2 + \cdots + \alpha_n = (n-1)(\varepsilon_1 + \varepsilon_2 + \cdots + \varepsilon_n)$$
$$\Rightarrow \varepsilon_1 + \varepsilon_2 + \cdots + \varepsilon_n = \frac{1}{n-1}(\alpha_1 + \alpha_2 + \cdots + \alpha_n),$$

所以

$$\begin{cases} \varepsilon_1 = \dfrac{2-n}{n-1}\alpha_1 + \dfrac{1}{n-1}\alpha_2 + \cdots + \dfrac{1}{n-1}\alpha_n, \\ \varepsilon_2 = \dfrac{1}{n-1}\alpha_1 + \dfrac{2-n}{n-1}\alpha_2 + \cdots + \dfrac{1}{n-1}\alpha_n, \\ \quad\quad\cdots\cdots \\ \varepsilon_n = \dfrac{1}{n-1}\alpha_1 + \dfrac{1}{n-1}\alpha_2 + \cdots + \dfrac{2-n}{n-1}\alpha_n, \end{cases}$$

即 $\varepsilon_1, \varepsilon_2, \cdots, \varepsilon_n$ 又可由 $\alpha_1, \alpha_2, \cdots, \alpha_n$ 线性表出, 两个向量组等价. 故 $\alpha_1, \alpha_2, \cdots, \alpha_n$ 线性无关.

证法三 令 $V = L(\varepsilon_1, \varepsilon_2, \cdots, \varepsilon_n)$, 则 V 是一个 n 维线性空间, $\varepsilon_1, \varepsilon_2, \cdots, \varepsilon_n$ 是它的一组基. 因为

$$(\alpha_1, \alpha_2, \cdots, \alpha_n) = (\varepsilon_1, \varepsilon_2, \cdots, \varepsilon_n) \begin{pmatrix} 0 & 1 & \cdots & 1 \\ 1 & 0 & \cdots & 1 \\ \vdots & \vdots & & \vdots \\ 1 & 1 & \cdots & 0 \end{pmatrix} = (\varepsilon_1, \varepsilon_2, \cdots, \varepsilon_n)A,$$

且 A 是可逆矩阵, 所以 $\alpha_1, \alpha_2, \cdots, \alpha_n$ 也是 V 的一组基, 故 $\alpha_1, \alpha_2, \cdots, \alpha_n$ 线性无关.

6. 设有两组方程组

$$(\mathrm{I}) \begin{cases} a_{11}x_1 + a_{12}x_2 + \cdots + a_{1n}x_n = b_1, \\ a_{21}x_1 + a_{22}x_2 + \cdots + a_{2n}x_n = b_2, \\ \qquad \cdots\cdots \\ a_{m1}x_1 + a_{m2}x_2 + \cdots + a_{mn}x_n = b_m, \end{cases}$$

$$(\mathrm{II}) \begin{cases} a_{11}y_1 + a_{21}y_2 + \cdots + a_{m1}y_m = 0, \\ a_{12}y_1 + a_{22}y_2 + \cdots + a_{m2}y_m = 0, \\ \qquad \cdots\cdots \\ a_{1n}y_1 + a_{2n}y_2 + \cdots + a_{mn}y_m = 0, \end{cases}$$

证明: 方程组 (I) 有解的充分必要条件是方程组 (II) 的每个解 $c = (c_1, c_2, \cdots, c_m)'$ 都满足 $\sum\limits_{i=1}^{m} c_i b_i = 0$.

(必要性)**证法一** 设方程组 (I) 有解, $(k_1, k_2, \cdots, k_n)$ 是它的任一个解, 则

$$\sum_{j=1}^{n} a_{ij}k_j = b_i \quad (i = 1, 2, \cdots, m),$$

从而

$$\sum_{i=1}^{m} c_i b_i = \sum_{i=1}^{m} c_i \sum_{j=1}^{n} a_{ij}k_j = \sum_{j=1}^{n} \left(\sum_{i=1}^{m} a_{ij}c_i \right) k_j = \sum_{j=1}^{n} 0 k_j = 0.$$

证法二 设方程组 (I) 的系数矩阵为 A, 常数项列为 b, 则 (I) 可记为 $AX = b$, (II) 可记为 $A'Y = 0$. c 为 (II) 的解, 则 $A'c = 0$. 设方程组 (I) 有解, α 是它的任一个解, 则 $A\alpha = b$, 从而

$$\sum_{i=1}^{m} c_i b_i = b'c = (\alpha'A')c = \alpha'(A'c) = 0.$$

(充分性) **证法一** 设方程组 (I) 的系数矩阵为 A, 常数项列为 b, 则 (I) 可记为 $AX = b$, (II) 可记为 $A'Y = 0$. 由题设知, 线性方程组 (II) 的每个解都是方程组

$b'Y = 0$ 的解, 故方程组 (II) 与方程组 $\begin{pmatrix} A' \\ b' \end{pmatrix} Y = 0$ 同解, 故 $r(A') = r\begin{pmatrix} A' \\ b' \end{pmatrix}$, 于是
$r(A) = r(A, b)$, 所以方程组 (I) 有解.

证法二 设方程组 (I) 的系数矩阵为 A, 常数项列为 b. 下证 $r(A) = r(A, b)$.
设 A 的行向量组为 $\alpha_1, \alpha_2, \cdots, \alpha_m$, $r(A) = r$.

若 $r = m$, 则 $r(A) = r(A, b) = m$, 方程组 (I) 有解.

若 $r < m$, 不妨设 $\alpha_1, \alpha_2, \cdots, \alpha_r$ 线性无关, 则 $\alpha_j (r < j \leqslant m)$ 可由 $\alpha_1, \alpha_2, \cdots, \alpha_r$
线性表出. 设 $\alpha_j = c_1 \alpha_1 + c_2 \alpha_2 + \cdots + c_r \alpha_r$, 则 $\alpha'_j = c_1 \alpha'_1 + c_2 \alpha'_2 + \cdots + c_r \alpha'_r$, 即

$$c_1 \alpha'_1 + c_2 \alpha'_2 + \cdots + c_r \alpha'_r - \alpha'_j = 0.$$

故 $(c_1, c_2, \cdots, c_r, 0, \cdots, 0, -1, 0, \cdots, 0)$ 是 (II) 的解. 因此 $c_1 b_1 + c_2 b_2 + \cdots + c_r b_r -
b_j = 0$, 即 $b_j = c_1 b_1 + c_2 b_2 + \cdots + c_r b_r$, 从而 (A, b) 的第 $j (r < j \leqslant m)$ 个行向量可
由前 r 个行向量线性表出, 所以 $r(A) = r(A, b)$, 故方程组 (I) 有解.

7. 设 A, B 为 n 阶方阵, 则 $AX = 0$ 与 $BX = 0$ 同解当且仅当存在 n 阶方阵
P, Q, 使得 $A = PB, B = QA$.

证法一 (必要性) 由 $A = PB, B = QA$ 得 $r(A) = r(B)$, 因此 $AX = 0$ 与
$BX = 0$ 的解空间的维数相同. 又若存在 α 满足 $B\alpha = 0$, 则 $A\alpha = PB\alpha = 0$, 即
$BX = 0$ 的解都是 $AX = 0$ 的解, 故 $AX = 0$ 与 $BX = 0$ 同解.

(充分性) 若 $AX = 0$ 与 $BX = 0$ 同解, 则 $AX = 0$ 与 $\begin{pmatrix} A \\ B \end{pmatrix} X = 0$ 同解, 即
得 $r(A) = r\begin{pmatrix} A \\ B \end{pmatrix}$, 故 B 的每个行向量可由 A 的行向量组线性表出; 同理, 根据
$BX = 0$ 与 $\begin{pmatrix} A \\ B \end{pmatrix} X = 0$ 同解, 可得 A 的每个行向量可由 B 的行向量组线性表出.
因此, A 与 B 的行向量组等价, 从而存在 n 阶方阵 P, Q, 使得 $A = PB, B = QA$.

证法二 设 A 的行向量组为 $\alpha_1, \alpha_2, \cdots, \alpha_n$, B 的行向量组为 $\beta_1, \beta_2, \cdots, \beta_n$.
令

$$W = L(\alpha_1, \alpha_2, \cdots, \alpha_n), \quad V = L(\beta_1, \beta_2, \cdots, \beta_n).$$

记 $AX = 0$ 与 $BX = 0$ 的解空间分别是 R, U. 下证 $W = R^\perp, V = U^\perp$.

显然 $W \subseteq R^\perp$. 又

$$\dim R^\perp = n - \dim R = n - (n - r(A)) = r(A) = \dim W,$$

所以 $W = R^\perp$. 同理可证 $V = U^\perp$. 因此

$$AX = 0 \text{ 与 } BX = 0 \text{ 同解} \Leftrightarrow R = U$$

$$\Leftrightarrow R^\perp = U^\perp$$

$$\Leftrightarrow W = V$$

$$\Leftrightarrow A \text{ 与 } B \text{ 的行向量组等价}$$

$$\Leftrightarrow \text{存在 } n \text{ 阶方阵 } P, Q, \text{ 使得 } A = PB, B = QA.$$

8. 设 A 是 $m \times n$ 矩阵, b 是一个 m 维列向量, 证明: 线性方程组 $AX = b$ 有解的充分必要条件是线性方程组 $\begin{pmatrix} A' \\ b' \end{pmatrix} X = \begin{pmatrix} 0 \\ 1 \end{pmatrix}$ 无解.

证法一

$$\begin{pmatrix} A' \\ b' \end{pmatrix} X = \begin{pmatrix} 0 \\ 1 \end{pmatrix} \text{ 无解}$$

$$\Leftrightarrow r \begin{pmatrix} A' & 0 \\ b' & 1 \end{pmatrix} \neq r \begin{pmatrix} A' \\ b' \end{pmatrix}$$

$$\Leftrightarrow r \begin{pmatrix} A' & 0 \\ 0 & 1 \end{pmatrix} = r \begin{pmatrix} A' \\ b' \end{pmatrix} + 1$$

$$\Leftrightarrow r(A') + 1 = r \begin{pmatrix} A' \\ b' \end{pmatrix} + 1$$

$$\Leftrightarrow r(A') = r \begin{pmatrix} A' \\ b' \end{pmatrix}$$

$$\Leftrightarrow r(A) = r(A, b)$$

$$\Leftrightarrow \text{线性方程组 } AX = b \text{ 有解}.$$

证法二 (充分性) 若 $AX = b$ 无解, 则 $r(A, b) = r(A) + 1$. 故对增广矩阵 (A, b) 进行初等行变换, 可化成如下的阶梯形:

$$B = \begin{pmatrix} c_{11} & * & \cdots & * & * & * \\ 0 & c_{22} & \cdots & * & * & * \\ \vdots & \vdots & & * & * & * \\ 0 & 0 & \cdots & c_{rr} & \cdots & c_{rn} \\ 0 & 0 & \cdots & 0 & 0 & 1 \\ \vdots & \vdots & & \vdots & \vdots & \vdots \\ 0 & 0 & \cdots & 0 & 0 & 0 \end{pmatrix},$$

这里 $r = r(A)$, 即存在可逆矩阵 P, 使得 $P(A, b) = B$, 从而 $(A, b)' P' = B'$, 即 $\begin{pmatrix} A' \\ b' \end{pmatrix} P' = B'$. 设 α 为 P' 的第 $r+1$ 个列向量, 则 $\begin{pmatrix} A' \\ b' \end{pmatrix} \alpha = \begin{pmatrix} 0 \\ 1 \end{pmatrix}$, 故 $\begin{pmatrix} A' \\ b' \end{pmatrix} X = \begin{pmatrix} 0 \\ 1 \end{pmatrix}$ 有解, 与题设矛盾. 所以 $\begin{pmatrix} A' \\ b' \end{pmatrix} X = \begin{pmatrix} 0 \\ 1 \end{pmatrix}$ 无解时, $AX = b$ 有解.

(必要性) 设 $AX = b$ 有解 α, 即 $A\alpha = b$. 若 $\begin{pmatrix} A' \\ b' \end{pmatrix} X = \begin{pmatrix} 0 \\ 1 \end{pmatrix}$ 有解 γ, 则 $A'\gamma = 0, b'\gamma = 1$, 将 $b' = \alpha'A'$ 代入, 得 $1 = b'\gamma = \alpha'A'\gamma = 0$, 矛盾. 所以 $Ax = b$ 有解时, $\begin{pmatrix} A' \\ b' \end{pmatrix} X = \begin{pmatrix} 0 \\ 1 \end{pmatrix}$ 无解.

9. 设 n 维实列向量 $\alpha_1, \alpha_2, \cdots, \alpha_r$ 线性无关, 证明: 它为某个齐次线性方程组的基础解系.

证法一   令 $A' = (\alpha_1, \alpha_2, \cdots, \alpha_r)$, 则 A 为 $r \times n$ 矩阵, $r(A) = r$. 设 $AX = 0$ 的一个基础解系为 $\beta_1, \beta_2, \cdots, \beta_{n-r}$. 令 $B' = (\beta_1, \beta_2, \cdots, \beta_{n-r})$, 则 $r(B) = n - r$ 且

$$AB' = (A\beta_1, A\beta_2, \cdots, A\beta_{n-r}) = 0.$$

取转置, 得 $BA' = 0$. 于是 $B\alpha_i = 0, i = 1, 2, \cdots, r$. 因为齐次线性方程组 $BX = 0$ 的基础解系中含 r 个解向量, 所以 $\alpha_1, \alpha_2, \cdots, \alpha_r$ 为齐次线性方程组 $BX = 0$ 的基础解系.

证法二   设 $\mathbb{R}^n$ 为通常意义下的欧氏空间, 令 $W = L(\alpha_1, \alpha_2, \cdots, \alpha_r)$, 则 W 为 $\mathbb{R}^n$ 的 r 维子空间. 它的正交补 $W^\perp$ 为 $n - r$ 维子空间. 取 $W^\perp$ 的一组基 $\beta_1, \beta_2, \cdots, \beta_{n-r}$, 即 $W^\perp = L(\beta_1, \beta_2, \cdots, \beta_{n-r})$, 则

$$0 = (\alpha_i, \beta_j) = \alpha_i'\beta_j = \beta_j'\alpha_i \quad (i = 1, 2, \cdots, r; j = 1, 2, \cdots, n-r).$$

令 $B' = (\beta_1, \beta_2, \cdots, \beta_{n-r})$, 则 $r(B) = n - r$, 且

$$B\alpha_i = \begin{pmatrix} \beta_1' \\ \beta_2' \\ \vdots \\ \beta_{n-r}' \end{pmatrix} \alpha_i = 0 \quad (i = 1, 2, \cdots, r).$$

因为齐次线性方程组 $BX = 0$ 的基础解系中含 r 个解向量, 所以 $\alpha_1, \alpha_2, \cdots, \alpha_r$ 为齐次线性方程组 $BX = 0$ 的基础解系.

10. 设 $a_{ij}(i, j = 1, 2, \cdots, n)$ 均为整数, 证明: 线性方程组

$$\begin{cases} x_1 = 3a_{11}x_1 + 3a_{12}x_2 + \cdots + 3a_{1n}x_n, \\ x_2 = 3a_{21}x_1 + 3a_{22}x_2 + \cdots + 3a_{2n}x_n, \\ \quad\quad \cdots\cdots \\ x_n = 3a_{n1}x_1 + 3a_{n2}x_2 + \cdots + 3a_{nn}x_n \end{cases}$$

只有零解.

证法一 移项, 把线性方程组写成标准形式

$$\begin{cases} (3a_{11}-1)x_1 + 3a_{12}x_2 + \cdots + 3a_{1n}x_n = 0, \\ 3a_{21}x_1 + (3a_{22}-1)x_2 + \cdots + 3a_{2n}x_n = 0, \\ \qquad\cdots\cdots \\ 3a_{n1}x_1 + 3a_{n2}x_2 + \cdots + (3a_{nn}-1)x_n = 0, \end{cases}$$

其系数行列式为

$$D = \begin{vmatrix} 3a_{11}-1 & 3a_{12} & \cdots & 3a_{1n} \\ 3a_{21} & 3a_{22}-1 & \cdots & 3a_{2n} \\ \vdots & \vdots & & \vdots \\ 3a_{n1} & 3a_{n2} & \cdots & 3a_{nn}-1 \end{vmatrix}.$$

D 的展开式除主对角线上的 n 个元素的乘积之外, 其余项均为 3 的倍数, 所以

$$D = (3a_{11}-1)(3a_{22}-1)\cdots(3a_{nn}-1) + 3k = 3m + (-1)^n,$$

这里 m, k 为整数. 易知 $D \neq 0$, 从而线性方程组只有零解.

证法二 把线性方程组改写成

$$\begin{cases} \left(\dfrac{1}{3}-a_{11}\right)x_1 - a_{12}x_2 - \cdots - a_{1n}x_n = 0, \\ -a_{21}x_1 + \left(\dfrac{1}{3}-a_{22}\right)x_2 - \cdots - a_{2n}x_n = 0, \\ \qquad\cdots\cdots \\ -a_{n1}x_1 - a_{n2}x_2 - \cdots + \left(\dfrac{1}{3}-a_{nn}\right)x_n = 0, \end{cases}$$

其系数行列式为

$$D = \begin{vmatrix} \dfrac{1}{3}-a_{11} & -a_{12} & \cdots & -a_{1n} \\ -a_{21} & \dfrac{1}{3}-a_{22} & \cdots & -a_{2n} \\ \vdots & \vdots & & \vdots \\ -a_{n1} & -a_{n2} & \cdots & \dfrac{1}{3}-a_{nn} \end{vmatrix}.$$

令 $A = (a_{ij})_{n\times n}$, 则 A 的特征多项式 $f(\lambda) = |\lambda E - A|$ 是一个最高次项为 1 的整系数多项式, 它的有理根只能是整数, 故 $\dfrac{1}{3}$ 不是 $f(\lambda)$ 的根, 所以 $D = f\left(\dfrac{1}{3}\right) \neq 0$, 从而线性方程组只有零解.

注 利用第二种证法可证得当 a_{ij} $(i,j = 1, 2, \cdots, n)$ 均为整数, $\dfrac{s}{t}$ 不是整数

时, 线性方程组

$$
\begin{cases}
sx_1 = ta_{11}x_1 + ta_{12}x_2 + \cdots + ta_{1n}x_n, \\
sx_2 = ta_{21}x_1 + ta_{22}x_2 + \cdots + ta_{2n}x_n, \\
\qquad \cdots\cdots \\
sx_n = ta_{n1}x_1 + ta_{n2}x_2 + \cdots + ta_{nn}x_n
\end{cases}
$$

只有零解.

11. 设

$$
A = \begin{pmatrix}
a_{11} & a_{12} & \cdots & a_{1n} \\
a_{21} & a_{22} & \cdots & a_{2n} \\
\vdots & \vdots & & \vdots \\
a_{n1} & a_{n2} & \cdots & a_{nn}
\end{pmatrix}
$$

为一实数域上的矩阵. 证明:

(1) 如果 $|a_{ii}| > \sum\limits_{j \neq i} |a_{ij}|, i = 1, 2, \cdots, n$, 那么 $|A| \neq 0$.

(2) 如果 $a_{ii} > \sum\limits_{j \neq i} |a_{ij}|, i = 1, 2, \cdots, n$, 那么 $|A| > 0$.

(1) **证法一**　利用反证法. 假设 $|A| = 0$, 则齐次线性方程组 $AX = 0$ 有非零解 $(x_1, x_2, \cdots, x_n)'$. 设 $|x_i| = \max\left\{|x_j| \,\middle|\, 1 \leqslant j \leqslant n\right\}$, 则 $x_i \neq 0$, 且 $|x_i| \geqslant |x_j|$ $(1 \leqslant j \leqslant n)$. 由

$$
a_{i1}x_1 + a_{i2}x_2 + \cdots + a_{in}x_n = 0
$$

得

$$
a_{ii}x_i = -a_{i1}x_1 - \cdots - a_{i,i-1}x_{i-1} - a_{i,i+1}x_{i+1} - \cdots - a_{in}x_n,
$$

进而得

$$
|a_{ii}| \leqslant \sum_{j \neq i} |a_{ij}| \frac{|x_j|}{|x_i|} \leqslant \sum_{j \neq i} |a_{ij}|,
$$

此与已知相矛盾. 故 $|A| \neq 0$.

证法二　设 $(c_1, c_2, \cdots, c_n) \in \mathbb{R}^n$, 且 $c_1, c_2, \cdots, c_n$ 不全为零. 令

$$
|c_i| = \max\{|c_1|, |c_2|, \cdots, |c_n|\},
$$

则 $|c_i| > 0$. 将 $(c_1, c_2, \cdots, c_n)$ 代入齐次线性方程组 $AX = 0$ 的第 i 个方程的左端, 有

$$
|a_{i1}c_1 + a_{i2}c_2 + \cdots + a_{in}c_n| \geqslant |a_{ii}c_i| - \sum_{j \neq i} |a_{ij}c_j|
$$

$$
\geqslant |a_{ii}||c_i| - \sum_{j \neq i} |a_{ij}c_i| = |c_i| \left(|a_{ii}| - \sum_{j \neq i} |a_{ij}| \right) > 0.
$$

故 $(c_1, c_2, \cdots, c_n)$ 不是 $AX = 0$ 的解, 从而 $AX = 0$ 无非零解, 所以 $r(A) = n$, 即得 $|A| \neq 0$.

证法三 对矩阵的阶数 n 作数学归纳法. 当 $n = 2$ 时, 因为 $|a_{11}| > |a_{12}|, |a_{22}| > |a_{21}|$, 所以 $|a_{11}a_{22}| > |a_{12}a_{21}|$, 故 $|A| = a_{11}a_{22} - a_{12}a_{21} \neq 0$.

现假设结论对 $n - 1$ 阶矩阵成立, 下面证明结论对 n 阶方阵也成立. 由题设知 $a_{11} \neq 0$, 把 A 的第 1 行乘以 $\left(-\dfrac{a_{i1}}{a_{11}}\right)$ 加到第 i 行上去 $(i = 2, 3, \cdots, n)$, 得到

$$
|A| = \begin{vmatrix} a_{11} & a_{12} & \cdots & a_{1n} \\ 0 & a'_{22} & \cdots & a'_{2n} \\ \vdots & \vdots & & \vdots \\ 0 & a'_{n2} & \cdots & a'_{nn} \end{vmatrix}_n = a_{11} \begin{vmatrix} a'_{22} & \cdots & a'_{2n} \\ \vdots & & \vdots \\ a'_{n2} & \cdots & a'_{nn} \end{vmatrix}_{n-1},
$$

其中 $a'_{ij} = a_{ij} - \dfrac{a_{i1}a_{1j}}{a_{11}}$. 现在证明等号右边的 $n - 1$ 阶行列式的元素满足题设条件.

注意到

$$
\begin{aligned}
\sum_{\substack{j=2 \\ j \neq i}}^{n} |a'_{ij}| &= \sum_{\substack{j=2 \\ j \neq i}}^{n} \left| a_{ij} - \frac{a_{i1}a_{1j}}{a_{11}} \right| \leqslant \sum_{\substack{j=2 \\ j \neq i}}^{n} |a_{ij}| + \sum_{\substack{j=2 \\ j \neq i}}^{n} \left| \frac{a_{i1}a_{1j}}{a_{11}} \right| \\
&= \sum_{\substack{j=2 \\ j \neq i}}^{n} |a_{ij}| + \frac{|a_{i1}|}{|a_{11}|} \left(\sum_{\substack{j=2 \\ j \neq i}}^{n} |a_{1j}| + |a_{1i}| - |a_{1i}| \right) \\
&< \sum_{\substack{j=2 \\ j \neq i}}^{n} |a_{ij}| + \frac{|a_{i1}|}{|a_{11}|} (|a_{11}| - |a_{1i}|) \\
&= \sum_{\substack{j=2 \\ j \neq i}}^{n} |a_{ij}| + |a_{i1}| - \frac{|a_{i1}|}{|a_{11}|} |a_{1i}| \\
&< |a_{ii}| - \left| \frac{a_{i1}a_{1i}}{a_{11}} \right| < \left| a_{ii} - \frac{a_{i1}a_{1i}}{a_{11}} \right| = |a'_{ii}| \quad (i = 2, 3, \cdots, n).
\end{aligned}
$$

由归纳假设知此 $n - 1$ 阶行列式不为 0, 从而得 $|A| \neq 0$. 由归纳法原理, 结论成立.

(2) **证法一** 由 (1) 知, $|A| \neq 0$. 假设 $|A| < 0$. 设

$$
f(t) = \begin{vmatrix} a_{11} & a_{12} & \cdots & a_{1n} \\ a_{21}t & a_{22} & \cdots & a_{2n} \\ \vdots & \vdots & & \vdots \\ a_{n1}t & a_{n2} & \cdots & a_{nn} \end{vmatrix}
$$

则 $f(t)$ 是一个实数域上的连续函数. 由 $f(0) > 0$, $f(1) < 0$, 知存在 $t_0 \in (0, 1)$, 使得 $f(t_0) = 0$. 但是由题中 (1) 知 $f(t_0) \neq 0$, 矛盾. 故 $|A| > 0$.

注　$f(t)$ 也可以这样构造:

$$f(t) = \begin{vmatrix} a_{11} + t & a_{12} & \cdots & a_{1n} \\ a_{21} & a_{22} + t & \cdots & a_{2n} \\ \vdots & \vdots & & \vdots \\ a_{n1} & a_{n2} & \cdots & a_{nn} + t \end{vmatrix}$$

或

$$f(t) = \begin{vmatrix} a_{11} & a_{12}t & \cdots & a_{1n}t \\ a_{21}t & a_{22} & \cdots & a_{2n}t \\ \vdots & \vdots & & \vdots \\ a_{n1}t & a_{n2}t & \cdots & a_{nn} \end{vmatrix}.$$

证法二　由 (1) 知, $|A| \neq 0$. 假设 $|A| < 0$. 因为矩阵 A 的特征多项式是一个实系数多项式, 所以 A 必有一个实特征值 $\lambda < 0$ 且 $|\lambda E - A| = 0$. 因此 $(\lambda E - A)X = 0$ 有非零解 $X_0 = (x_1, x_2, \cdots, x_n)'$. 设 $|x_i| = \max\{|x_j| \mid 1 \leqslant j \leqslant n\}$, 则 $x_i \neq 0$. 由 $(\lambda E - A)X_0 = 0$, 得

$$a_{i1}x_1 + a_{i2}x_2 + \cdots + (a_{ii} - \lambda)x_i + \cdots + a_{in}x_n = 0,$$

进而得

$$(a_{ii} - \lambda)x_i = -a_{i1}x_1 - \cdots - a_{i,i-1}x_{i-1} - a_{i,i+1}x_{i+1} - \cdots - a_{in}x_n.$$

因此,

$$a_{ii} < a_{ii} - \lambda \leqslant \sum_{j \neq i} |a_{ij}| \frac{|x_j|}{|x_i|} \leqslant \sum_{j \neq i} |a_{ij}|,$$

此与已知相矛盾. 故 $|A| > 0$.

证法三　对矩阵的阶数 n 作数学归纳法. 当 $n = 1$ 时, $|A| = a_{11} > 0$, 结论成立. 假设结论对 $n - 1$ 成立, 下证结论对 n 也成立.

设 $A_{11}, A_{12}, \cdots, A_{1n}$ 为 A 的第一行元素的代数余子式. 由 (1) 知 $|A| \neq 0$, 所以 $|A^*| \neq 0$, 从而 $A_{11}, A_{12}, \cdots, A_{1n}$ 不全为零. 设

$$|A_{1j}| = \max\{|A_{11}|, |A_{12}|, \cdots, |A_{1n}|\},$$

则当 $j \neq 1$ 时有

$$0 = |a_{j1}A_{11} + a_{j2}A_{12} + \cdots + a_{jn}A_{1n}|$$

$$\geqslant |a_{jj}A_{1j}| - \sum_{k \neq j} |a_{jk}A_{1k}| \geqslant |A_{1j}| \left(a_{jj} - \sum_{k \neq j} |a_{jk}| \right) > 0,$$

出现矛盾. 故只有 $|A_{11}| = \max\{|A_{11}|, |A_{12}|, \cdots, |A_{1n}|\}$.

A 中元素 a_{11} 的余子矩阵为 $n-1$ 阶矩阵, 且满足题设条件, 由归纳假设, 其行列式 $A_{11} > 0$, 从而

$$
\begin{aligned}
|A| &= a_{11}A_{11} + a_{12}A_{12} + \cdots + a_{1n}A_{1n} \\
&\geqslant a_{11}A_{11} - \sum_{j \neq 1} |a_{1j}||A_{1j}| \\
&\geqslant A_{11}\left(a_{11} - \sum_{j \neq 1} |a_{1j}|\right) > 0.
\end{aligned}
$$

故由归纳法原理, 对任意满足条件的 n 阶方阵结论都成立.

第4章 矩　　阵

4.1　思 路 点 拨

1. 矩阵的方幂计算常用方法

(1) 设 A 是一个 n 阶方阵, 若 A 相似于对角矩阵 Δ, 即存在可逆矩阵 P, 使得 $A = P^{-1}\Delta P$, 则 $A^n = P^{-1}\Delta^n P$.

(2) 若已知 A 的一个零化多项式 (特征多项式、最小多项式) 为 $g(x)$, 用带余除法得 $x^n = g(x)q(x) + r(x)$, 这里 $r(x) = 0$, 或者 $\partial(r(x)) < \partial(g(x))$); 则 $A^n = r(A)$, 这里 $r(x)$ 的系数待定.

(3) 利用数学归纳法.

2. 证明 n 阶矩阵 A 可逆的常用办法

(1) 证明 $|A| \neq 0 (r(A) = n)$.

(2) 证明 A 可经初等变换化为单位阵.

(3) 证明 A 可表示为一些初等矩阵的乘积.

(4) 证明 A 可表示为两可逆矩阵的乘积.

(5) 证明齐次线性方程组 $Ax = 0$ 只有零解.

(6) 证明 A 的特征值均不为零.

(7) 证明存在可逆矩阵 B, 使得 $AB = E$ (或 $BA = E$).

(8) 若 A 为对角占优实矩阵, 则 A 可逆.

(9) 若存在常数项非零的多项式 $f(x)$, 使得 $f(A) = 0$, 则 A 可逆.

(10) 设 $f(x), g(x)$ 为两个多项式, $f(A) = 0$. 若 $(f(x), g(x)) = 1$, 则 $g(A)$ 可逆.

3. 求秩或证明有关秩的问题常用的结论

(1) $r(A + B) \leqslant r(A) + r(B); r(A - B) \geqslant r(A) - r(B)$.

(2) 设 A 是一个 $s \times n$ 矩阵, B 是一个 $n \times t$ 矩阵, 则

$$r(A) + r(B) - n \leqslant r(AB) \leqslant \min\{r(A), r(B)\}.$$

特别地, 若 $AB = 0$, 则 $r(A) + r(B) \leqslant n$.

(3) $r(ABC) \geqslant r(AB) + r(BC) - r(B)$.

(4) 若 B 为列满秩矩阵, C 为行满秩矩阵, 则 $r(BA) = r(AC) = r(A)$. 特别地, 若 D 为可逆矩阵, 则 $r(DA) = r(AD) = r(A)$.

(5) 设 A 是一个 $m \times n$ 矩阵, $r(A) = r$, B 为 A 的任意 s 行组成的 $s \times n$ 矩阵, 则 $r(B) \geqslant r + s - m$.

(6) $r \begin{pmatrix} A & B \\ 0 & D \end{pmatrix} \geqslant r(A) + r(D); r \begin{pmatrix} A & 0 \\ 0 & D \end{pmatrix} = r(A) + r(D)$.

(7) 矩阵的行、列增加秩不减少, 但增加一行 (或一列) 秩最多增加 1.

(8) 设 A 是一个 n 阶方阵, A^* 是 A 的伴随矩阵, 则

$$r(A^*) = \begin{cases} n, & r(A) = n, \\ 1, & r(A) = n - 1, \\ 0, & r(A) < n - 1. \end{cases}$$

(9) 若齐次线性方程组 $Ax = 0$ 与 $Bx = 0$ 同解, 则 $r(A) = r(B)$.

4. 证明有关矩阵的问题常用到的两种标准形

(1) 等价标准形. 设 A 是一个 $m \times n$ 矩阵, $r(A) = r$, 则存在 m 阶可逆矩阵 P 和 n 阶可逆矩阵 Q, 使得

$$A = P \begin{pmatrix} E_r & 0 \\ 0 & 0 \end{pmatrix} Q.$$

(2) 若尔当标准形. 设 A 为复数域上的 n 阶方阵, 则存在 n 阶可逆矩阵 T, 使得

$$A = T^{-1} J T,$$

其中 J 为 A 的若尔当标准形.

5. 证明有关矩阵的问题

当 A 可逆时结论成立, 若 A 不可逆, 常作 $\lambda E + A$ 代 A, 当 λ 充分大时它可逆, 结论成立, 再利用恒等性质证此时结论也成立.

6. 证明有关矩阵问题常用到矩阵的满秩分解

设 A 为 $m \times n$ 矩阵, $r(A) = r$, 则有 $m \times r$ 的列满秩矩阵 P 和 $r \times n$ 的行满秩矩阵 Q, 使得 $A = PQ$.

7. 初等变换 (广义初等变换) 不改变矩阵的秩

注意初等变换与一个矩阵左乘右乘初等矩阵的关系, 分块矩阵的广义初等变换与分块矩阵乘法之间的关系.

8. 矩阵分块以及构造分块矩阵证明有关问题的技巧需勤练积累

4.2 问题探索

1. 设 n 阶实方阵 A, B, C 满足 $CAA' = BAA'$, 证明: $CA = BA$.

证法一 由 $CAA' = BAA'$ 得 $(C - B)AA'(C - B)' = 0$, 即得 $[(C - B)A][(C - B)A]' = 0$. 因为 $(C - B)A$ 为实矩阵, 所以 $(C - B)A = 0$, 即 $CA = BA$.

证法二 因为 A 是实矩阵, 所以齐次线性方程组 $A'X = 0$ 和 $AA'X = 0$ 同解. 由 $CAA' = BAA'$ 得 $AA'C' = AA'B'$, 即得 $AA'(C' - B') = 0$, 此式表明 $C' - B'$ 的每一列均是 $AA'X = 0$ 的解, 从而都是 $A'X = 0$ 的解, 故 $A'(C' - B') = 0$, 即得 $CA = BA$.

2. 设 n 阶满秩矩阵 A 的每行元素之和都等于 c, 证明: $c \neq 0$ 且 A^{-1} 的每行元素之和都等于 c^{-1}.

证法一 将 $|A|$ 中第 $2, 3, \cdots, n$ 列都加到第 1 列, 再按第 1 列展开, 得

$$|A| = c(A_{11} + A_{21} + \cdots + A_{n1}).$$

因为 $|A| \neq 0$, 所以 $c \neq 0$ 且

$$|A|^{-1}(A_{11} + A_{21} + \cdots + A_{n1}) = c^{-1}.$$

由 $A^{-1} = |A|^{-1}A^*$ 知 A^{-1} 的第 1 行元素之和等于 c^{-1}. 同理可证, A^{-1} 的其余每行元素之和也是 c^{-1}.

证法二 若 $c = 0$, 则 $|A|$ 中第 $2, 3, \cdots, n$ 列都加到第 1 列, 易得 $|A| = 0$, 与 A 满秩相矛盾, 所以 $c \neq 0$. 令 $\alpha = (1, 1, \cdots, 1)'$, 则 $A\alpha = c\alpha$, 由此可得 $A^{-1}\alpha = c^{-1}\alpha$, 所以 A^{-1} 的每行元素之和为 c^{-1}.

3. 设 n 阶矩阵

$$A = \begin{pmatrix} 2 & 2 & 2 & \cdots & 2 \\ 0 & 1 & 1 & \cdots & 1 \\ 0 & 0 & 1 & \cdots & 1 \\ \vdots & \vdots & \vdots & & \vdots \\ 0 & 0 & 0 & \cdots & 1 \end{pmatrix}.$$

求 A 的所有元素的代数余子式的和 $\sum\limits_{i=1}^{n}\sum\limits_{j=1}^{n} A_{ij}$.

解法一 注意到 $\sum\limits_{j=1}^{n} A_{kj}$ 就是把矩阵 A 的第 k 行元素全换为 1 得到的矩阵的行列式, 有

$$\sum_{i=1}^{n}\sum_{j=1}^{n} A_{ij} = \sum_{j=1}^{n} A_{1j} + \sum_{j=1}^{n} A_{2j} + \cdots + \sum_{j=1}^{n} A_{nj}$$

$$= \begin{vmatrix} 1 & 1 & 1 & \cdots & 1 \\ 0 & 1 & 1 & \cdots & 1 \\ 0 & 0 & 1 & \cdots & 1 \\ \vdots & \vdots & \vdots & & \vdots \\ 0 & 0 & 0 & \cdots & 1 \end{vmatrix} + \begin{vmatrix} 2 & 2 & 2 & \cdots & 2 \\ 1 & 1 & 1 & \cdots & 1 \\ 0 & 0 & 1 & \cdots & 1 \\ \vdots & \vdots & \vdots & & \vdots \\ 0 & 0 & 0 & \cdots & 1 \end{vmatrix} + \cdots + \begin{vmatrix} 2 & 2 & 2 & \cdots & 2 \\ 0 & 1 & 1 & \cdots & 1 \\ 0 & 0 & 1 & \cdots & 1 \\ \vdots & \vdots & \vdots & & \vdots \\ 1 & 1 & 1 & \cdots & 1 \end{vmatrix}$$

$$= 1 + 0 + \cdots + 0$$

$$= 1.$$

解法二 先求 A^{-1}. 由

$$\begin{pmatrix} 2 & 2 & \cdots & 2 & 2 & 1 & 0 & \cdots & 0 & 0 \\ 0 & 1 & \cdots & 1 & 1 & 0 & 1 & \cdots & 0 & 0 \\ \vdots & \vdots & & \vdots & \vdots & \vdots & \vdots & & \vdots & \vdots \\ 0 & 0 & \cdots & 1 & 1 & 0 & 0 & \cdots & 1 & 0 \\ 0 & 0 & \cdots & 0 & 1 & 0 & 0 & \cdots & 0 & 1 \end{pmatrix}$$

$$\rightarrow \begin{pmatrix} 2 & 0 & \cdots & 0 & 0 & 1 & -2 & \cdots & 0 & 0 \\ 0 & 1 & \cdots & 0 & 0 & 0 & 1 & \cdots & 0 & 0 \\ \vdots & \vdots & & \vdots & \vdots & \vdots & \vdots & & \vdots & \vdots \\ 0 & 0 & \cdots & 1 & 0 & 0 & 0 & \cdots & 1 & -1 \\ 0 & 0 & \cdots & 0 & 1 & 0 & 0 & \cdots & 0 & 1 \end{pmatrix}$$

$$\rightarrow \begin{pmatrix} 1 & 0 & \cdots & 0 & 0 & \dfrac{1}{2} & -1 & \cdots & 0 & 0 \\ 0 & 1 & \cdots & 0 & 0 & 0 & 1 & \cdots & 0 & 0 \\ \vdots & \vdots & & \vdots & \vdots & \vdots & & & \vdots & \vdots \\ 0 & 0 & \cdots & 1 & 0 & 0 & 0 & \cdots & 1 & -1 \\ 0 & 0 & \cdots & 0 & 1 & 0 & 0 & \cdots & 0 & 1 \end{pmatrix}$$

知

$$A^{-1} = \begin{pmatrix} \dfrac{1}{2} & -1 & 0 & \cdots & 0 & 0 \\ 0 & 1 & -1 & \cdots & 0 & 0 \\ \vdots & \vdots & \vdots & & \vdots & \vdots \\ 0 & 0 & 0 & \cdots & 1 & -1 \\ 0 & 0 & 0 & \cdots & 0 & 1 \end{pmatrix}.$$

故

$$A^* = |A|A^{-1} = \begin{pmatrix} 1 & -2 & 0 & \cdots & 0 & 0 \\ 0 & 2 & -2 & \cdots & 0 & 0 \\ \vdots & \vdots & \vdots & & \vdots & \vdots \\ 0 & 0 & 0 & \cdots & 2 & -2 \\ 0 & 0 & 0 & \cdots & 0 & 2 \end{pmatrix}.$$

由此知 $\sum\limits_{i=1}^{n} \sum\limits_{j=1}^{n} A_{ij} = 1.$

解法三 用公式

$$\sum_{i=1}^{n} \sum_{j=1}^{n} A_{ij} = \begin{vmatrix} a_{11} - a_{12} & a_{12} - a_{13} & \cdots & a_{1,n-1} - a_{1n} & 1 \\ a_{21} - a_{22} & a_{22} - a_{23} & \cdots & a_{2,n-1} - a_{2n} & 1 \\ \vdots & \vdots & & \vdots & \vdots \\ a_{n1} - a_{n2} & a_{n2} - a_{n3} & \cdots & a_{n,n-1} - a_{nn} & 1 \end{vmatrix}$$

$$
=\begin{vmatrix} 0 & 0 & \cdots & 0 & 1 \\ -1 & 0 & \cdots & 0 & 1 \\ 0 & -1 & \cdots & 0 & 1 \\ \vdots & \vdots & & \vdots & \vdots \\ 0 & 0 & \cdots & 0 & 1 \\ 0 & 0 & \cdots & -1 & 1 \end{vmatrix}
$$

$$
=(-1)^{n+1}\begin{vmatrix} -1 & 0 & \cdots & 0 & 0 \\ 0 & -1 & \cdots & 0 & 0 \\ \vdots & \vdots & & \vdots & \vdots \\ 0 & 0 & \cdots & -1 & 0 \\ 0 & 0 & \cdots & 0 & -1 \end{vmatrix}_{(n-1)\times(n-1)}
$$

$$
=1.
$$

4. 设 $A=(a_{ij})$ 为一个 n 阶方阵. 若对任意一个 n 阶矩阵 X, 都有 $\mathrm{Tr}(AX)=0$, 则 $A=0$.

证法一　设 E_{ij} 为 (i,j) 处元素为 1, 其余元素全为 0 的 n 阶方阵, 则

$$
AE_{ij}=\begin{pmatrix} 0 & \cdots & 0 & a_{1i} & 0 & \cdots & 0 \\ \vdots & & \vdots & \vdots & \vdots & & \vdots \\ 0 & \cdots & 0 & a_{ji} & 0 & \cdots & 0 \\ \vdots & & \vdots & \vdots & \vdots & & \vdots \\ 0 & \cdots & 0 & a_{ni} & 0 & \cdots & 0 \end{pmatrix}\overset{\text{第}j\text{列}}{},
$$

从而

$$
0=\mathrm{Tr}(AE_{ij})=a_{ji}\quad(i,j=1,2,\cdots,n),
$$

所以 $A=0$.

证法二　取 $X=\overline{A'}$, 由设 $\mathrm{Tr}(AX)=0$, 即

$$
0=\mathrm{Tr}(A\overline{A'})=\sum_{i=1}^{n}\sum_{j=1}^{n}a_{ij}\overline{a_{ij}}=\sum_{i=1}^{n}\sum_{j=1}^{n}|a_{ij}|^2,
$$

所以 $a_{ij}=0(i,j=1,2,\cdots,n)$, 故 $A=0$.

5. 设 $A=(a_{ij})$ 为一个 n 阶方阵. 若 A 与任意 n 阶方阵相乘可交换, 则 A 必为一个数量矩阵.

证法一　设 E_{ij} 为 (i,j) 处元素是 1, 其余元素全是 0 的 n 阶方阵. 由题设对任意的 i,j, 有 $E_{ij}A=AE_{ij}$, 即

$$i\begin{pmatrix} 0 & \cdots & 0 & \overset{j}{0} & 0 & \cdots & 0 \\ \vdots & & \vdots & \vdots & \vdots & & \vdots \\ 0 & \cdots & 0 & 0 & 0 & \cdots & 0 \\ a_{j1} & \cdots & a_{j,j-1} & a_{jj} & a_{j,j+1} & \cdots & a_{jn} \\ 0 & \cdots & 0 & 0 & 0 & \cdots & 0 \\ \vdots & & \vdots & \vdots & \vdots & & \vdots \\ 0 & \cdots & 0 & 0 & 0 & \cdots & 0 \end{pmatrix} = \begin{pmatrix} 0 & \cdots & 0 & \overset{j}{a_{1i}} & 0 & \cdots & 0 \\ \vdots & & \vdots & \vdots & \vdots & & \vdots \\ 0 & \cdots & 0 & a_{i-1,i} & 0 & \cdots & 0 \\ 0 & \cdots & 0 & a_{ii} & 0 & \cdots & 0 \\ 0 & \cdots & 0 & a_{i+1,i} & 0 & \cdots & 0 \\ \vdots & & \vdots & \vdots & \vdots & & \vdots \\ 0 & \cdots & 0 & a_{ni} & 0 & \cdots & 0 \end{pmatrix} i.$$

比较元素可知

$$a_{ii} = a_{jj}, \quad a_{si} = 0 \quad (s \neq i), \quad a_{jt} = 0 \quad (t \neq j).$$

由 i, j 的任意性可知, $A = a_{11}E$ 为一个数量矩阵.

证法二 设 E_{ij} 为 (i,j) 处元素是 1, 其余元素全是 0 的 n 阶方阵, 则

$$E_{ks}E_{tl} = \begin{cases} 0, & s \neq t, \\ E_{kl}, & s = t. \end{cases}$$

又

$$A = \sum_{i=1}^{n}\sum_{j=1}^{n} a_{ij}E_{ij};$$

$$E_{st}A = \sum_{i=1}^{n}\sum_{j=1}^{n} a_{ij}E_{st}E_{ij} = \sum_{j=1}^{n} a_{tj}E_{sj};$$

$$AE_{st} = \sum_{i=1}^{n}\sum_{j=1}^{n} a_{ij}E_{ij}E_{st} = \sum_{i=1}^{n} a_{is}E_{it}.$$

由 $E_{st}A = AE_{st}$ 即得 $\sum\limits_{j=1}^{n} a_{tj}E_{sj} = \sum\limits_{i=1}^{n} a_{is}E_{it}$. 比较元素知

$$a_{tt} = a_{ss}, \quad a_{is} = 0 \quad (i \neq s), \quad a_{tj} = 0 \quad (j \neq t).$$

故 $A = a_{11}E$ 为一个数量矩阵.

证法三 设 A 与任意 n 阶方阵相乘可交换, 取

$$B = \mathrm{diag}(1, 2, \cdots, n),$$

则 $AB = BA$, 即

$$\begin{pmatrix} a_{11} & 2a_{12} & \cdots & na_{1n} \\ a_{21} & 2a_{22} & \cdots & na_{2n} \\ \vdots & \vdots & & \vdots \\ a_{n1} & 2a_{n2} & \cdots & na_{nn} \end{pmatrix} = \begin{pmatrix} a_{11} & a_{12} & \cdots & a_{1n} \\ 2a_{21} & 2a_{22} & \cdots & 2a_{2n} \\ \vdots & \vdots & & \vdots \\ na_{n1} & na_{n2} & \cdots & na_{nn} \end{pmatrix}.$$

比较元素可知 $ja_{ij} = ia_{ij}$. 当 $i \neq j$ 时, 有 $a_{ij} = 0$. 故

$$A = \mathrm{diag}(a_{11}, a_{22}, \cdots, a_{nn})$$

为一个对角矩阵. 再取 P_{1j} 为换法初等矩阵, 则 $P_{1j}A = AP_{1j}$. 比较元素可知 $a_{jj} = a_{11}(j = 2, 3, \cdots, n)$. 故 $A = a_{11}E$ 为一个数量矩阵.

6. 设 A, B 分别为 $3 \times 2, 2 \times 3$ 矩阵, 且 $AB = \begin{pmatrix} 2 & 0 & 2 \\ 0 & 4 & 0 \\ 2 & 0 & 2 \end{pmatrix}$. 证明: $BA = 4E_2$, 这里 E_2 是二阶单位矩阵.

证法一   因为

$$2 = r(AB) \leqslant r(A) \leqslant 2; \quad 2 = r(AB) \leqslant r(B) \leqslant 2,$$

所以 $r(A) = r(B) = 2$, 因而 A 是一个列满秩矩阵, B 是一个行满秩矩阵.

容易求得, 实对称矩阵 AB 的特征值为 $0, 4, 4$, 故存在正交矩阵 Q, 使得

$$AB = Q' \begin{pmatrix} 0 & & \\ & 4 & \\ & & 4 \end{pmatrix} Q,$$

即得

$$\frac{1}{4}AB = Q' \begin{pmatrix} 0 & & \\ & 1 & \\ & & 1 \end{pmatrix} Q,$$

所以 $\dfrac{1}{4}AB$ 是幂等矩阵, 故 $(AB)^2 = 4AB$, 即得 $A(BA - 4E_2)B = 0$. 由 A 是一个列满秩矩阵, 得 $(BA - 4E_2)B = 0$; 再由 B 是一个行满秩矩阵, 得 $BA - 4E_2 = 0$, 即 $BA = 4E_2$.

证法二   同证法一可得 $(AB)^2 = 4AB$, 从而 $B(ABAB)A = 4B(AB)A$, 即

$$(BA)^3 = 4(BA)^2.$$

因为 AB 与 BA 有相同的非零特征值, 所以 BA 的全部特征值为 $4, 4$, 因而 BA 为二阶可逆矩阵. 故 $BA = 4E_2$.

证法三   同证法一可得 $(AB)^2 = 4AB$, 从而 $B(AB)^2A = 4B(AB)A$, 即 $(BA)^3 = 4(BA)^2$. 因为

$$2 \geqslant r(B) \geqslant r(BA) \geqslant r[A(BA)B] = r[(AB)^2] = r(4AB) = 2,$$

所以 $r(BA) = 2$, 故 BA 为二阶可逆矩阵, 从而 $BA = 4E_2$.

注 利用相同的方法, 可以解一道全国大学生数学竞赛试题: 设 A, B 分别为 $3 \times 2, 2 \times 3$ 实矩阵, 若有

$$AB = \begin{pmatrix} 8 & 0 & -4 \\ -\dfrac{3}{2} & 9 & -6 \\ -2 & 0 & 1 \end{pmatrix},$$

求 BA.

提示 利用下列事实:

(1) AB 的全部特征值为 $0, 9, 9$;

(2) $r(AB) = 2$;

(3) $(AB)^2 = 9(AB)$, 得到 $BA = 9E_2$.

7. 设 $A = \begin{pmatrix} 1 & 2 & 2 \\ 2 & 1 & 2 \\ 2 & 2 & 1 \end{pmatrix}$, 求 A^n, 这里 n 是任意正整数.

解法一 矩阵 A 的特征多项式为

$$f_A(\lambda) = |\lambda E_3 - A| = \begin{vmatrix} \lambda - 1 & -2 & -2 \\ -2 & \lambda - 1 & -2 \\ -2 & -2 & \lambda - 1 \end{vmatrix} = (\lambda - 5) \begin{vmatrix} 1 & -2 & -2 \\ 1 & \lambda - 1 & -2 \\ 1 & -2 & \lambda - 1 \end{vmatrix}$$

$$= (\lambda - 5) \begin{vmatrix} 1 & -2 & -2 \\ 0 & \lambda + 1 & 0 \\ 0 & 0 & \lambda + 1 \end{vmatrix} = (\lambda - 5)(\lambda + 1)^2,$$

可知矩阵 A 的特征值为 $\lambda_1 = -1$ (二重), $\lambda_2 = 5$.

容易求得 A 的属于特征值 $\lambda_1 = -1$ 的线性无关的特征向量为 $\alpha_1 = (1, 0, -1)'$, $\alpha_2 = (0, 1, -1)'$; 属于特征值 $\lambda_2 = 5$ 的特征向量为 $\alpha_3 = (1, 1, 1)$. 令

$$T = (\alpha_1, \alpha_2, \alpha_3) = \begin{pmatrix} 1 & 0 & 1 \\ 0 & 1 & 1 \\ -1 & -1 & 1 \end{pmatrix},$$

则 $T^{-1}AT = \begin{pmatrix} -1 & 0 & 0 \\ 0 & -1 & 0 \\ 0 & 0 & 5 \end{pmatrix}$, 从而

$$A^n = T \begin{pmatrix} -1 & 0 & 0 \\ 0 & -1 & 0 \\ 0 & 0 & 5 \end{pmatrix}^n T^{-1}$$

$$= \frac{1}{3} \begin{pmatrix} 1 & 0 & 1 \\ 0 & 1 & 1 \\ -1 & -1 & 1 \end{pmatrix} \begin{pmatrix} (-1)^n & 0 & 0 \\ 0 & (-1)^n & 0 \\ 0 & 0 & 5^n \end{pmatrix} \begin{pmatrix} 2 & -1 & -1 \\ -1 & 2 & -1 \\ 1 & 1 & 1 \end{pmatrix}$$

$$= \frac{1}{3} \begin{pmatrix} 2(-1)^n + 5^n & (-1)^{n+1} + 5^n & (-1)^{n+1} + 5^n \\ (-1)^{n+1} + 5^n & 2(-1)^n + 5^n & (-1)^{n+1} + 5^n \\ (-1)^{n+1} + 5^n & (-1)^{n+1} + 5^n & 2(-1)^n + 5^n \end{pmatrix}.$$

解法二 矩阵 A 的特征多项式为 $f_A(\lambda) = |\lambda E_3 - A| = (\lambda - 5)(\lambda + 1)^2$, 从而由带余除法知

$$\lambda^n = f_A(\lambda)q(\lambda) + a\lambda^2 + b\lambda + c, \tag{1}$$

则

$$A^n = aA^2 + bA + cE_3$$
$$= a \begin{pmatrix} 1 & 2 & 2 \\ 2 & 1 & 2 \\ 2 & 2 & 1 \end{pmatrix}^2 + b \begin{pmatrix} 1 & 2 & 2 \\ 2 & 1 & 2 \\ 2 & 2 & 1 \end{pmatrix} + cE_3$$
$$= \begin{pmatrix} 9a + b + c & 8a + 2b & 8a + 2b \\ 8a + 2b & 9a + b + c & 8a + 2b \\ 8a + 2b & 8a + 2b & 9a + b + c \end{pmatrix},$$

其中 a, b, c 待定.

将 A 的特征值 $\lambda_1 = -1, \lambda_2 = 5$ 分别代入式 (1), 得

$$(-1)^n = a - b + c, \tag{2}$$

$$5^n = 25a + 5b + c. \tag{3}$$

$(3) - (2)$ 得

$$5^n - (-1)^n = 24a + 6b = 3(8a + 2b),$$

所以

$$8a + 2b = \frac{5^n - (-1)^n}{3} = \frac{5^n + (-1)^{n+1}}{3};$$

$(3) + 2 \times (2)$ 得

$$5^n + 2(-1)^n = 27a + 3b + 3c = 3(9a + b + c),$$

所以

$$9a + b + c = \frac{5^n + 2(-1)^n}{3}.$$

故

$$A^n = \frac{1}{3} \begin{pmatrix} 2(-1)^n + 5^n & (-1)^{n+1} + 5^n & (-1)^{n+1} + 5^n \\ (-1)^{n+1} + 5^n & 2(-1)^n + 5^n & (-1)^{n+1} + 5^n \\ (-1)^{n+1} + 5^n & (-1)^{n+1} + 5^n & 2(-1)^n + 5^n \end{pmatrix}.$$

注 这里没有求出 a, b, c 的值. 一般情况下, 因为 $\lambda_1 = -1$ 为二重特征值, 所以 $f'_A(-1) = 0$. 故可以利用下式:

$$n\lambda^{n-1} = f'_A(\lambda)q(\lambda) + f_A(\lambda)q'(\lambda) + 2a\lambda + b.$$

将 $\lambda_1 = -1$ 代入得

$$n(-1)^{n-1} = -2a + b, \tag{4}$$

由式 (2)、(3)、(4) 可得

$$a = \frac{1}{36}[5^n - (-1)^n - 6n(-1)^{n-1}],$$
$$b = \frac{1}{18}[5^n - (-1)^n + 12n(-1)^{n-1}],$$
$$c = \frac{1}{36}[5^n + 35(-1)^n + 30n(-1)^{n-1}].$$

解法三 设矩阵 A 的最小多项式为 $m_A(\lambda)$, 则 $m_A(\lambda)|f_A(\lambda)$, 且与 $f_A(\lambda)$ 有相同的根. 易验证 $m_A(\lambda) = (\lambda - 5)(\lambda + 1)$, 从而由带余除法知, 存在常数 s, r, 使得

$$\lambda^n = m_A(\lambda)q_1(\lambda) + s\lambda + r.$$

将 A 的特征值 $\lambda_1 = -1, \lambda_2 = 5$ 分别代入上式, 得到

$$r - s = (-1)^n, \quad r + 5s = 5^n,$$

解之得

$$s = \frac{5^n + (-1)^{n+1}}{6}, \quad r = \frac{5^n + 5(-1)^n}{6}.$$

故

$$
A^n = sA + rE_3 = s\begin{pmatrix} 1 & 2 & 2 \\ 2 & 1 & 2 \\ 2 & 2 & 1 \end{pmatrix} + rE_3
$$
$$
= \begin{pmatrix} s+r & 2s & 2s \\ 2s & s+r & 2s \\ 2s & 2s & s+r \end{pmatrix}
$$
$$
= \frac{1}{3}\begin{pmatrix} 2(-1)^n + 5^n & (-1)^{n+1} + 5^n & (-1)^{n+1} + 5^n \\ (-1)^{n+1} + 5^n & 2(-1)^n + 5^n & (-1)^{n+1} + 5^n \\ (-1)^{n+1} + 5^n & (-1)^{n+1} + 5^n & 2(-1)^n + 5^n \end{pmatrix}.
$$

8. 设 $A = \begin{pmatrix} a_0 & a_1 & \cdots & a_{n-1} \\ a_{n-1} & a_0 & \cdots & a_{n-2} \\ \vdots & \vdots & & \vdots \\ a_1 & a_2 & \cdots & a_0 \end{pmatrix}$ 为一个循环矩阵, $f(x) = a_0 + a_1 x + \cdots +$

$a_{n-1} x^{n-1}$, 证明: $|A| = f(1) f(\varepsilon_1) \cdots f(\varepsilon_{n-1})$, 其中 $1, \varepsilon_1, \varepsilon_2, \cdots, \varepsilon_{n-1}$ 为全部 n 次单位根.

证法一 设 $D = \begin{pmatrix} 0 & E_{n-1} \\ E_1 & 0 \end{pmatrix}$, 则 $D^k = \begin{pmatrix} 0 & E_{n-k} \\ E_k & 0 \end{pmatrix}$ $(k = 1, 2, \cdots, n)$. 所以

$$A = \begin{pmatrix} a_0 & a_1 & \cdots & a_{n-1} \\ a_{n-1} & a_0 & \cdots & a_{n-2} \\ \vdots & \vdots & & \vdots \\ a_1 & a_2 & \cdots & a_0 \end{pmatrix} = a_0 E_n + a_1 D + \cdots + a_{n-1} D^{n-1} = f(D).$$

又由于 D 的特征多项式为 $|\lambda E_n - D| = \lambda^n - 1$, 故 D 的全部特征值为全部 n 次单位根 $1, \varepsilon_1, \varepsilon_2, \cdots, \varepsilon_{n-1}$. 因此, A 的全部特征值为 $f(1), f(\varepsilon_1), \cdots, f(\varepsilon_{n-1})$, 即得

$$|A| = f(1) f(\varepsilon_1) \cdots f(\varepsilon_{n-1}).$$

证法二 设 $S = \begin{pmatrix} 1 & 1 & \cdots & 1 \\ 1 & \varepsilon_1 & \cdots & \varepsilon_{n-1} \\ \vdots & \vdots & & \vdots \\ 1 & \varepsilon_1^{n-1} & \cdots & \varepsilon_{n-1}^{n-1} \end{pmatrix}$, $T = \begin{pmatrix} f(1) & & & \\ & f(\varepsilon_1) & & \\ & & \ddots & \\ & & & f(\varepsilon_{n-1}) \end{pmatrix}$,

则

$$ST = \begin{pmatrix} 1 & 1 & \cdots & 1 \\ 1 & \varepsilon_1 & \cdots & \varepsilon_{n-1} \\ \vdots & \vdots & & \vdots \\ 1 & \varepsilon_1^{n-1} & \cdots & \varepsilon_{n-1}^{n-1} \end{pmatrix} \begin{pmatrix} f(1) & & & \\ & f(\varepsilon_1) & & \\ & & \ddots & \\ & & & f(\varepsilon_{n-1}) \end{pmatrix}$$

$$= \begin{pmatrix} f(1) & f(\varepsilon_1) & \cdots & f(\varepsilon_{n-1}) \\ f(1) & \varepsilon_1 f(\varepsilon_1) & \cdots & \varepsilon_{n-1} f(\varepsilon_{n-1}) \\ \vdots & \vdots & & \vdots \\ f(1) & \varepsilon_1^{n-1} f(\varepsilon_1) & \cdots & \varepsilon_{n-1}^{n-1} f(\varepsilon_{n-1}) \end{pmatrix},$$

$$AS = \begin{pmatrix} a_0 & a_1 & \cdots & a_{n-1} \\ a_{n-1} & a_0 & \cdots & a_{n-2} \\ \vdots & \vdots & & \vdots \\ a_1 & a_2 & \cdots & a_0 \end{pmatrix} \begin{pmatrix} 1 & 1 & \cdots & 1 \\ 1 & \varepsilon_1 & \cdots & \varepsilon_{n-1} \\ \vdots & \vdots & & \vdots \\ 1 & \varepsilon_1^{n-1} & \cdots & \varepsilon_{n-1}^{n-1} \end{pmatrix}$$

$$= \begin{pmatrix} f(1) & f(\varepsilon_1) & \cdots & f(\varepsilon_{n-1}) \\ f(1) & \varepsilon_1 f(\varepsilon_1) & \cdots & \varepsilon_{n-1} f(\varepsilon_{n-1}) \\ \vdots & \vdots & & \vdots \\ f(1) & \varepsilon_1^{n-1} f(\varepsilon_1) & \cdots & \varepsilon_{n-1}^{n-1} f(\varepsilon_{n-1}) \end{pmatrix}.$$

于是 $AS = ST$, 故 $|A||S| = |S||T|$. 注意到 $|S| \neq 0$, 即得

$$|A| = |T| = f(1)f(\varepsilon_1) \cdots f(\varepsilon_{n-1}).$$

9. 设 A 为 $s \times n$ 矩阵, B 为 $n \times m$ 矩阵, 证明: $r(AB) \leqslant \min\{r(A), r(B)\}$.

证法一 设 $B = (b_{ij})_{n \times m}$, $C = AB$ 的列向量组为 $\beta_1, \beta_2, \cdots, \beta_m$, A 的列向量组为 $\alpha_1, \alpha_2, \cdots, \alpha_n$, 则

$$(\beta_1, \beta_2, \cdots, \beta_m) = AB = (\alpha_1, \alpha_2, \cdots, \alpha_n) \begin{pmatrix} b_{11} & b_{12} & \cdots & b_{1m} \\ b_{21} & b_{22} & \cdots & b_{2m} \\ \vdots & \vdots & & \vdots \\ b_{n1} & b_{n2} & \cdots & b_{nm} \end{pmatrix}.$$

于是向量组 $\beta_1, \beta_2, \cdots, \beta_m$ 可由向量组 $\alpha_1, \alpha_2, \cdots, \alpha_n$ 线性表出, 所以

$$r(\beta_1, \beta_2, \cdots, \beta_m) \leqslant r(\alpha_1, \alpha_2, \cdots, \alpha_n),$$

从而 $r(AB) \leqslant r(A)$. 又

$$r(AB) = r(B'A') \leqslant r(B') = r(B),$$

故 $r(AB) \leqslant \min\{r(A), r(B)\}$.

证法二 设 $r(A) = r$, 则存在可逆矩阵 P, 使得 $A = P \begin{pmatrix} D_{r \times n} \\ 0 \end{pmatrix}$, 故

$$r(AB) = r \left[P \begin{pmatrix} D_{r \times n} \\ 0 \end{pmatrix} B \right] = r \left[\begin{pmatrix} D_{r \times n} \\ 0 \end{pmatrix} B \right] = r \begin{pmatrix} D_{r \times n} B \\ 0 \end{pmatrix} \leqslant r,$$

所以 $r(AB) \leqslant r(A)$. 又

$$r(AB) = r(B'A') \leqslant r(B') = r(B),$$

故 $r(AB) \leqslant \min\{r(A), r(B)\}$.

10. 设 A 为 $s \times n$ 矩阵, B 为 $n \times m$ 矩阵, 证明: $r(AB) \geqslant r(A) + r(B) - n$.

证法一 因为

$$\begin{pmatrix} E_n & 0 \\ -A & E_s \end{pmatrix} \begin{pmatrix} E_n & B \\ A & 0 \end{pmatrix} \begin{pmatrix} E_n & -B \\ 0 & E_m \end{pmatrix} = \begin{pmatrix} E_n & 0 \\ 0 & -AB \end{pmatrix},$$

所以

$$r(AB) + n = r \begin{pmatrix} E_n & 0 \\ 0 & -AB \end{pmatrix} = r \begin{pmatrix} E_n & B \\ A & 0 \end{pmatrix} \geqslant r(A) + r(B).$$

故 $r(AB) \geqslant r(A) + r(B) - n$.

证法二 设 $r(A) = r$, 则存在 s 阶可逆矩阵 P 和 n 阶可逆矩阵 Q, 使得

$$A = P \begin{pmatrix} E_r & 0 \\ 0 & 0 \end{pmatrix} Q.$$

令 $QB = \begin{pmatrix} C_{r \times m} \\ D_{(n-r) \times m} \end{pmatrix}$, 则 $r(C_{r \times m}) \geqslant r(QB) - (n - r)$. 又由于

$$AB = P \begin{pmatrix} E_r & 0 \\ 0 & 0 \end{pmatrix} QB = P \begin{pmatrix} E_r & 0 \\ 0 & 0 \end{pmatrix} \begin{pmatrix} C_{r \times m} \\ D_{(n-r) \times m} \end{pmatrix} = P \begin{pmatrix} C_{r \times m} \\ 0 \end{pmatrix},$$

故

$$r(AB) = r \begin{pmatrix} C_{r \times m} \\ 0 \end{pmatrix} = r(C_{r \times m}) \geqslant r(QB) - (n - r) = r(A) + r(B) - n.$$

11. 设 A 为 $s \times n$ 矩阵, B 为 $n \times m$ 矩阵, C 为 $m \times k$ 矩阵, 证明:

$$r(AB) + r(BC) \leqslant r(ABC) + r(B).$$

证法一 设 $r(B) = r$, B 的满秩分解为 $B = GH$, 这里 G 是 $n \times r$ 列满秩矩阵, H 是 $r \times m$ 行满秩矩阵, 则

$$r(ABC) = r(AGHC) \geqslant r(AG) + r(HC) - r$$
$$\geqslant r(AGH) + r(GHC) - r = r(AB) + r(BC) - r(B),$$

所以 $r(AB) + r(BC) \leqslant r(ABC) + r(B)$.

证法二 因为

$$\begin{pmatrix} E_n & 0 \\ A & E_s \end{pmatrix} \begin{pmatrix} B & 0 \\ 0 & ABC \end{pmatrix} \begin{pmatrix} E_m & -C \\ 0 & E_k \end{pmatrix} = \begin{pmatrix} B & -BC \\ AB & 0 \end{pmatrix},$$

所以

$$r(ABC) + r(B) = r \begin{pmatrix} B & 0 \\ 0 & ABC \end{pmatrix} = r \begin{pmatrix} B & -BC \\ AB & 0 \end{pmatrix} \geqslant r(AB) + r(BC).$$

得证.

12. 设 A, B 是两个 n 阶方阵, $r(A) = r(BA)$, 证明: 对任意的 n 阶方阵 C,

$$r(AC) = r(BAC).$$

证法一 由 $r(A) = r(BA)$ 得线性方程组 $AX = 0$ 和 $BAX = 0$ 同解. 下证线性方程组 $ACX = 0$ 和 $BACX = 0$ 同解. 显然, $ACX = 0$ 的解都是 $BACX = 0$ 的解. 设 α 是 $BACX = 0$ 的任一解, 则 $BAC\alpha = 0$, 即得 $C\alpha$ 是 $BAX = 0$ 的解, 它也是 $AX = 0$ 的解, 故 $AC\alpha = 0$. 因此, $BACX = 0$ 的任一解都是 $ACX = 0$ 的解, 即得线性方程组 $ACX = 0$ 和 $BACX = 0$ 同解. 所以对任意的 n 阶方阵 C, $r(AC) = r(BAC)$.

证法二 由 Frobenius 不等式知

$$r(BA) + r(AC) \leqslant r(BAC) + r(A).$$

因为 $r(A) = r(BA)$, 所以 $r(AC) \leqslant r(BAC)$; 又 $r(BAC) \leqslant r(AC)$, 故

$$r(AC) = r(BAC).$$

证法三 设 $r(A) = r$, A 的满秩分解为 $A = PQ$, 这里 P 为 $n \times r$ 列满秩矩阵, Q 为 $r \times n$ 行满秩矩阵. 由 $r(A) = r(BA)$ 可得 $r(PQ) = r(BPQ)$. 因为 Q 行满秩, 所以 $r(P) = r(BP)$, 即得 BP 是列满秩矩阵. 因此,

$$r(BAC) = r(BPQC) = r(QC) = r(PQC) = r(AC).$$

13. 设 A, B 是两个 n 阶方阵, 若 $A + B = AB$, 证明: $r(A) = r(B)$.

证法一 由 $A+B = AB$ 得 $A = (A-E)B$, 所以 $r(A) \leqslant r(B)$. 又 $B = A(B-E)$, 所以 $r(B) \leqslant r(A)$. 因此 $r(A) = r(B)$.

证法二 因为

$$(A \quad B) \begin{pmatrix} E_n & 0 \\ E_n & E_n \end{pmatrix} = (A + B \quad B),$$

所以

$$r(A, B) = r(A + B, B) = r(AB, B) = r[(A, E)B] \leqslant r(B).$$

又 $r(A, B) \geqslant r(B)$, 所以 $r(A, B) = r(B)$.

又因为

$$(A \quad B) \begin{pmatrix} E_n & E_n \\ 0 & E_n \end{pmatrix} = (A \quad A + B),$$

所以

$$r(A, B) = r(A, A + B) = r(A, AB) = r[A(E, B)] \leqslant r(A).$$

又 $r(A, B) \geqslant r(A)$, 所以 $r(A, B) = r(A)$. 因此, $r(A) = r(B)$.

证法三 由 $A + B = AB$ 得 $(A - E)(B - E) = E$. 故 $(B - E)(A - E) = E$, 得 $BA = A + B$. 因此, $AB = BA$. 令 $A\alpha = 0$, 得

$$B\alpha = (AB - A)\alpha = AB\alpha - A\alpha = BA\alpha - A\alpha = 0.$$

从而 $AX = 0$ 的解是 $BX = 0$ 的解. 同理可证, $BX = 0$ 的解是 $AX = 0$ 的解, 所以 $AX = 0$ 与 $BX = 0$ 同解. 因此, $r(A) = r(B)$.

14. 设 A, B 为 n 阶方阵，证明: $r(AB + A + B) \leqslant r(A) + r(B)$.

证法一   因为 $AB + A + B = A(B + E) + B$, 所以

$$r(AB + A + B) = r[A(B + E) + B] \leqslant r[A(B + E)] + r(B) \leqslant r(A) + r(B).$$

证法二   因为

$$\begin{pmatrix} A & B \\ 0 & B \end{pmatrix} \begin{pmatrix} B + E \\ E \end{pmatrix} = \begin{pmatrix} AB + A + B \\ B \end{pmatrix},$$

所以

$$r(AB + A + B) \leqslant r\begin{pmatrix} AB + A + B \\ B \end{pmatrix} \leqslant r\begin{pmatrix} A & B \\ 0 & B \end{pmatrix} \leqslant r(A) + r(B).$$

证法三   作矩阵 $M = \begin{pmatrix} AB + A + B & A \\ B & 0 \end{pmatrix}$, 则 $r(AB + A + B) \leqslant r(M)$. 又

$$M = \begin{pmatrix} AB + A + B & A \\ B & 0 \end{pmatrix} \to \begin{pmatrix} B & A \\ B & 0 \end{pmatrix} \to \begin{pmatrix} 0 & A \\ B & 0 \end{pmatrix} = N,$$

则 $r(M) = r(N) = r(A) + r(B)$.

综上知 $r(AB + A + B) \leqslant r(A) + r(B)$.

15. 设 A 为一个 $m \times n$ 矩阵, B 为从 A 中任选 s 个行构成的矩阵, 证明:

$$r(B) \geqslant r(A) + s - m.$$

证法一   设 $r(A) = r, r(B) = r_1$, 则 B 的行向量组的极大线性无关组含有 r_1 个向量, 把它扩充为 A 的行向量组的极大线性无关组需扩充 $r - r_1$ 个向量, 而这 $r - r_1$ 个向量必从 B 选剩下的 $m - s$ 个向量中选取, 所以 $r - r_1 \leqslant m - s$, 从而 $r_1 \geqslant r + s - m$, 即 $r(B) \geqslant r(A) + s - m$.

证法二   因为行变换不改变矩阵的秩, 故不妨设 B 位于 A 的前 s 行. 令 A 的后 $m - s$ 行作成的矩阵为 C, 则

$$r(A) = r\left[\begin{pmatrix} B \\ 0 \end{pmatrix} + \begin{pmatrix} 0 \\ C \end{pmatrix}\right] \leqslant r\begin{pmatrix} B \\ 0 \end{pmatrix} + r\begin{pmatrix} 0 \\ C \end{pmatrix}$$
$$= r(B) + r(C) \leqslant r(B) + m - s.$$

故 $r(B) \geqslant r(A) + s - m$.

16. 设 A 是 $m \times n$ 的实矩阵, 求证: $r(A'A) = r(AA') = r(A)$.

证法一   只需证明线性方程组 $A'AX = 0$ 与 $AX = 0$ 同解. 显然 $AX = 0$ 的解是 $A'AX = 0$ 的解. 设 X_0 为 $A'AX = 0$ 的解, 则 $A'AX_0 = 0$, 从而 $X_0'A'AX_0 = 0$,

即得 $(AX_0)'AX_0 = 0$. 由 $AX_0 \in \mathbb{R}^n$, 得 $AX_0 = 0$, 从而 $A'AX = 0$ 的解是 $AX = 0$ 的解, 故线性方程组 $A'AX = 0$ 与 $AX = 0$ 同解, 因而 $r(A'A) = r(A)$.

又 $r(AA') = r[(A')'A'] = r(A') = r(A)$, 故 $r(A'A) = r(AA') = r(A)$.

证法二 设 $r(A) = r$, 则存在可逆矩阵 P, Q, 使得 $A = P \begin{pmatrix} E_r & 0 \\ 0 & 0 \end{pmatrix} Q$. 故

$$AA' = P \begin{pmatrix} E_r & 0 \\ 0 & 0 \end{pmatrix} QQ' \begin{pmatrix} E_r & 0 \\ 0 & 0 \end{pmatrix} P'.$$

令 $QQ' = \begin{pmatrix} D_r & * \\ * & * \end{pmatrix}$, 则

$$AA' = P \begin{pmatrix} D_r & 0 \\ 0 & 0 \end{pmatrix} P'.$$

由于 QQ' 是 n 阶正定矩阵, 所以 D_r 是 r 阶可逆方阵, 故 $r(AA') = r(D_r) = r(A)$.

又 $r(A'A) = r[A'(A')'] = r(A') = r(A)$, 从而得

$$r(A'A) = r(AA') = r(A).$$

17. 设 A, B 为 n 阶方阵, 且 $A^2 = A, B^2 = B, E - A - B$ 可逆, 证明:

$$r(A) = r(B).$$

证法一 因为

$$(E - A - B)A = -BA, \quad B(E - A - B) = -BA,$$

所以 $(E - A - B)A = B(E - A - B)$. 由 $E - A - B$ 可逆, 即得 $r(A) = r(B)$.

证法二 因为 $E - A - B$ 可逆, 所以

$$n = r(E - A - B) \leqslant r(E - A) + r(B),$$

故

$$n - r(E - A) \leqslant r(B). \tag{5}$$

又由 $A^2 = A$ 得 $A(E - A) = 0$, 故有

$$r(A) + r(E - A) \leqslant n,$$

从而

$$r(A) \leqslant n - r(E - A). \tag{6}$$

由 (5) 和 (6) 得 $r(A) \leqslant r(B)$. 根据 A, B 的对称性知 $r(B) \leqslant r(A)$, 所以 $r(A) = r(B)$.

证法三 设 $r(A) = r, r(B) = s$, 因为 A, B 都是幂等矩阵, 所以存在可逆矩阵 P, Q, 使得

$$P^{-1}AP = \begin{pmatrix} E_r & 0 \\ 0 & 0 \end{pmatrix}, \quad Q^{-1}BQ = \begin{pmatrix} E_s & 0 \\ 0 & 0 \end{pmatrix},$$

则

$$P^{-1}(E - A - B)P = E - P^{-1}AP - P^{-1}BP = \begin{pmatrix} 0 & 0 \\ 0 & E_{n-r} \end{pmatrix} - P^{-1}BP,$$

$$Q^{-1}(E - A - B)Q = E - Q^{-1}BQ - Q^{-1}AQ = \begin{pmatrix} 0 & 0 \\ 0 & E_{n-s} \end{pmatrix} - Q^{-1}AQ.$$

故

$$n = r[P^{-1}(E - A - B)P] \leqslant r\begin{pmatrix} 0 & 0 \\ 0 & E_{n-r} \end{pmatrix} + r(P^{-1}BP) = n - r + s,$$

$$n = r[Q^{-1}(E - A - B)Q] \leqslant r\begin{pmatrix} 0 & 0 \\ 0 & E_{n-s} \end{pmatrix} + r(Q^{-1}AQ) = n - s + r,$$

即得 $r \leqslant s, s \leqslant r$, 从而 $r = s$.

18. 已知 A 为 n 阶反对称矩阵, b 是 n 维列向量, $r(A) = r(A, b)$. 设 $B = \begin{pmatrix} A & b \\ -b' & 0 \end{pmatrix}$, 证明: $r(A) = r(B)$.

证法一 由 $r(A) = r(A, b)$ 知线性方程组 $AX = b$ 有解. 设 α 是它的一个解, 则 $A\alpha = b$. 又 A 为 n 阶反对称矩阵, 所以 $b'\alpha = -\alpha'A\alpha = -\alpha'b = -b'\alpha$, 得 $b'\alpha = 0$, 故 α 为线性方程组 $\begin{pmatrix} A \\ -b' \end{pmatrix} X = \begin{pmatrix} b \\ 0 \end{pmatrix}$ 的一个解. 因此,

$$r(B) = r\begin{pmatrix} A & b \\ -b' & 0 \end{pmatrix} = r\begin{pmatrix} A \\ -b' \end{pmatrix} = r(A', -b) = r(A, b) = r(A).$$

证法二 符号如证法一中所述, 则有

$$\begin{pmatrix} E_n & 0 \\ -\alpha' & 1 \end{pmatrix} \begin{pmatrix} A & b \\ -b' & 0 \end{pmatrix} \begin{pmatrix} E_n & -\alpha \\ 0 & 1 \end{pmatrix} = \begin{pmatrix} A & 0 \\ 0 & 0 \end{pmatrix},$$

故 $r(A) = r(B)$.

证法三 因为 A 为反对称矩阵, 所以 $r(A)$ 为偶数. 又因为 $B = \begin{pmatrix} A & b \\ -b' & 0 \end{pmatrix}$ 仍为反对称矩阵, 所以 $r(B)$ 也为偶数. 由设 $r(A) = r(A, b)$, 而 B 由 (A, b) 添加一

行得到, 从而 $r(A) \leqslant r(B) \leqslant r(A, b) + 1 = r(A) + 1$. 又 $r(A)$ 和 $r(B)$ 均为偶数, 所以 $r(A) = r(B)$.

19. 设 A 为 n 阶矩阵, 证明: $A^2 = A$ 当且仅当 $r(A) + r(A - E) = n$.

(必要性) **证法一** 因为 $A^2 = A \Rightarrow (A - E)A = 0$, 所以 $r(A - E) + r(A) \leqslant n$; 又

$$r(A) + r(A - E) \geqslant r[A - (A - E)] = r(E) = n.$$

故 $r(A) + r(A - E) = n$.

证法二 因为 $A^2 = A$, 所以 A 满足多项式 $m(x) = x^2 - x$, 且它的特征值只可能是 1 和 0; 又 $m(x)$ 无重根, 所以 A 可以对角化. 设 $r(A) = r$, 则存在可逆矩阵 T, 使得

$$A = T^{-1} \begin{pmatrix} E_r & 0 \\ 0 & 0 \end{pmatrix} T,$$

从而

$$A - E = T^{-1} \begin{pmatrix} 0 & 0 \\ 0 & -E_{n-r} \end{pmatrix} T.$$

因此, $r(A - E) = n - r$, 所以 $r(A) + r(A - E) = r + (n - r) = n$.

证法三 设 W_1, W_2 分别是齐次线性方程组 $AX = 0$ 和 $(A - E)X = 0$ 的解空间, 则 $\dim W_1 = n - r(A), \dim W_2 = n - r(A - E)$. 对任意的 $\alpha \in P^n$, 有 $\alpha = (\alpha - A\alpha) + A\alpha$, 这里 $\alpha - A\alpha \in W_1, A\alpha \in W_2$, 所以 $P^n = W_1 + W_2$. 又对任意的 $\beta \in W_1 \cap W_2$, 则 $\beta \in W_1, \beta \in W_2$, 从而 $A\beta = 0, (A - E)\beta = 0$, 即得 $\beta = 0$. 因此, $W_1 \cap W_2 = \{0\}$. 故 $P^n = W_1 \oplus W_2$, 进而得

$$n = \dim W_1 + \dim W_2 = (n - r(A)) + (n - r(A - E)) \Rightarrow r(A) + r(A - E) = n.$$

(充分性) **证法一** 令 $M = \begin{pmatrix} A & 0 \\ 0 & A - E \end{pmatrix}$, 则 $r(M) = r(A) + r(A - E) = n$. 又

$$M = \begin{pmatrix} A & 0 \\ 0 & A - E \end{pmatrix} \to \begin{pmatrix} A & 0 \\ A & A - E \end{pmatrix} \to \begin{pmatrix} A & -A \\ A & -E \end{pmatrix}$$

$$\to \begin{pmatrix} A - A^2 & -A \\ 0 & -E \end{pmatrix} \to \begin{pmatrix} A - A^2 & 0 \\ 0 & -E \end{pmatrix} = N.$$

因为广义初等变换不改变矩阵的秩, 所以

$$n = r(M) = r(N) = r(A - A^2) + n \Rightarrow r(A - A^2) = 0.$$

因此, $A^2 = A$.

证法二 若 $r(A) = r$, 则 $r(E - A) = n - r$. 设 A 的满秩分解为 $A = GH$, 其中 G 为 $n \times r$ 列满秩矩阵, H 为 $r \times n$ 行满秩矩阵, 从而

$$n - r = r(E - A) = r(E_n - GH) = r(E_r - HG) + n - r.$$

所以 $r(E_r - HG) = 0$, 即得 $HG = E_r$, 进而得 $A^2 = GHGH = GE_rH = GH = A$.

注 这里用到下述结果: 设 A, B 分别是 $m \times n$ 和 $n \times m$ 矩阵, 则 $r(E_n - BA) = r(E_m - AB) + (n - m)$. 这是因为

$$\begin{pmatrix} E_n & 0 \\ -A & E_m \end{pmatrix} \begin{pmatrix} E_n & B \\ A & E_m \end{pmatrix} \begin{pmatrix} E_n & -B \\ 0 & E_m \end{pmatrix} = \begin{pmatrix} E_n & 0 \\ 0 & E_m - AB \end{pmatrix}$$

和

$$\begin{pmatrix} E_n & -B \\ 0 & E_m \end{pmatrix} \begin{pmatrix} E_n & B \\ A & E_m \end{pmatrix} \begin{pmatrix} E_n & 0 \\ -A & E_m \end{pmatrix} = \begin{pmatrix} E_n - BA & 0 \\ 0 & E_m \end{pmatrix}.$$

证法三 设 $r(A) = r$, 则 $r(E - A) = n - r$. 设 $\alpha_1, \alpha_2, \cdots, \alpha_r$ 是齐次线性方程组 $(A - E)X = 0$ 的一个基础解系; $\beta_{r+1}, \beta_{r+2}, \cdots, \beta_n$ 是齐次线性方程组 $AX = 0$ 的一个基础解系, 则 $\alpha_1, \alpha_2, \cdots, \alpha_r$ 是矩阵 A 的属于特征值 1 的特征向量; $\beta_{r+1}, \beta_{r+2}, \cdots, \beta_n$ 是矩阵 A 的属于特征值 0 的特征向量, 故

$$\alpha_1, \alpha_2, \cdots, \alpha_r, \beta_{r+1}, \beta_{r+2}, \cdots, \beta_n$$

线性无关, 它是 P^n 的一组基. 又

$$(A^2 - A)\alpha_i = A(A - E)\alpha_i = 0 \ (i = 1, 2, \cdots, r);$$
$$(A^2 - A)\beta_j = (A - E)A\beta_j = 0 \ (j = r + 1, r + 2, \cdots, n),$$

故 $A^2 - A = 0$, 从而 $A^2 = A$.

注 设 A 为 n 阶方阵, 同样的方法可以证明:

$$A^2 = E \Leftrightarrow r(A + E) + r(A - E) = n.$$

20. 设 A 为 n 阶方阵, 证明: 存在正整数 m, 使得 $r(A^m) = r(A^{m+i})(i = 1, 2, \cdots)$.

证法一 取 $m = n$, 下证 $r(A^n) = r(A^{n+i})(i = 1, 2, \cdots)$, 这只需证齐次线性方程组 $A^nX = 0$ 和 $A^{n+i}X = 0$ 同解. 显然, $A^nX = 0$ 的解是 $A^{n+i}X = 0$ 的解. 设 α 是 $A^{n+i}X = 0$ 的任一解. 若 $A^n\alpha \neq 0$, 则必有 $1 \leqslant k \leqslant i$, 使得 $\alpha, A\alpha, A^2\alpha, \cdots, A^{n+k-1}\alpha$ 均不为零; $A^{n+k}\alpha = 0$, 从而这 $n + k$ 个 n 维向量线性无关, 这不可能. 故 $A^n\alpha = 0$, 即 $A^{n+i}X = 0$ 的解是 $A^nX = 0$ 的解. 因此, $A^nX = 0$ 和 $A^{n+i}X = 0$ 同解, 即得

$$r(A^n) = r(A^{n+i})(i = 1, 2, \cdots).$$

证法二 因为 $0 \leqslant r(A^{n+1}) \leqslant r(A^n) \leqslant \cdots \leqslant r(A) \leqslant r(A^0) = r(E) = n$, 所以存在 $m \in \{0, 1, \cdots, n\}$, 使得 $r(A^m) = r(A^{m+1})$. 下面用数学归纳法证明:

$$r(A^m) = r(A^{m+i}) \ (i = 1, 2, \cdots).$$

已知 $i = 1$ 时结论成立. 假设 $r(A^m) = r(A^{m+k})$, 下证 $r(A^m) = r(A^{m+k+1})$. 这只需证明齐次线性方程组 $A^m X = 0$ 与 $A^{m+k+1} X = 0$ 同解. 注意到由 $r(A^m) = r(A^{m+1})$ 得 $A^m X = 0$ 与 $A^{m+1} X = 0$ 同解; 由设 $r(A^m) = r(A^{m+k})$ 知 $A^m X = 0$ 与 $A^{m+k} X = 0$ 同解. 显然, 方程组 $A^m X = 0$ 的解是 $A^{m+k+1} X = 0$ 的解; 反之, 设 $A^{m+k+1} X_0 = 0$, 则 $A^{m+k}(A X_0) = 0$, 即 $A X_0$ 是 $A^{m+k} X = 0$ 的解, 它也是 $A^m X = 0$ 的解, 故 $A^{m+1} X_0 = 0$. 又 $A^m X = 0$ 与 $A^{m+1} X = 0$ 同解, 因此 $A^m X_0 = 0$, 即得 $A^{m+k+1} X = 0$ 的解是 $A^m X = 0$ 的解. 故齐次线性方程组 $A^m X = 0$ 与 $A^{m+k+1} X = 0$ 同解, 即得 $r(A^m) = r(A^{m+k+1})$. 故由归纳法原理, 对任意正整数 i, 有 $r(A^m) = r(A^{m+i})$.

证法三 若 A 可逆, 结论显然成立. 设 A 不可逆, 则它有零特征值. 设其若尔当标准形为

$$J = \begin{pmatrix} J_1 & & & \\ & J_2 & & \\ & & \ddots & \\ & & & J_s \end{pmatrix},$$

其中 J_i 为 k_i 级若尔当块.

注意到若尔当块 J_i 主对角元非零时, J_i 满秩且其方幂的秩不变; J_i 的主对角元为零时, $J_i^{k_i} = 0$. 设 $J_{k_1}, J_{k_2}, \cdots, J_{k_t}$ 的主对角元为零, 其余若尔当块的主对角元不为零, 取 $m = \max\{k_1, k_2, \cdots, k_t\}$, 则

$$r(A^m) = r(J^m) = r(J^{m+i}) = r(A^{m+i}) \ (i = 1, 2, \cdots).$$

证法四 因为

$$n \geqslant r(A) \geqslant \cdots \geqslant r(A^{n+1}) \geqslant r(A^{n+2}) \geqslant 0,$$

所以存在正整数 $m(1 \leqslant m \leqslant n+1)$, 使得 $r(A^m) = r(A^{m+1})$. 下证 $r(A^m) = r(A^{m+i})$.

对 i 作数学归纳法, $i = 1$ 时结论已成立. 假设 $r(A^m) = r(A^{m+i})$, 需证 $r(A^m) = r(A^{m+i+1})$. 因为

$$2r(A^{m+i}) = r\begin{pmatrix} A^{m+i} & 0 \\ 0 & A^{m+i} \end{pmatrix} \leqslant r\begin{pmatrix} A^{m+i} & 0 \\ A^m & A^{m+i} \end{pmatrix} = r\begin{pmatrix} 0 & -A^{m+2i} \\ A^m & A^{m+i} \end{pmatrix}$$

$$= r\begin{pmatrix} 0 & -A^{m+2i} \\ A^m & 0 \end{pmatrix} = r(A^m) + r(A^{m+2i}),$$

所以由归纳假设可得

$$r(A^m) \leqslant r(A^{m+2i}) \leqslant r(A^{m+i+1}) \leqslant r(A^m).$$

故有 $r(A^m) = r(A^{m+i+1})$, 即结论对 $i + 1$ 也成立, 所以由归纳法原理, 对任意自然数 i, $r(A^m) = r(A^{m+i})$.

21. 设 $A_1, A_2, \cdots, A_k$ 均为 n 阶实对称矩阵, 满足 $A_1 + A_2 + \cdots + A_k = E$. 证明下列两个条件等价:

(1) $A_1, A_2, \cdots, A_k$ 均为幂等矩阵;

(2) $r(A_1) + r(A_2) + \cdots + r(A_k) = n$.

证明 (1) $\Rightarrow$ (2) 由 $A_i^2 = A_i$ $(i = 1, 2, \cdots, k)$ 知 $r(A_i) = \mathrm{Tr}(A_i)(i = 1, 2, \cdots, k)$, 所以

$$\sum_{i=1}^{k} r(A_i) = \sum_{i=1}^{k} \mathrm{Tr}(A_i) = \mathrm{Tr}\left(\sum_{i=1}^{k} A_i\right) = \mathrm{Tr}(E) = n.$$

(2) $\Rightarrow$ (1) **证法一** 设 $r(A_i) = r_i, i = 1, 2, \cdots, k$. 对任意的 i $(1 \leqslant i \leqslant k)$, 令

$$B = A_1 + \cdots + A_{i-1} + A_{i+1} + \cdots + A_k,$$

则 $B + A_i = E$. 故

$$r(B) = r(A_1 + \cdots + A_{i-1} + A_{i+1} + \cdots + A_k)$$
$$\leqslant r(A_1) + \cdots + r(A_{i-1}) + r(A_{i+1}) + \cdots + r(A_k) = n - r_i.$$

又 $r(B) + r(A_i) \geqslant r(B + A_i) = r(E) = n$, 得 $r(B) \geqslant n - r(A_i) = n - r_i$. 因此,

$$r(B) = n - r_i.$$

因为 A_i 为 n 阶实对称矩阵, 所以存在正交矩阵 Q, 使得

$$Q'A_iQ = \mathrm{diag}(\lambda_1, \lambda_2, \cdots, \lambda_{r_i}, 0, \cdots, 0).$$

于是

$$E = Q'(A_i + B)Q = \mathrm{diag}(\lambda_1, \lambda_2, \cdots, \lambda_{r_i}, 0, \cdots, 0) + Q'BQ,$$

从而

$$Q'BQ = \mathrm{diag}(1 - \lambda_1, 1 - \lambda_2, \cdots, 1 - \lambda_{r_i}, 1, \cdots, 1).$$

又因为 $r(Q'BQ) = r(B) = n - r_i$, 所以 $\lambda_1 = \lambda_2 = \cdots = \lambda_{r_i} = 1$. 因此,

$$Q'A_iQ = \mathrm{diag}(1, 1, \cdots, 1, 0, \cdots, 0),$$

进而得

$$A_i^2 = Q\mathrm{diag}(1, 1, \cdots, 1, 0, \cdots, 0)^2 Q'$$
$$= Q\mathrm{diag}(1, 1, \cdots, 1, 0, \cdots, 0)Q'$$

$$= A_i \quad (i = 1, 2, \cdots, k),$$

即 $A_1, A_2, \cdots, A_k$ 均为幂等矩阵.

证法二 符号如上, 已证 $r(B) = n - r_i$. 令 $M = \begin{pmatrix} B & 0 \\ 0 & A_i \end{pmatrix}$, 则 $r(M) = r(B) + r(A_i) = n$. 又,

$$M \to \begin{pmatrix} B & A_i \\ 0 & A_i \end{pmatrix} \to \begin{pmatrix} B + A_i & A_i \\ A_i & A_i \end{pmatrix} = \begin{pmatrix} E & A_i \\ A_i & A_i \end{pmatrix}$$

$$\to \begin{pmatrix} E & A_i \\ 0 & A_i - A_i^2 \end{pmatrix} \to \begin{pmatrix} E & 0 \\ 0 & A_i - A_i^2 \end{pmatrix} = N.$$

因为 $r(N) = r(M) = n$, 所以 $A_i - A_i^2 = 0$, 即得 $A_i^2 = A_i(i = 1, 2, \cdots, k)$.

22. 设 A 是一个 $m \times n$ 矩阵, r 是一个正整数, 证明: $r(A) = r$ 的充要条件是存在线性无关的 m 元列向量 $\alpha_1, \alpha_2, \cdots, \alpha_r$ 和线性无关的 n 元行向量 $\beta_1, \beta_2, \cdots, \beta_r$, 使得

$$A = \sum_{i=1}^{r} \alpha_i \beta_i.$$

(必要性)**证法一** 设 $r(A) = r$, 则 A 有满秩分解 $A = GH$, 其中 G 为 $m \times r$ 列满秩矩阵, H 为 $r \times n$ 行满秩矩阵. 令 G 的列向量为 $\alpha_1, \alpha_2, \cdots, \alpha_r$, H 的行向量为 $\beta_1, \beta_2, \cdots, \beta_r$, 它们均线性无关, 且

$$A = GH = (\alpha_1, \alpha_2, \cdots, \alpha_r) \begin{pmatrix} \beta_1 \\ \beta_2 \\ \vdots \\ \beta_r \end{pmatrix} = \sum_{i=1}^{r} \alpha_i \beta_i.$$

证法二 设 $r(A) = r$, 则存在 m 阶可逆矩阵 P 和 n 阶可逆矩阵 Q, 使得

$$A = P \begin{pmatrix} E_r & 0 \\ 0 & 0 \end{pmatrix} Q.$$

设 P 的列向量为 $\alpha_1, \alpha_2, \cdots, \alpha_m$, Q 的行向量为 $\beta_1, \beta_2, \cdots, \beta_n$, 则

$$A = P \begin{pmatrix} E_r & 0 \\ 0 & 0 \end{pmatrix} Q = (\alpha_1, \alpha_2, \cdots, \alpha_m) \begin{pmatrix} E_r & 0 \\ 0 & 0 \end{pmatrix} \begin{pmatrix} \beta_1 \\ \beta_2 \\ \vdots \\ \beta_n \end{pmatrix}$$

$$= (\alpha_1, \alpha_2, \cdots, \alpha_r, 0, \cdots, 0) \begin{pmatrix} \beta_1 \\ \beta_2 \\ \vdots \\ \beta_n \end{pmatrix} = \sum_{i=1}^{r} \alpha_i \beta_i,$$

其中 $\alpha_1, \alpha_2, \cdots, \alpha_r$ 为线性无关的 m 元列向量, $\beta_1, \beta_2, \cdots, \beta_r$ 为线性无关的 n 元行向量.

(充分性)**证法一**　设有满足条件的向量组 $\alpha_1, \alpha_2, \cdots, \alpha_r$ 和 $\beta_1, \beta_2, \cdots, \beta_r$, 使 $A = \sum\limits_{i=1}^{r} \alpha_i\beta_i$. 令

$$G = (\alpha_1, \alpha_2, \cdots, \alpha_r), \quad H = \begin{pmatrix} \beta_1 \\ \beta_2 \\ \vdots \\ \beta_r \end{pmatrix},$$

则 $r(G) = r(H) = r$ 且 $A = GH$. 易知 $r(A) \leqslant r(G) = r$. 又由 Sylvester 不等式知

$$r(A) = r(GH) \geqslant r(G) + r(H) - r = r,$$

所以 $r(A) = r$.

证法二　设有满足条件的向量组 $\alpha_1, \alpha_2, \cdots, \alpha_r$ 和 $\beta_1, \beta_2, \cdots, \beta_r$ 使 $A = \sum\limits_{i=1}^{r} \alpha_i\beta_i$. 把 $\alpha_1, \alpha_2, \cdots, \alpha_r$ 扩充为 P^m 的基 $\alpha_1, \alpha_2, \cdots, \alpha_r, \cdots, \alpha_m$; 把 $\beta_1, \beta_2, \cdots, \beta_r$ 扩充为 P^n 的基 $\beta_1, \beta_2, \cdots, \beta_r, \cdots, \beta_n$. 令

$$P = (\alpha_1, \alpha_2, \cdots, \alpha_m), \quad Q = \begin{pmatrix} \beta_1 \\ \beta_2 \\ \vdots \\ \beta_n \end{pmatrix},$$

则 P, Q 均可逆, 从而

$$P \begin{pmatrix} E_r & 0 \\ 0 & 0 \end{pmatrix} Q = (\alpha_1, \alpha_2, \cdots, \alpha_m) \begin{pmatrix} E_r & 0 \\ 0 & 0 \end{pmatrix} \begin{pmatrix} \beta_1 \\ \beta_2 \\ \vdots \\ \beta_n \end{pmatrix} = \sum_{i=1}^{r} \alpha_i\beta_i = A,$$

所以 $r(A) = r\left[P \begin{pmatrix} E_r & 0 \\ 0 & 0 \end{pmatrix} Q \right] = r$.

23. 设 A, B, U, V 均为 n 阶方阵, 满足 $A = BU, B = AV$. 证明: 存在可逆矩阵 T, 使得 $A = BT$.

证法一　设 $A = (\alpha_1, \alpha_2, \cdots, \alpha_n)$, $B = (\beta_1, \beta_2, \cdots, \beta_n)$. 由 $A = BU, B = AV$ 可知, 向量组 $\alpha_1, \alpha_2, \cdots, \alpha_n$ 与 $\beta_1, \beta_2, \cdots, \beta_n$ 等价. 令 $\alpha_{i_1}, \alpha_{i_2}, \cdots, \alpha_{i_r}$ 是向量组 $\alpha_1, \alpha_2, \cdots, \alpha_n$ 的一个极大线性无关组, 这里 $r = r(A) = r(B)$, 则存在可逆矩阵 P, Q, 使得

$$(\alpha_1, \alpha_2, \cdots, \alpha_n)P = (\alpha_{i_1}, \alpha_{i_2}, \cdots, \alpha_{i_r}, 0, \cdots, 0);$$

$$(\beta_1, \beta_2, \cdots, \beta_n)Q = (\alpha_{i_1}, \alpha_{i_2}, \cdots, \alpha_{i_r}, 0, \cdots, 0).$$

故 $(\alpha_1, \alpha_2, \cdots, \alpha_n)P = (\beta_1, \beta_2, \cdots, \beta_n)Q$. 取 $T = QP^{-1}$ 即可.

证法二 由 $A = BU, B = AV$ 知, A 的列向量组与 B 的列向量组等价, 于是 $r(A) = r(B)$. 设 $r(A) = r(B) = r$, 则存在 n 阶可逆矩阵 P, Q, 使得

$$AP = (\alpha_1, \alpha_2, \cdots, \alpha_r, 0, \cdots, 0), \quad BQ = (\beta_1, \beta_2, \cdots, \beta_r, 0, \cdots, 0),$$

其中向量组 $\alpha_1, \alpha_2, \cdots, \alpha_r$ 与 $\beta_1, \beta_2, \cdots, \beta_r$ 均线性无关. 因此,

$$(\alpha_1, \cdots, \alpha_r, 0, \cdots, 0) = AP = BUP = (BQ)Q^{-1}UP = (\beta_1, \cdots, \beta_r, 0, \cdots, 0)Q^{-1}UP;$$

$$(\beta_1, \cdots, \beta_r, 0, \cdots, 0) = BQ = AVQ = (AP)P^{-1}VQ = (\alpha_1, \cdots, \alpha_r, 0, \cdots, 0)P^{-1}VQ.$$

故向量组 $\alpha_1, \alpha_2, \cdots, \alpha_r$ 与 $\beta_1, \beta_2, \cdots, \beta_r$ 等价. 令

$$(\alpha_1, \alpha_2, \cdots, \alpha_r) = (\beta_1, \beta_2, \cdots, \beta_r)T_0,$$

其中 T_0 为 r 阶可逆矩阵, 则

$$\begin{aligned}
A &= (\alpha_1, \alpha_2, \cdots, \alpha_r, 0, \cdots, 0)P^{-1} \\
&= (\beta_1, \beta_2, \cdots, \beta_r, 0, \cdots, 0)\begin{pmatrix} T_0 & 0 \\ 0 & E_{n-r} \end{pmatrix}P^{-1} \\
&= BQ\begin{pmatrix} T_0 & 0 \\ 0 & E_{n-r} \end{pmatrix}P^{-1}.
\end{aligned}$$

取 $T = Q\begin{pmatrix} T_0 & 0 \\ 0 & E_{n-r} \end{pmatrix}P^{-1}$, 则 T 可逆, 且 $A = BT$.

证法三 设 $r(U) = r$. 若 $r = n$, 即 U 可逆, 此时取 $T = U$ 即可. 下设 $r < n$, 则存在 n 阶可逆矩阵 P, Q, 使得

$$U = P\begin{pmatrix} E_r & 0 \\ 0 & 0 \end{pmatrix}Q,$$

从而

$$A = BU = BP\begin{pmatrix} E_r & 0 \\ 0 & 0 \end{pmatrix}Q,$$

于是

$$AQ^{-1} = BP\begin{pmatrix} E_r & 0 \\ 0 & 0 \end{pmatrix}.$$

令 $AQ^{-1} = A_1, BP = B_1$, 则

$$B_1 = BP = AVP = AQ^{-1}QVP.$$

再令 $QVP = V_1$, 则 $A_1 = B_1 U_1, B_1 = A_1 V_1$, 这里 $U_1 = \begin{pmatrix} E_r & 0 \\ 0 & 0 \end{pmatrix}$.

下证存在可逆矩阵 T_1, 使得 $A_1 = B_1 T_1$.

设 $B_1 = \begin{pmatrix} B_{11} & B_{12} \\ B_{21} & B_{22} \end{pmatrix}$, $V_1 = \begin{pmatrix} V_{11} & V_{12} \\ V_{21} & V_{22} \end{pmatrix}$, 则 $A_1 = \begin{pmatrix} B_{11} & 0 \\ B_{21} & 0 \end{pmatrix}$, 且

$$\begin{pmatrix} B_{11} & B_{12} \\ B_{21} & B_{22} \end{pmatrix} = B_1 = A_1 V_1 = B_1 U_1 V_1$$
$$= \begin{pmatrix} B_{11} & B_{12} \\ B_{21} & B_{22} \end{pmatrix} \begin{pmatrix} E_r & 0 \\ 0 & 0 \end{pmatrix} \begin{pmatrix} V_{11} & V_{12} \\ V_{21} & V_{22} \end{pmatrix} = \begin{pmatrix} B_{11} V_{11} & B_{11} V_{12} \\ B_{21} V_{11} & B_{21} V_{12} \end{pmatrix},$$

从而 $B_{12} = B_{11} V_{12}, B_{22} = B_{21} V_{12}$. 取 $T_1 = \begin{pmatrix} E_r & V_{12} \\ 0 & -E_{n-r} \end{pmatrix}$, 则 T_1 可逆, 且

$$B_1 T_1 = \begin{pmatrix} B_{11} & B_{12} \\ B_{21} & B_{22} \end{pmatrix} \begin{pmatrix} E_r & V_{12} \\ 0 & -E_{n-r} \end{pmatrix} = \begin{pmatrix} B_{11} & B_{11} V_{12} - B_{12} \\ B_{21} & B_{21} V_{12} - B_{22} \end{pmatrix} = \begin{pmatrix} B_{11} & 0 \\ B_{21} & 0 \end{pmatrix} = A_1.$$

取 $T = P T_1 Q$, 则 T 可逆, 且 $A = BT$.

24. 设 A 为 n 阶幂零矩阵, 即存在正整数 m, 使得 $A^m = 0$. 证明: $E \pm A$ 均为可逆矩阵.

证法一 因为

$$(E - A)(E + A + \cdots + A^{m-1}) = E - A^m = E,$$

$$(E + A)(E - A + A^2 - \cdots + (-1)^{m-1} A^{m-1}) = E + (-1)^{m-1} A^m = E,$$

所以 $E \pm A$ 均为可逆矩阵.

证法二 因为 A 为幂零矩阵, 所以 A 的特征值全为 0, 从而 $E \pm A$ 的特征值全为 1, 故

$$|E \pm A| = 1 \neq 0.$$

因此, $E \pm A$ 均为可逆矩阵.

证法三 因为 A 为幂零矩阵, 所以 A 的特征值全为 0, 从而存在可逆矩阵 T, 使得

$$T^{-1} A T = \begin{pmatrix} 0 & * & \cdots & * \\ & 0 & \cdots & * \\ & & \ddots & * \\ & & & 0 \end{pmatrix},$$

从而

$$T^{-1}(E \pm A) T = \begin{pmatrix} 1 & * & \cdots & * \\ & 1 & \cdots & * \\ & & \ddots & * \\ & & & 1 \end{pmatrix}.$$

故
$$|E \pm A| = 1 \neq 0.$$

因此, $E \pm A$ 均为可逆矩阵.

25. 设 A, B 分别是 $n \times m$ 和 $m \times n$ 矩阵, 若 $E_n - AB$ 可逆, 证明: $E_m - BA$ 可逆, 并求其逆.

证法一 由 $B(E_n - AB) = (E_m - BA)B$, 得

$$B = (E_m - BA)B(E_n - AB)^{-1}.$$

故

$$\begin{aligned}
E_m &= E_m - BA + BA \\
&= (E_m - BA) + (E_m - BA)B(E_n - AB)^{-1}A \\
&= (E_m - BA)[E_m + B(E_n - AB)^{-1}A].
\end{aligned}$$

因此, $E_m - BA$ 可逆, 并且

$$(E_m - BA)^{-1} = E_m + B(E_n - AB)^{-1}A.$$

证法二 设 $C = (E_n - AB)^{-1}$, 则

$$C = (E_n - AB)^{-1} \Rightarrow (E_n - AB)C = E_n \Rightarrow C - ABC = E_n$$

$$\Rightarrow BC - BABC = B \Rightarrow (E_m - BA)BC = B \Rightarrow (E_m - BA)BCA = BA$$

$$\Rightarrow (E_m - BA)BCA + E_m - BA = E_m \Rightarrow (E_m - BA)(E_m + BCA) = E_m.$$

故 $E_m - BA$ 可逆, 并且

$$(E_m - BA)^{-1} = E_m + BCA = E_m + B(E_n - AB)^{-1}A.$$

证法三 因为 $|E_m - BA| = |E_n - AB|$, 所以当 $E_n - AB$ 可逆时, 有 $E_m - BA$ 可逆.

下面求 $(E_m - BA)^{-1}$. 因为

$$\begin{pmatrix} E_n & 0 \\ -B & E_m \end{pmatrix} \begin{pmatrix} E_n & A \\ B & E_m \end{pmatrix} = \begin{pmatrix} E_n & A \\ 0 & E_m - BA \end{pmatrix};$$

$$\begin{pmatrix} E_n & -A \\ 0 & E_m \end{pmatrix} \begin{pmatrix} E_n & A \\ B & E_m \end{pmatrix} = \begin{pmatrix} E_n - AB & 0 \\ B & E_m \end{pmatrix},$$

所以

$$\begin{pmatrix} E_n & A \\ 0 & E_m - BA \end{pmatrix}^{-1} \begin{pmatrix} E_n & 0 \\ -B & E_m \end{pmatrix} = \begin{pmatrix} E_n & A \\ B & E_m \end{pmatrix}^{-1}$$
$$= \begin{pmatrix} E_n - AB & 0 \\ B & E_m \end{pmatrix}^{-1} \begin{pmatrix} E_n & -A \\ 0 & E_m \end{pmatrix}.$$

经计算知

$$\begin{pmatrix} E_n & A \\ 0 & E_m - BA \end{pmatrix}^{-1} = \begin{pmatrix} E_n & -A(E_m - BA)^{-1} \\ 0 & (E_m - BA)^{-1} \end{pmatrix};$$
$$\begin{pmatrix} E_n - AB & 0 \\ B & E_m \end{pmatrix}^{-1} = \begin{pmatrix} (E_n - AB)^{-1} & 0 \\ -B(E_n - AB)^{-1} & E_m \end{pmatrix}.$$

因此,

$$\begin{pmatrix} E_n + A(E_m - BA)^{-1}B & -A(E_m - BA)^{-1} \\ -(E_m - BA)^{-1}B & (E_m - BA)^{-1} \end{pmatrix}$$
$$= \begin{pmatrix} (E_n - AB)^{-1} & -(E_n - AB)^{-1}A \\ -B(E_n - AB)^{-1} & E_m + B(E_n - AB)^{-1}A \end{pmatrix}.$$

比较上式两边的元素, 可得

$$(E_m - BA)^{-1} = E_m + B(E_n - AB)^{-1}A.$$

26. 设 A 为 n 阶方阵, 它满足 $A^3 = 2E$; 设 $B = A^2 - 2A + 2E$, 证明: B 可逆, 并求 B^{-1}.

证法一　注意到

$$B = A^2 - 2A + 2E = A^2 - 2A + A^3 = A(A - E)(A + 2E).$$

因为 $A^3 = 2E$, 所以 $A\left(\dfrac{1}{2}A^2\right) = E$, 从而 A 可逆且 $A^{-1} = \dfrac{1}{2}A^2$.

又由 $A^3 = 2E$ 得 $A^3 - E = E$, 即 $(A - E)(A^2 + A + E) = E$, 所以 $A - E$ 可逆且 $(A - E)^{-1} = A^2 + A + E$.

再由 $A^3 = 2E$ 得 $A^3 + 8E = 10E$, 即 $(A + 2E)(A^2 - 2A + 4E) = 10E$, 所以 $A + 2E$ 可逆且 $(A + 2E)^{-1} = \dfrac{1}{10}(A^2 - 2A + 4E)$.

综上可知 B 可逆且

$$B^{-1} = (A + 2E)^{-1}(A - E)^{-1}A^{-1}$$
$$= \frac{1}{10}(A^2 - 2A + 4E) \cdot (A^2 + A + E) \cdot \frac{1}{2}A^2$$

$$= \frac{1}{20}(A^6 - A^5 + 3A^4 + 2A^3 + 4A^2)$$

$$= \frac{1}{10}(A^2 + 3A + 4E).$$

证法二 设 $f(x) = x^3 - 2, g(x) = x^2 - 2x + 2$, 则

$$f(A) = 0, \quad g(A) = A^2 - 2A + 2E.$$

由辗转相除法得

$$f(x) = g(x)(x + 2) + r_1(x), \quad g(x) = r_1(x)\left(\frac{1}{2}x + \frac{1}{2}\right) + 5,$$

这里 $r_1(x) = 2x - 6$. 由此知 $(f(x), g(x)) = 1$, 所以 $B = g(A)$ 可逆. 又

$$5 = g(x) - r_1(x)\left(\frac{1}{2}x + \frac{1}{2}\right) = g(x) - [f(x) - g(x)(x + 2)]\left(\frac{1}{2}x + \frac{1}{2}\right)$$

$$= -\frac{1}{2}(x + 1)f(x) + \frac{1}{2}(x^2 + 3x + 4)g(x),$$

所以

$$5E = \frac{1}{2}(A^2 + 3A + 4E)g(A) = \frac{1}{2}(A^2 + 3A + 4E)B.$$

故得 $B^{-1} = \frac{1}{10}(A^2 + 3A + 4E)$.

27. 设 A 为 n 阶方阵, 满足 $A^k = A$, 这里 k 为大于 1 的正整数, 证明: $A^{k-1} + E$ 可逆.

证法一 设 λ 为 A 的任一特征值, 由 $A^k = A$ 知 $\lambda^k = \lambda$, 则 λ 是零或者是 $k - 1$ 次单位根, 故 $A^{k-1} + E$ 的特征值是 1 或者是 2. 因此 $A^{k-1} + E$ 可逆.

证法二 因为

$$(A^{k-1} + E \quad 0_n) \to (A^{k-1} + E \quad A^k + A) = (A^{k-1} + E \quad 2A) \to (E \quad 2A) \to (E \quad 0_n),$$

所以 $r(A^{k-1} + E) = n$, 故 $A^{k-1} + E$ 可逆.

证法三 设 A 的最小多项式为 $m(x)$, 则 $m(x) | (x^k - x)$, 故 $m(x)$ 无重根, 所以 A 可以对角化, 即存在可逆矩阵 P, 使得

$$P^{-1}AP = \begin{pmatrix} \lambda_1 E_{n_1} & & & & \\ & \lambda_2 E_{n_2} & & & \\ & & \ddots & & \\ & & & \lambda_t E_{n_t} & \\ & & & & 0 E_{n_{t+1}} \end{pmatrix},$$

这里 $\sum\limits_{i=1}^{t+1} n_i = n$; $\lambda_1, \lambda_2, \cdots, \lambda_t$ 是 $k-1$ 次单位根. 因此,

$$
P^{-1}A^{k-1}P = \begin{pmatrix} E_{n_1} & & & & \\ & E_{n_2} & & & \\ & & \ddots & & \\ & & & E_{n_t} & \\ & & & & 0E_{n_{t+1}} \end{pmatrix},
$$

进而得

$$
P^{-1}(A^{k-1}+E)P = \begin{pmatrix} 2E_{n_1} & & & & \\ & 2E_{n_2} & & & \\ & & \ddots & & \\ & & & 2E_{n_t} & \\ & & & & E_{n_{t+1}} \end{pmatrix} = D,
$$

所以 $A^{k-1}+E = PDP^{-1}$ 可逆.

28. 设 A 为 n 阶方阵, $\varphi(x)$ 是一个非零多项式. 如果 A 的特征值都不是 $\varphi(x)$ 的根, 则 $\varphi(A)$ 可逆.

证法一　设 $f(x)$ 是矩阵 A 的特征多项式, 由哈密顿–凯莱定理得 $f(A) = 0$. 又 $f(x)$ 的根不是 $\varphi(x)$ 的根, 所以 $(f(x), \varphi(x)) = 1$, 从而存在多项式 $u(x), v(x)$, 使得

$$
u(x)f(x) + v(x)\varphi(x) = 1.
$$

令 $x = A$ 可得 $v(A)\varphi(A) = E$, 故 $\varphi(A)$ 可逆.

证法二　设矩阵 A 的全部特征值为 $\lambda_1, \lambda_2, \cdots, \lambda_n$, 它们都不是 $\varphi(x)$ 的根, 即

$$
\varphi(\lambda_i) \neq 0 \quad (i = 1, 2, \cdots, n).
$$

又因为 $\varphi(\lambda_1), \varphi(\lambda_2), \cdots, \varphi(\lambda_n)$ 为 $\varphi(A)$ 的全部特征值, 所以

$$
|\varphi(A)| = \varphi(\lambda_1)\varphi(\lambda_2)\cdots\varphi(\lambda_n) \neq 0.
$$

故 $\varphi(A)$ 可逆.

证法三　设 $c_1, c_2, \cdots, c_m$ 是 $\varphi(x)$ 的全部互异根, 则

$$
\varphi(x) = a(x - c_1)^{k_1}(x - c_2)^{k_2}\cdots(x - c_m)^{k_m}.
$$

令 $x = A$ 得 $\varphi(A) = a(A - c_1E)^{k_1}(A - c_2E)^{k_2}\cdots(A - c_mE)^{k_m}$. 已知 $c_1, c_2, \cdots, c_m$ 都不是 A 的特征值, 故 $|A - c_iE| \neq 0 (i = 1, 2, \cdots, m)$. 因此,

$$
|\varphi(A)| = a^n|A - c_1E|^{k_1}|A - c_2E|^{k_2}\cdots|A - c_mE|^{k_m} \neq 0,
$$

故 $\varphi(A)$ 可逆.

29. (第十届全国大学生数学竞赛试题) 元素皆为整数的矩阵称为整矩阵. 设 n 阶方阵 A, B 皆为整矩阵.

(1) 证明下面两条等价:

(i) A 可逆且 A^{-1} 仍为整矩阵;

(ii) A 的行列式的绝对值为 1.

(2) 若又知 $A, A - 2B, A - 4B, \cdots, A - 2nB, A - 2(n+1)B, \cdots, A - 2(n+n)B$ 皆可逆, 且它们的逆矩阵皆仍为整矩阵. 证明: $A + B$ 可逆.

证明 (1) (i)$\Rightarrow$(ii) 由 $AA^{-1} = E$ 知 $|A| \cdot |A^{-1}| = 1$. 注意到 $|A|, |A^{-1}|$ 皆为整数, 故 A 的行列式的绝对值为 1.

(ii)$\Rightarrow$(i) 由 $A^{-1} = \dfrac{1}{|A|} A^*$ 立即知 (i) 成立.

(2) **证法一** 考虑多项式 $f(x) = |A - xB|^2$, 它的次数至多为 $2n$. 由已知条件知,

$$f(2k) = 1 \quad (k = 0, 1, \cdots, 2n),$$

故多项式 $g(x) = f(x) - 1$ 至少有 $2n + 1$ 个零点, 从而得出 $g(x) \equiv 0$, 即得 $f(x) \equiv 1$. 特别地, $|A + B|^2 = f(-1) = 1$. 故 $A + B$ 可逆.

证法二 由于 $A - 2kB = A(E - 2kA^{-1}B)(k = 0, 1, \cdots, 2n)$, 则 $A - 2kB$ 可逆且其逆矩阵是整矩阵当且仅当 $E - 2kA^{-1}B$ 可逆且其逆矩阵是整矩阵, 这里 $k = 0, 1, \cdots, 2n$, 从而由 (1) 知 $|E - 2kA^{-1}B|^2 = 1$. 设 $A^{-1}B$ 的全部特征值为 $\lambda_1, \lambda_2, \cdots, \lambda_n$, 则

$$\prod_{i=1}^{n} (1 - 2k\lambda_i)^2 = 1 \quad (k = 0, 1, \cdots, 2n),$$

上式表明多项式 $f(x) = \prod\limits_{i=1}^{n} (1 - 2x\lambda_i)^2 - 1$ 至少有 $2n + 1$ 个零点. 注意到 $f(x)$ 的次数至多是 $2n$, 所以 $f(x) \equiv 0$, 从而 $f\left(-\dfrac{1}{2}\right) = 0$, 即得 $\prod\limits_{i=1}^{n} (1 + \lambda_i)^2 = 1$. 因此,

$$|A + B|^2 = |A|^2 |E + A^{-1}B|^2 = |E + A^{-1}B|^2 = \prod_{i=1}^{n} (1 + \lambda_i)^2 = 1.$$

故 $A + B$ 可逆.

30. 设 A, B 为两个 n 阶可逆方阵, 证明: 方阵 $M = \begin{pmatrix} A & 0 \\ C & B \end{pmatrix}$ 可逆, 并求其逆 M^{-1}.

证法一   易知 $|M| = |A||B| \neq 0$, 所以 M 可逆. 令 $M^{-1} = \begin{pmatrix} X_1 & X_2 \\ X_3 & X_4 \end{pmatrix}$. 由

$$E_{2n} = MM^{-1} = \begin{pmatrix} A & 0 \\ C & B \end{pmatrix} \begin{pmatrix} X_1 & X_2 \\ X_3 & X_4 \end{pmatrix} = \begin{pmatrix} AX_1 & AX_2 \\ CX_1 + BX_3 & CX_2 + BX_4 \end{pmatrix},$$

得

$$\begin{cases} AX_1 = E_n, \\ AX_2 = 0, \\ CX_1 + BX_3 = 0, \\ CX_2 + BX_4 = E_n, \end{cases}$$

从而得 $X_1 = A^{-1}, X_2 = 0, X_3 = -B^{-1}CA^{-1}, X_4 = B^{-1}$, 所以

$$M^{-1} = \begin{pmatrix} A^{-1} & 0 \\ -B^{-1}CA^{-1} & B^{-1} \end{pmatrix}.$$

证法二   利用分块矩阵的广义初等变换可得

$$\begin{pmatrix} A & 0 & E & 0 \\ C & B & 0 & E \end{pmatrix} \rightarrow \begin{pmatrix} E & 0 & A^{-1} & 0 \\ C & B & 0 & E \end{pmatrix}$$

$$\rightarrow \begin{pmatrix} E & 0 & A^{-1} & 0 \\ 0 & B & -CA^{-1} & E \end{pmatrix} \rightarrow \begin{pmatrix} E & 0 & A^{-1} & 0 \\ 0 & E & -B^{-1}CA^{-1} & B^{-1} \end{pmatrix}.$$

因此

$$M^{-1} = \begin{pmatrix} A^{-1} & 0 \\ -B^{-1}CA^{-1} & B^{-1} \end{pmatrix}.$$

31. 设 A, D 分别是 m 阶, n 阶可逆矩阵, 证明:

$$H = \begin{pmatrix} A & B \\ C & D \end{pmatrix} \text{可逆当且仅当 } A - BD^{-1}C \text{ 和 } D - CA^{-1}B \text{ 均可逆}.$$

证法一   设 H 可逆且 $H^{-1} = \begin{pmatrix} K & G \\ M & N \end{pmatrix}$, 则由 $HH^{-1} = \begin{pmatrix} E_m & 0 \\ 0 & E_n \end{pmatrix}$ 可得

$$AK + BM = E_m, \tag{7}$$

$$AG + BN = 0, \tag{8}$$

$$CK + DM = 0, \tag{9}$$

$$CG + DN = E_n. \tag{10}$$

因为 A, D 可逆, 所以由式 (8) 可得 $G = -A^{-1}BN$. 再由式 (9) 得 $M = -D^{-1}CK$, 分别代入式 (10), (7) 可得

$$(D - CA^{-1}B)N = E_n, \quad (A - BD^{-1}C)K = E_m,$$

故 $A - BD^{-1}C$ 和 $D - CA^{-1}B$ 均可逆.

反过来, 设 $A - BD^{-1}C$ 和 $D - CA^{-1}B$ 均可逆, 则它们的逆 K, N 也可逆. 令

$$P = \begin{pmatrix} K & -A^{-1}BN \\ -D^{-1}CK & N \end{pmatrix},$$

则

$$HP = \begin{pmatrix} A & B \\ C & D \end{pmatrix} \begin{pmatrix} K & -A^{-1}BN \\ -D^{-1}CK & N \end{pmatrix} = \begin{pmatrix} E_m & 0 \\ 0 & E_n \end{pmatrix},$$

从而 H 可逆且

$$H^{-1} = \begin{pmatrix} (A - BD^{-1}C)^{-1} & -A^{-1}B(D - CA^{-1}B)^{-1} \\ -D^{-1}C(A - BD^{-1}C)^{-1} & (D - CA^{-1}B)^{-1} \end{pmatrix}.$$

证法二 因为 A, D 可逆, 所以

$$\begin{pmatrix} E_m & -BD^{-1} \\ 0 & E_n \end{pmatrix} \begin{pmatrix} A & B \\ C & D \end{pmatrix} = \begin{pmatrix} A - BD^{-1}C & 0 \\ C & D \end{pmatrix},$$

$$\begin{pmatrix} E_m & 0 \\ -CA^{-1} & E_n \end{pmatrix} \begin{pmatrix} A & B \\ C & D \end{pmatrix} = \begin{pmatrix} A & B \\ 0 & D - CA^{-1}B \end{pmatrix}.$$

上式两边取行列式得

$$|H| = \begin{vmatrix} A - BD^{-1}C & 0 \\ C & D \end{vmatrix} = |A - BD^{-1}C||D|,$$

$$|H| = \begin{vmatrix} A & B \\ 0 & D - CA^{-1}B \end{vmatrix} = |A||D - CA^{-1}B|.$$

于是

$$|H| \neq 0 \Longleftrightarrow |A - BD^{-1}C| \neq 0, \quad |D - CA^{-1}B| \neq 0.$$

结论得证.

证法三 令 $M = \begin{pmatrix} -A^{-1} & 0 \\ 0 & D^{-1} \end{pmatrix}$, 则

$$HMH = \begin{pmatrix} A & B \\ C & D \end{pmatrix} \begin{pmatrix} -A^{-1} & 0 \\ 0 & D^{-1} \end{pmatrix} \begin{pmatrix} A & B \\ C & D \end{pmatrix} = \begin{pmatrix} BD^{-1}C - A & 0 \\ 0 & D - CA^{-1}B \end{pmatrix}.$$

两边取行列式, 可得

$$|H|^2| - A^{-1}||D^{-1}| = |BD^{-1}C - A||D - CA^{-1}B|.$$

由此可得

$$H = \begin{pmatrix} A & B \\ C & D \end{pmatrix} \text{可逆} \Longleftrightarrow A - BD^{-1}C \text{ 和 } D - CA^{-1}B \text{ 均可逆}.$$

注　本题中, 当 $B = 0$ 时, 有

$$\begin{pmatrix} A & 0 \\ C & D \end{pmatrix}^{-1} = \begin{pmatrix} A^{-1} & 0 \\ -D^{-1}CA & D^{-1} \end{pmatrix};$$

当 $C = 0$ 时, 有

$$\begin{pmatrix} A & B \\ 0 & D \end{pmatrix}^{-1} = \begin{pmatrix} A^{-1} & -A^{-1}BD \\ 0 & D^{-1} \end{pmatrix}.$$

32. 设 A, B 为两个 n 阶方阵, 证明: $\mathrm{Tr}(AB) = \mathrm{Tr}(BA)$.

证法一　设 $A = (a_{ij}), B = (b_{ij}), AB = (c_{ij})$, 则 $c_{ii} = \sum\limits_{j=1}^{n} a_{ij}b_{ji}$, 从而

$$\mathrm{Tr}(AB) = \sum_{i=1}^{n} c_{ii} = \sum_{i=1}^{n}\sum_{j=1}^{n} a_{ij}b_{ji} = \sum_{j=1}^{n}\sum_{i=1}^{n} a_{ij}b_{ji}$$

$$= \sum_{i=1}^{n}\sum_{j=1}^{n} a_{ji}b_{ij} = \sum_{i=1}^{n}\sum_{j=1}^{n} b_{ij}a_{ji} = \mathrm{Tr}(BA).$$

证法二　设 $r(A) = r$, 则存在 n 阶可逆矩阵 P, Q, 使得 $PAQ = \begin{pmatrix} E_r & 0 \\ 0 & 0 \end{pmatrix}$. 令

$$Q^{-1}BP^{-1} = \begin{pmatrix} B_1 & B_2 \\ B_3 & B_4 \end{pmatrix},$$

则

$$PABP^{-1} = \begin{pmatrix} B_1 & B_2 \\ 0 & 0 \end{pmatrix}, \quad Q^{-1}BAQ = \begin{pmatrix} B_1 & 0 \\ B_3 & 0 \end{pmatrix}.$$

因此

$$|\lambda E_n - AB| = \begin{vmatrix} \lambda E_r - B_1 & -B_2 \\ 0 & \lambda E_{n-r} \end{vmatrix} = \lambda^{n-r}|\lambda E_r - B_1|,$$

$$|\lambda E_n - BA| = \begin{vmatrix} \lambda E_r - B_1 & 0 \\ -B_3 & \lambda E_{n-r} \end{vmatrix} = \lambda^{n-r}|\lambda E_r - B_1|.$$

故 $|\lambda E_n - AB| = |\lambda E_n - BA|$, 即矩阵 AB 与 BA 有相同的特征多项式, 从而它们有完全相同的特征值 $\lambda_1, \lambda_2, \cdots, \lambda_n$. 因此

$$\mathrm{Tr}(AB) = \sum_{i=1}^{n} \lambda_i = \mathrm{Tr}(BA).$$

33. 设 A, B 是两个 n 阶方阵, 证明: $(AB)^* = B^* A^*$.

证法一 若 A, B 均为可逆矩阵, 则 AB 为可逆矩阵, 故

$$(AB)^* = |AB|(AB)^{-1} = |A||B|B^{-1}A^{-1} = B^*A^*.$$

当 A, B 至少有一个不可逆时, 关于 λ 的多项式 $|\lambda E + A|, |\lambda E + B|$ 均至多有 n 个互异的根, 所以存在 λ_0, 使得当 $\lambda \geqslant \lambda_0$ 时, $|\lambda E + A| \neq 0, |\lambda E + B| \neq 0$, 即 $\lambda E + A, \lambda E + B$ 均为可逆矩阵. 故由上面的证明可知, 当 $\lambda \geqslant \lambda_0$ 时, 有

$$[(\lambda E + A)(\lambda E + B)]^* = (\lambda E + B)^*(\lambda E + A)^*.$$

上式两边矩阵的每个元素 (多项式) 在无穷多个 λ 处取值相同, 因此, 它们是恒等的. 令 $\lambda = 0$, 即得 $(AB)^* = B^* A^*$.

证法二 若 A, B 均为可逆矩阵, 则 AB 为可逆矩阵, 故

$$(AB)^* = |AB|(AB)^{-1} = |A||B|B^{-1}A^{-1} = B^*A^*.$$

若 $r(A) \leqslant n - 2$, 则 $r(AB) \leqslant r(A) \leqslant n - 2$, 故 $A^* = 0, (AB)^* = 0$, 所以

$$(AB)^* = B^* A^*.$$

若 $r(A) = n - 1$, 则存在初等矩阵 $P_1, P_2, \cdots, P_s, Q_1, Q_2, \cdots, Q_t$, 使得

$$P_1 P_2 \cdots P_s A_1 Q_1 Q_2 \cdots Q_t = A,$$

其中 $A_1 = \begin{pmatrix} E_{n-1} & 0 \\ 0 & 0 \end{pmatrix}$.

若 P 为初等矩阵, C 是任意方阵, 则容易验证 $(PC)^* = C^* P^*, (CA_1)^* = A_1^* C^*$, 从而

$$
\begin{aligned}
(AB)^* &= [(P_1 P_2 \cdots P_s A_1 Q_1 Q_2 \cdots Q_t)B]^* = [P_1(P_2 \cdots P_s A_1 Q_1 Q_2 \cdots Q_t B)]^* \\
&= (P_2 \cdots P_s A_1 Q_1 Q_2 \cdots Q_t B)^* P_1^* = \cdots = (A_1 Q_1 Q_2 \cdots Q_t B)^* P_s^* \cdots P_2^* P_1^* \\
&= [A_1(Q_1 Q_2 \cdots Q_t B)]^* P_s^* \cdots P_2^* P_1^* = (Q_1 Q_2 \cdots Q_t B)^* A_1^* P_s^* \cdots P_2^* P_1^* \\
&= [Q_1(Q_2 \cdots Q_t B)]^* A_1^* P_s^* \cdots P_2^* P_1^* = (Q_2 \cdots Q_t B)^* Q_1^* A_1^* P_s^* \cdots P_2^* P_1^* \\
&= \cdots = B^* Q_t^* \cdots Q_2^* Q_1^* A_1^* P_s^* \cdots P_2^* P_1^*,
\end{aligned}
$$

其中

$$Q_t^* \cdots Q_2^* Q_1^* A_1^* P_s^* \cdots P_2^* P_1^* = (A_1 Q_1 Q_2 \cdots Q_t)^* P_s^* \cdots P_2^* P_1^*$$

$$= (P_s A_1 Q_1 Q_2 \cdots Q_t)^* P_{s-1}^* \cdots P_2^* P_1^* = \cdots = (P_1 P_2 \cdots P_s A_1 Q_1 Q_2 \cdots Q_t)^* = A^*.$$

所以仍有 $(AB)^* = B^* A^*$.

34. 设 A, B 是两个 n 阶实对称矩阵, 证明:

$$\mathrm{Tr}(ABAB) \leqslant \mathrm{Tr}(A^2 B^2),$$

等号成立当且仅当 $AB = BA$.

证法一　令 $D = AB - BA$, 则 $D' = BA - AB$, 从而

$$DD' = (AB - BA)(BA - AB) = ABBA - ABAB - BABA + BAAB.$$

因为 DD' 半正定, 所以

$$0 \leqslant \mathrm{Tr}(DD') = \mathrm{Tr}(ABBA) - \mathrm{Tr}(ABAB) - \mathrm{Tr}(BABA) + \mathrm{Tr}(BAAB)$$

$$= \mathrm{Tr}(ABB \cdot A) - \mathrm{Tr}(ABAB) - \mathrm{Tr}(BAB \cdot A) + \mathrm{Tr}(B \cdot AAB)$$

$$= \mathrm{Tr}(A \cdot ABB) - \mathrm{Tr}(ABAB) - \mathrm{Tr}(A \cdot BAB) + \mathrm{Tr}(AAB \cdot B)$$

$$= 2\mathrm{Tr}(A^2 B^2) - 2\mathrm{Tr}(ABAB),$$

即得 $\mathrm{Tr}(ABAB) \leqslant \mathrm{Tr}(A^2 B^2)$.

若 $AB = BA$, 则 $\mathrm{Tr}(ABAB) = \mathrm{Tr}(A^2 B^2)$; 若 $\mathrm{Tr}(ABAB) = \mathrm{Tr}(A^2 B^2)$, 则 $\mathrm{Tr}(DD') = 0$. 因为 D 为实矩阵, 所以 $D = 0$, 即得 $AB = BA$. 因此, 等号成立当且仅当 $AB = BA$.

证法二　令 $D = AB - BA$, 则

$$D' = (AB - BA)' = BA - AB = -D,$$

即 D 是反对称实矩阵, 故它的特征值是 0 或纯虚数, 从而 D^2 的特征值为 0 或负数, 因此, $\mathrm{Tr}(D^2) \leqslant 0$, 即

$$\mathrm{Tr}(ABAB - ABBA - BAAB + BABA) \leqslant 0.$$

故

$$0 \geqslant \mathrm{Tr}(D^2) = \mathrm{Tr}(ABAB) - \mathrm{Tr}(ABBA) - \mathrm{Tr}(BAAB) + \mathrm{Tr}(BABA)$$

$$= \mathrm{Tr}(ABAB) - \mathrm{Tr}(ABB \cdot A) - \mathrm{Tr}(B \cdot AAB) + \mathrm{Tr}(BAB \cdot A)$$

$$= \mathrm{Tr}(ABAB) - \mathrm{Tr}(AABB) - \mathrm{Tr}(AABB) + \mathrm{Tr}(ABAB)$$
$$= 2\mathrm{Tr}(ABAB) - 2\mathrm{Tr}(AABB),$$

即得 $\mathrm{Tr}(ABAB) \leqslant \mathrm{Tr}(A^2 B^2)$.

若 $AB = BA$, 则 $\mathrm{Tr}(ABAB) = \mathrm{Tr}(A^2 B^2)$; 若 $\mathrm{Tr}(ABAB) = \mathrm{Tr}(A^2 B^2)$, 则 $\mathrm{Tr}(D^2) = 0$. 由于 D 是实反对称的, 从而 $D = 0$, 即得 $AB = BA$. 因此, 等号成立当且仅当 $AB = BA$.

注 证明中反复用到关于迹的性质: 设 A, B 是两个 n 阶矩阵, 则

$$\mathrm{Tr}(A \pm B) = \mathrm{Tr}(A) \pm \mathrm{Tr}(B); \quad \mathrm{Tr}(AB) = \mathrm{Tr}(BA).$$

35. 设 A, B 是数域 P 上的两个 n 阶方阵, 满足 $AB = BA$, 求证:

$$r(A + B) + r(AB) \leqslant r(A) + r(B).$$

证法一 设

$$V_1 = \{X \in P^n | AX = 0\};$$
$$V_2 = \{X \in P^n | BX = 0\};$$
$$V_3 = \{X \in P^n | (A+B)X = 0\};$$
$$V_4 = \{X \in P^n | (AB)X = 0\},$$

则 $V_1 \cap V_2 \subseteq V_3$; 又由 $AB = BA$, 得 $V_1 \subseteq V_4, V_2 \subseteq V_4$, 从而 $V_1 + V_2 \subseteq V_4$.

易知 $\dim V_1 = n - r(A), \dim V_2 = n - r(B), \dim V_3 = n - r(A+B), \dim V_4 = n - r(AB)$. 再结合维数公式得

$$\dim V_1 + \dim V_2 = \dim(V_1 \cap V_2) + \dim(V_1 + V_2)$$
$$\Rightarrow \dim V_1 + \dim V_2 \leqslant \dim V_3 + \dim V_4$$
$$\Rightarrow [n - r(A)] + [n - r(B)] \leqslant [n - r(A+B)] + [n - r(AB)]$$
$$\Rightarrow r(A+B) + r(AB) \leqslant r(A) + r(B).$$

证法二 利用广义初等变换可得

$$\begin{pmatrix} A & 0 \\ 0 & B \end{pmatrix} \rightarrow \begin{pmatrix} A & B \\ 0 & B \end{pmatrix} \rightarrow \begin{pmatrix} A+B & B \\ B & B \end{pmatrix}.$$

由于 $AB = BA$, 则有

$$\begin{pmatrix} E & 0 \\ B & -(A+B) \end{pmatrix} \begin{pmatrix} A+B & B \\ B & B \end{pmatrix} = \begin{pmatrix} A+B & B \\ 0 & -AB \end{pmatrix}.$$

故

$$r(A) + r(B) = r\begin{pmatrix} A & 0 \\ 0 & B \end{pmatrix} = r\begin{pmatrix} A+B & B \\ B & B \end{pmatrix}$$

$$\geqslant r\begin{pmatrix} A+B & B \\ 0 & -AB \end{pmatrix} \geqslant r(A+B) + r(AB).$$

36. 设 A, B 是数域 P 上的两个 n 阶方阵, 满足 $AB = BA = 0, r(A) = r(A^2)$, 求证: $r(A+B) = r(A) + r(B)$.

证法一   设 $A = (\alpha_1, \alpha_2, \cdots, \alpha_n), A^2 = (\beta_1, \beta_2, \cdots, \beta_n)$, 则

$$(\beta_1, \beta_2, \cdots, \beta_n) = A^2 = (\alpha_1, \alpha_2, \cdots, \alpha_n)A,$$

从而 A^2 的列向量组 $\beta_1, \beta_2, \cdots, \beta_n$ 可由 A 的列向量组 $\alpha_1, \alpha_2, \cdots, \alpha_n$ 线性表出. 又由 $r(A) = r(A^2)$, 得到 A^2 的列向量组与 A 的列向量组等价, 于是存在矩阵 C, 使得 $A = A^2C$, 即得 $A^2 = A^3C$, 故 $r(A^2) = r(A^3C) \leqslant r(A^3) \leqslant r(A^2)$, 从而 $r(A^2) = r(A^3)$, 所以 $r(A) = r(A^2) = r(A^3)$.

再利用广义初等变换得到

$$\begin{pmatrix} A+B & 0 \\ 0 & 0 \end{pmatrix} \to \begin{pmatrix} A+B & 0 \\ A^2 & 0 \end{pmatrix} \to \begin{pmatrix} A+B & A^2 \\ A^2 & A^3 \end{pmatrix} \to \begin{pmatrix} B & A^2 \\ 0 & A^3 \end{pmatrix},$$

最后一步是把 $\begin{pmatrix} A+B & A^2 \\ A^2 & A^3 \end{pmatrix}$ 的第二列的 $(-C)$ 倍加到第一列上去. 于是

$$r(A+B) = r\begin{pmatrix} B & A^2 \\ 0 & A^3 \end{pmatrix} \geqslant r(A^3) + r(B) = r(A) + r(B).$$

显然 $r(A+B) \leqslant r(A) + r(B)$, 故 $r(A+B) = r(A) + r(B)$.

证法二   设 V 是数域 P 上的 n 维线性空间, 任取 V 的一组基 $\varepsilon_1, \varepsilon_2, \cdots, \varepsilon_n$, 定义 V 上的线性变换 σ, τ 如下:

$$\sigma(\varepsilon_1, \varepsilon_2, \cdots, \varepsilon_n) = (\varepsilon_1, \varepsilon_2, \cdots, \varepsilon_n)A;$$

$$\tau(\varepsilon_1, \varepsilon_2, \cdots, \varepsilon_n) = (\varepsilon_1, \varepsilon_2, \cdots, \varepsilon_n)B.$$

因为 $r(A) = r(A^2)$, 所以 $\dim \sigma V = \dim \sigma^2 V$. 根据关系式

$$\dim \sigma V + \dim \sigma^{-1}(0) = n = \dim \sigma^2 V + \dim (\sigma^2)^{-1}(0),$$

得 $\dim \sigma^{-1}(0) = \dim(\sigma^2)^{-1}(0)$. 显然, $\sigma^{-1}(0) \subseteq (\sigma^2)^{-1}(0)$. 故 $\sigma^{-1}(0) = (\sigma^2)^{-1}(0)$.

任取 $\beta \in \sigma V \cap \sigma^{-1}(0)$, 则 $\sigma\beta = 0$ 并且存在 $\alpha \in V$ 使得 $\beta = \sigma\alpha$, 从而 $\sigma^2\alpha = 0$, 即 $\alpha \in (\sigma^2)^{-1}(0) = \sigma^{-1}(0)$, 进而得 $\sigma\alpha = 0$, 故 $\beta = \sigma\alpha = 0$, 由此得

$\sigma V \cap \sigma^{-1}(0) = \{0\}$. 因此, $V = \sigma V \oplus \sigma^{-1}(0)$. 于是, 分别取 σV 与 $\sigma^{-1}(0)$ 的基 α_1, $\alpha_2, \cdots, \alpha_r$ 和 $\alpha_{r+1}, \alpha_{r+2}, \cdots, \alpha_n$, 则 $\alpha_1, \alpha_2, \cdots, \alpha_r, \alpha_{r+1}, \cdots, \alpha_n$ 是 V 的一组基.

由 $AB = BA$ 知 $\sigma\tau = \tau\sigma$, 故 σV 与 $\sigma^{-1}(0)$ 分别是 τ 的不变子空间. 再由 $AB = BA = 0$ 得 $\sigma\tau = \tau\sigma = 0$, 从而任意 $\beta \in \sigma(V), \tau(\beta) = 0$, 故

$$\sigma(\alpha_1, \alpha_2, \cdots, \alpha_n) = (\alpha_1, \alpha_2, \cdots, \alpha_n) \begin{pmatrix} A_1 & 0 \\ 0 & 0 \end{pmatrix};$$

$$\tau(\alpha_1, \alpha_2, \cdots, \alpha_n) = (\alpha_1, \alpha_2, \cdots, \alpha_n) \begin{pmatrix} 0 & 0 \\ 0 & B_1 \end{pmatrix},$$

这里 A_1, B_1 分别是 r 和 $n-r$ 阶矩阵. 故 A, B 分别与 $\begin{pmatrix} A_1 & 0 \\ 0 & 0 \end{pmatrix}$, $\begin{pmatrix} 0 & 0 \\ 0 & B_1 \end{pmatrix}$ 相似, 由此知 $A + B$ 与 $\begin{pmatrix} A_1 & 0 \\ 0 & B_1 \end{pmatrix}$ 相似. 因此

$$r(A + B) = r\begin{pmatrix} A_1 & 0 \\ 0 & B_1 \end{pmatrix} = r\begin{pmatrix} A_1 & 0 \\ 0 & 0 \end{pmatrix} + r\begin{pmatrix} 0 & 0 \\ 0 & B_1 \end{pmatrix} = r(A) + r(B).$$

37. 设 A, B 是两个 n 阶方阵, 且 $r(A) = r, r(B) = s, r + s \leqslant n$, 证明:

$$r(A + B) = r(A) + r(B)$$

的充要条件是存在可逆矩阵 P, Q, 使得

$$A = P\begin{pmatrix} E_r & 0 \\ 0 & 0 \end{pmatrix}Q, \quad B = P\begin{pmatrix} 0 & 0 \\ 0 & E_s \end{pmatrix}Q.$$

证明 充分性显然, 下面只证必要性.

证法一 既然 $r(A) = r, r(B) = s$, 则存在 n 阶可逆矩阵 P_1, P_2, Q_1, Q_2, 使得

$$A = P_1\begin{pmatrix} E_r & 0 \\ 0 & 0 \end{pmatrix}Q_1, \quad B = P_2\begin{pmatrix} 0 & 0 \\ 0 & E_s \end{pmatrix}Q_2.$$

注意到

$$A = P_1\begin{pmatrix} E_r \\ 0 \end{pmatrix}(E_r \quad 0)Q_1, \quad B = P_2\begin{pmatrix} 0 \\ E_s \end{pmatrix}(0 \quad E_s)Q_2,$$

则

$$A + B = \left(P_1\begin{pmatrix} E_r \\ 0 \end{pmatrix} \quad P_2\begin{pmatrix} 0 \\ E_s \end{pmatrix}\right)\begin{pmatrix} (E_r & 0)Q_1 \\ (0 & E_s)Q_2 \end{pmatrix}.$$

因此,

$$r + s = r(A) + r(B) = r(A + B) \leqslant r\left(P_1 \begin{pmatrix} E_r \\ 0 \end{pmatrix} \quad P_2 \begin{pmatrix} 0 \\ E_s \end{pmatrix} \right) \leqslant r + s,$$

即得 $\left(P_1 \begin{pmatrix} E_r \\ 0 \end{pmatrix} \quad P_2 \begin{pmatrix} 0 \\ E_s \end{pmatrix} \right)$ 是列满秩矩阵; 同理可证 $\begin{pmatrix} (E_r \quad 0)Q_1 \\ (0 \quad E_s)Q_2 \end{pmatrix}$ 是行满秩

矩阵, 故存在 n 阶可逆矩阵 P_0, Q_0, 使得

$$\left(P_1 \begin{pmatrix} E_r \\ 0 \end{pmatrix} \quad P_2 \begin{pmatrix} 0 \\ E_s \end{pmatrix} \right) = P_0 \begin{pmatrix} E_{r+s} \\ 0 \end{pmatrix} = P_0 \begin{pmatrix} E_r & 0 \\ 0 & E_s \\ 0 & 0 \end{pmatrix},$$

$$\begin{pmatrix} (E_r \quad 0)Q_1 \\ (0 \quad E_s)Q_2 \end{pmatrix} = (E_{r+s} \quad 0)Q_0 = \begin{pmatrix} E_r & 0 & 0 \\ 0 & E_s & 0 \end{pmatrix} Q_0,$$

进而得

$$P_1 \begin{pmatrix} E_r \\ 0 \end{pmatrix} = P_0 \begin{pmatrix} E_r \\ 0 \end{pmatrix}; \quad (E_r \quad 0)Q_1 = (E_r \quad 0)Q_0.$$

这样, 我们有

$$P_0 \begin{pmatrix} E_r & 0 \\ 0 & 0 \end{pmatrix} Q_0 = P_0 \begin{pmatrix} E_r \\ 0 \end{pmatrix} (E_r \quad 0)Q_0$$

$$= P_1 \begin{pmatrix} E_r \\ 0 \end{pmatrix} (E_r \quad 0)Q_1 = P_1 \begin{pmatrix} E_r & 0 \\ 0 & 0 \end{pmatrix} Q_1 = A.$$

再注意到

$$A + B = \left(P_1 \begin{pmatrix} E_r \\ 0 \end{pmatrix} \quad P_2 \begin{pmatrix} 0 \\ E_s \end{pmatrix} \right) \begin{pmatrix} (E_r \quad 0)Q_1 \\ (0 \quad E_s)Q_2 \end{pmatrix}$$

$$= P_0 \begin{pmatrix} E_{r+s} \\ 0 \end{pmatrix} (E_{r+s} \quad 0)Q_0 = P_0 \begin{pmatrix} E_{r+s} & 0 \\ 0 & 0 \end{pmatrix} Q_0.$$

于是我们得到

$$B = (A + B) - A = P_0 \begin{pmatrix} E_{r+s} & 0 \\ 0 & 0 \end{pmatrix} Q_0 - P_0 \begin{pmatrix} E_r & 0 \\ 0 & 0 \end{pmatrix} Q_0 = P_0 \begin{pmatrix} 0 & 0 & 0 \\ 0 & E_s & 0 \\ 0 & 0 & 0 \end{pmatrix} Q_0.$$

因此, 我们只需要取下面的 P, Q 即可:

$$P = P_0 \begin{pmatrix} E_r & 0 & 0 \\ 0 & 0 & E_s \\ 0 & E_{n-r-s} & 0 \end{pmatrix}, \quad Q = \begin{pmatrix} E_r & 0 & 0 \\ 0 & 0 & E_{n-r-s} \\ 0 & E_s & 0 \end{pmatrix} Q_0,$$

满足

$$A = P \begin{pmatrix} E_r & 0 \\ 0 & 0 \end{pmatrix} Q, \quad B = P \begin{pmatrix} 0 & 0 \\ 0 & E_s \end{pmatrix} Q.$$

证法二 既然 $r(A) = r$, 则存在 n 阶可逆矩阵 C, D, 使得

$$CAD = \begin{pmatrix} E_r & 0 \\ 0 & 0 \end{pmatrix}.$$

记 $CBD = \begin{pmatrix} B_1 & B_2 \\ B_3 & B_4 \end{pmatrix}$, 其中 B_1 是 r 阶方阵, B_4 是 $n - r$ 阶方阵, 则

$$C(A + B)D = \begin{pmatrix} E_r + B_1 & B_2 \\ B_3 & B_4 \end{pmatrix}.$$

由于

$$s = r(B) = r \begin{pmatrix} B_1 & B_2 \\ B_3 & B_4 \end{pmatrix} \geqslant r \begin{pmatrix} B_2 \\ B_4 \end{pmatrix} \geqslant r \begin{pmatrix} E_r + B_1 & B_2 \\ B_3 & B_4 \end{pmatrix} - r \begin{pmatrix} E_r + B_1 \\ B_3 \end{pmatrix}$$

$$= r(A + B) - r \begin{pmatrix} E_r + B_1 \\ B_3 \end{pmatrix} \geqslant r(A + B) - r = s,$$

故

$$r \begin{pmatrix} B_2 \\ B_4 \end{pmatrix} = r \begin{pmatrix} B_1 & B_2 \\ B_3 & B_4 \end{pmatrix},$$

即存在可逆矩阵 R, 使得

$$\begin{pmatrix} B_1 & B_2 \\ B_3 & B_4 \end{pmatrix} R = \begin{pmatrix} 0 & B_2 \\ 0 & B_4 \end{pmatrix}.$$

因此,

$$CADR = \begin{pmatrix} E_r & 0 \\ 0 & 0 \end{pmatrix}, \quad CBDR = \begin{pmatrix} 0 & B_2 \\ 0 & B_4 \end{pmatrix},$$

故

$$C(A + B)DR = \begin{pmatrix} E_r & B_2 \\ 0 & B_4 \end{pmatrix},$$

即得 $r(A + B) \leqslant r + r(B_4)$. 因此,

$$s = r(B) = r \begin{pmatrix} 0 & B_2 \\ 0 & B_4 \end{pmatrix} \geqslant r(B_4) \geqslant r(A + B) - r = s.$$

由此可得 $r \begin{pmatrix} 0 & B_2 \\ 0 & B_4 \end{pmatrix} = r(B_4)$, 即存在可逆矩阵 T, 使得

$$T \begin{pmatrix} 0 & B_2 \\ 0 & B_4 \end{pmatrix} = \begin{pmatrix} 0 & 0 \\ 0 & B_4 \end{pmatrix}.$$

因此,

$$TCADR = \begin{pmatrix} E_r & 0 \\ 0 & 0 \end{pmatrix}, \quad TCBDR = \begin{pmatrix} 0 & 0 \\ 0 & B_4 \end{pmatrix}.$$

注意到 $r(B_4) = s \leqslant n - r$, 故存在 $n - r$ 阶可逆矩阵 U, V, 使得

$$UB_4V = \begin{pmatrix} 0 & 0 \\ 0 & E_s \end{pmatrix}.$$

因此取

$$P^{-1} = \begin{pmatrix} E_r & 0 \\ 0 & U \end{pmatrix} TC, \quad Q^{-1} = DR \begin{pmatrix} E_r & 0 \\ 0 & V \end{pmatrix},$$

即得

$$A = P \begin{pmatrix} E_r & 0 \\ 0 & 0 \end{pmatrix} Q, \quad B = P \begin{pmatrix} 0 & 0 \\ 0 & E_s \end{pmatrix} Q.$$

第 5 章 二 次 型

5.1 思 路 点 拨

1. 二次型讨论的基本问题

(1) 二次型和它的矩阵 (对称矩阵) 相互确定. A 为 n 阶方阵, 二次型 $f = X'AX$ 的矩阵为 $\dfrac{A + A'}{2}$, 非 A.

(2) 非退化线性替换不改变二次型的秩和正惯性指数.

(3) 二次型化标准形常用的方法有配方法和初等变换法.

(4) 要证明二次型 $X'AX$ 存在 X_0 满足特定的条件, 常常把二次型 $X'AX$ 经过非退化线性替换 $X = PY$ 化为标准形 (规范形), 由此确定满足条件的 Y_0, 再由 $X_0 = PY_0$ 找到满足条件的 X_0.

2. 实对称矩阵和实反对称矩阵

(1) 任何一个 n 阶矩阵 A 都可以表为一个对称矩阵和一个反对称矩阵的和 $\left(A = \dfrac{A + A'}{2} + \dfrac{A - A'}{2} \right)$.

(2) A 为一个 n 阶反对称矩阵, 则对任意列向量 $X \in P^n$, $X'AX = 0$.

(3) 实对称矩阵的特征值均是实数, 并且属于它的不同特征值的特征向量正交. 实反对称矩阵的特征值是零或纯虚数.

(4) 设 A 为实对称矩阵, 则存在正交矩阵 U, 使得 $U'AU$ 是对角矩阵.

(5) 实反对称矩阵相似于形如下面的准对角矩阵:

$$D = \operatorname{diag} \left[\begin{pmatrix} 0 & a_1 \\ -a_1 & 0 \end{pmatrix}, \begin{pmatrix} 0 & a_2 \\ -a_2 & 0 \end{pmatrix}, \cdots, \begin{pmatrix} 0 & a_r \\ -a_r & 0 \end{pmatrix}, O_{(n-2r) \times (n-2r)} \right]$$

其中 $a_1, a_2, \cdots, a_r$ 为非零实数.

(6) 实反对称矩阵的秩为偶数.

3. n 阶实对称矩阵 A 为正定矩阵的判定

(1) 利用定义: 证明对任意的 $0 \neq X_0 \in \mathbb{R}^n$, 均有 $X_0'AX_0 > 0$.

(2) A 合同于单位矩阵.

(3) 存在实可逆矩阵 P, 使得 $A = P'P$.

(4) 存在正定矩阵 B, 使得 $A = B^2$.

(5) A 的所有顺序主子式均为正数.

(6) A 的所有主子式都为正数.

(7) 证明实二次型 $X'AX$ 的正惯性指数为 n.

(8) A 的每个特征值均为正数.

4. n 阶实对称矩阵 A 是半正定矩阵的判定

(1) 利用定义: 证明对任意的 $X_0 \in \mathbb{R}^n$, 均有 $X'_0 A X_0 \geqslant 0$.

(2) A 合同于 $\begin{pmatrix} E_p & 0 \\ 0 & 0 \end{pmatrix}$.

(3) 存在实 n 阶矩阵 P, 使得 $A = P'P$.

(4) A 的所有主子式非负.

(5) 证明实二次型 $X'AX$ 的正惯性指数与秩相等.

(6) A 的每个特征值均为非负数.

5.2 问 题 探 索

1. 设 A 为 n 阶实对称矩阵. 若 $|A| < 0$, 则存在非零实 n 维列向量 X_0, 使得 $X'_0 A X_0 < 0$.

证法一   因为 A 为 n 阶实对称矩阵, 所以存在正交矩阵 U, 使得 $U'AU = \mathrm{diag}(\lambda_1, \lambda_2, \cdots, \lambda_n)$, 这里 $\lambda_1, \lambda_2, \cdots, \lambda_n$ 是矩阵 A 的全部特征值, 并且均为实数. 又 $|A| = \lambda_1 \lambda_2 \cdots \lambda_n < 0$, 故必有某个 $\lambda_i < 0$. 令 $X_0 = U \varepsilon_i$, 其中 ε_i 表示第 i 个分量为 1, 其余分量为 0 的 n 维列向量, 则 $X_0 \neq 0$, 并且 $X'_0 A X_0 = \varepsilon'_i U' A U \varepsilon_i = \varepsilon'_i \mathrm{diag}(\lambda_1, \lambda_2, \cdots, \lambda_n) \varepsilon_i = \lambda_i < 0$.

证法二   因为 $|A| < 0$, 所以二次型 $X'AX$ 不是半正定的, 故存在非退化的线性替换 $X = CY$ 把二次型 $X'AX$ 化为 $y_1^2 + \cdots + y_p^2 - y_{p+1}^2 - \cdots - y_n^2$, 这里正惯性指数 $p < r(A) = n$. 令 $X_0 = C \varepsilon_n \neq 0$, 则 $X'_0 A X_0 = \varepsilon'_n C' A C \varepsilon_n = -1 < 0$.

证法三   反证法. 若对任意的非零实 n 维列向量 X_0, 都有 $X'_0 A X_0 \geqslant 0$, 则 $X'AX$ 为半正定的二次型, A 为半正定矩阵, 从而它的所有主子式非负, 这与题设 $|A| < 0$ 矛盾, 所以必有非零实 n 维列向量 X_0, 使得 $X'_0 A X_0 < 0$.

证法四   因为 A 为实对称矩阵, 所以 A 的特征值 $\lambda_1, \lambda_2, \cdots, \lambda_n$ 均为实数. 又 $\lambda_1 \lambda_2 \cdots \lambda_n = |A| < 0$, 故必有某个 $\lambda_i < 0$. 设 X_0 为 A 的属于特征值 λ_i 的特征向量, 则 $X_0 \neq 0$, 且 $X'_0 A X_0 = \lambda_i X'_0 X_0 < 0$.

2. 设 A 为 n 阶实对称矩阵. 如果存在实 n 维列向量 X_1, X_2, 使得 $X'_1 A X_1 > 0$, $X'_2 A X_2 < 0$, 则存在实 n 维非零列向量 X_0, 使得 $X'_0 A X_0 = 0$.

证法一   因为存在实 n 维列向量 X_1, X_2, 使得 $X'_1 A X_1 > 0$, $X'_2 A X_2 < 0$, 所以二次型 $X'AX$ 既非半正定也非半负定, 故存在非退化的线性替换 $X = CY$ 把

二次型 $X'AX$ 化为 $y_1^2 + \cdots + y_p^2 - y_{p+1}^2 - \cdots - y_r^2$, 这里 $0 < p < r(A) = r$. 令 $X_0 = C(\varepsilon_1 + \varepsilon_r) \neq 0$, 则 $X_0'AX_0 = 0$.

证法二 令 $X(t) = X_1 + t(X_2 - X_1), t \in [0,1]$, 则 $f(t) = X'(t)AX(t)$ 是区间 $[0,1]$ 上的连续函数. 注意到 $f(0) = X_1'AX_1 > 0, f(1) = X_2'AX_2 < 0$, 故由连续函数的介值定理知, 存在 $t_0 \in (0,1)$, 使得 $f(t_0) = 0$. 令 $X_0 = X(t_0) = X_1 + t_0(X_2 - X_1)$. 由 $X_1'AX_1 > 0, X_2'AX_2 < 0$ 知 X_1, X_2 线性无关. 又 $t_0, 1 - t_0$ 不全为零, 故 $X_0 \neq 0$, 而 $X_0'AX_0 = f(t_0) = 0$.

3. 设 A 为 n 阶实对称矩阵, 它的全部特征值为 $\lambda_1, \lambda_2, \cdots, \lambda_n$, 满足 $\lambda_1 \leqslant \lambda_2 \leqslant \cdots \leqslant \lambda_n$, 则对任意的实 n 维列向量 X, 恒有 $\lambda_1 X'X \leqslant X'AX \leqslant \lambda_n X'X$.

证法一 因为 A 为 n 阶实对称矩阵, 所以存在正交矩阵 U, 使得 $U'AU = \text{diag}(\lambda_1, \lambda_2, \cdots, \lambda_n)$, 即得

$$U'(A - \lambda_1 E)U = \text{diag}(0, \lambda_2 - \lambda_1, \cdots, \lambda_n - \lambda_1);$$

$$U'(\lambda_n E - A)U = \text{diag}(\lambda_n - \lambda_1, \lambda_n - \lambda_2, \cdots, \lambda_n - \lambda_{n-1}, 0).$$

因为 $\lambda_1 \leqslant \lambda_2 \leqslant \cdots \leqslant \lambda_n$, 所以 $A - \lambda_1 E$ 和 $\lambda_n E - A$ 都是半正定矩阵. 因此对任意的实 n 维列向量 X, 恒有 $X'(A - \lambda_1 E)X \geqslant 0$ 和 $X'(\lambda_n E - A)X \geqslant 0$, 即恒有 $\lambda_1 X'X \leqslant X'AX \leqslant \lambda_n X'X$.

证法二 因为 A 为 n 阶实对称矩阵, 所以有正交线性替换 $X = UY$, 使得

$$X'AX = \lambda_1 y_1^2 + \lambda_2 y_2^2 + \cdots + \lambda_n y_n^2.$$

因为 $\lambda_1 \leqslant \lambda_2 \leqslant \cdots \leqslant \lambda_n$, 所以

$$\lambda_1 Y'Y = \lambda_1(y_1^2 + y_2^2 + \cdots + y_n^2) \leqslant X'AX \leqslant \lambda_n(y_1^2 + y_2^2 + \cdots + y_n^2) = \lambda_n Y'Y.$$

又 U 是正交矩阵, $X = UY$, 所以 $X'X = Y'U'UY = Y'Y$, 即得

$$\lambda_1 X'X \leqslant X'AX \leqslant \lambda_n X'X.$$

4. 设 A 为 n 阶实对称矩阵, 证明: 对充分大的实数 t, $tE + A$ 正定.

证法一 设 $A = (a_{ij}), M = \max\{|a_{ij}|\}$, 则对任意的实 n 维列向量 $X \neq 0$,

$$|X'AX| = \left| \sum_{i=1}^{n} \sum_{j=1}^{n} a_{ij} x_i x_j \right| \leqslant M \sum_{i=1}^{n} \sum_{j=1}^{n} |x_i x_j| \leqslant \frac{M}{2} \sum_{i=1}^{n} \sum_{j=1}^{n} (x_i^2 + x_j^2)$$

$$= nM(x_1^2 + x_2^2 + \cdots + x_n^2) = nMX'X.$$

故

$$X'(tE + A)X \geqslant tX'X - |X'AX| \geqslant tX'X - nMX'X = (t - nM)X'X.$$

当 $t > nM$ 时, 恒有 $X'(tE + A)X > 0$. 故此时 $tE + A$ 正定.

证法二 设 $A = \begin{pmatrix} a_{11} & a_{12} & \cdots & a_{1n} \\ a_{21} & a_{22} & \cdots & a_{2n} \\ \vdots & \vdots & & \vdots \\ a_{n1} & a_{n2} & \cdots & a_{nn} \end{pmatrix}$, 则

$$tE + A = \begin{pmatrix} t + a_{11} & a_{12} & \cdots & a_{1n} \\ a_{21} & t + a_{22} & \cdots & a_{2n} \\ \vdots & \vdots & & \vdots \\ a_{n1} & a_{n2} & \cdots & t + a_{nn} \end{pmatrix}.$$

因为存在正实数 T, 使得当 $t > T$ 时, $t + a_{ii} > 0 (i = 1, 2, \cdots, n)$, 并且 $tE + A$ 为严格行对角占优矩阵 (即每一行中对角元素的绝对值大于其余元素的绝对值之和), 所以 $tE + A$ 的各级顺序主子式全正线对角占优 (即 $tE + A$ 是主对角线元素为正的对角占优矩阵), 故其全大于零. 所以当 $t > T$ 时, $tE + A$ 正定.

证法三 设 $A = \begin{pmatrix} a_{11} & a_{12} & \cdots & a_{1n} \\ a_{21} & a_{22} & \cdots & a_{2n} \\ \vdots & \vdots & & \vdots \\ a_{n1} & a_{n2} & \cdots & a_{nn} \end{pmatrix}$, 则

$$tE + A = \begin{pmatrix} t + a_{11} & a_{12} & \cdots & a_{1n} \\ a_{21} & t + a_{22} & \cdots & a_{2n} \\ \vdots & \vdots & & \vdots \\ a_{n1} & a_{n2} & \cdots & t + a_{nn} \end{pmatrix}.$$

易知, $tE + A$ 的 k 级顺序主子式

$$H_k(t) = \begin{vmatrix} t + a_{11} & a_{12} & \cdots & a_{1k} \\ a_{21} & t + a_{22} & \cdots & a_{2k} \\ \vdots & \vdots & & \vdots \\ a_{k1} & a_{k2} & \cdots & t + a_{kk} \end{vmatrix}$$

是一个关于 t 的首项系数为 1 的 k 次多项式, 从而 $\lim\limits_{t \to +\infty} H_k(t) = +\infty$. 故存在正整数 T_k, 当 $t > T_k$ 时, 有 $H_k(t) > 0$. 令 $T = \max\{T_1, T_2, \cdots, T_n\}$, 则当 $t > T$ 时, $tE + A$ 的各级顺序主子式全大于零. 因此, 当 $t > T$ 时, $tE + A$ 正定.

证法四 因为 A 为 n 阶实对称矩阵, 所以存在正交矩阵 Q, 使得

$$Q'AQ = \begin{pmatrix} \lambda_1 & & & \\ & \lambda_2 & & \\ & & \ddots & \\ & & & \lambda_n \end{pmatrix},$$

这里 $\lambda_1, \lambda_2, \cdots, \lambda_n$ 为 A 的全部特征值. 因此,

$$Q'(tE + A)Q = \begin{pmatrix} t + \lambda_1 & & & \\ & t + \lambda_2 & & \\ & & \ddots & \\ & & & t + \lambda_n \end{pmatrix}.$$

令 $T = \max\{|\lambda_1|, |\lambda_2|, \cdots, |\lambda_n|\}$, 则当 $t > T$ 时, $tE + A$ 的特征值全大于零. 故当 $t > T$ 时, $tE + A$ 正定.

5. 设 A, C 为 n 阶正定矩阵, n 阶实矩阵 B 是矩阵方程 $AX + XA = C$ 的唯一解, 证明: B 是正定矩阵.

证法一　由 $AB + BA = C$, 得 $B'A' + A'B' = C'$, 即 $B'A + AB' = C$, 从而 B' 也是矩阵方程 $AX + XA = C$ 的解. 由解的唯一性知 $B' = B$, 即 B 为实对称矩阵. 设 λ 是 B 的任意一个特征值, α 是 B 的属于特征值 λ 的一个特征向量, 即 $B\alpha = \lambda\alpha$, 则

$$\alpha'C\alpha = \alpha'(AB + BA)\alpha = \alpha'AB\alpha + \alpha'BA\alpha = \lambda\alpha'A\alpha + (\lambda\alpha)'A\alpha = 2\lambda\alpha'A\alpha.$$

因为 A, C 为正定矩阵, 所以 $\alpha'C\alpha > 0, \alpha'A\alpha > 0$, 从而 $\lambda > 0$. 因为 B 的特征值均为正数, 所以 B 是正定矩阵.

证法二　B 为实对称矩阵的证明如证法一. 既然 B 是实对称矩阵, 故存在正交矩阵 U, 使得

$$U'BU = \text{diag}(\lambda_1, \lambda_2, \cdots, \lambda_n),$$

这里 $\lambda_1, \lambda_2, \cdots, \lambda_n$ 是 B 的全部特征值. 由 $AB + BA = C$ 得

$$U'AUU'BU + U'BUU'AU = U'CU.$$

令 $U'AU = (a_{ij})_{n \times n}, U'CU = (c_{ij})_{n \times n}$, 则

$$\begin{pmatrix} \lambda_1 a_{11} & & * \\ & \ddots & \\ * & & \lambda_n a_{nn} \end{pmatrix} + \begin{pmatrix} \lambda_1 a_{11} & & * \\ & \ddots & \\ * & & \lambda_n a_{nn} \end{pmatrix} = \begin{pmatrix} c_{11} & & * \\ & \ddots & \\ * & & c_{nn} \end{pmatrix}.$$

故 $2\lambda_i a_{ii} = c_{ii}(i = 1, 2, \cdots, n)$. 又因为 $U'AU, U'CU$ 均为正定矩阵, 所以它们的主对角元素均为正数, 故 $\lambda_i > 0(i = 1, 2, \cdots, n)$, 即得 B 是正定矩阵.

6. 设 A 为 n 阶正定矩阵, B 为 n 阶实对称矩阵. 若 AB 的特征值均为正实数, 则 B 为正定矩阵.

证法一　因为 A 为正定矩阵, 所以 A^{-1} 也为正定矩阵, 故存在实可逆矩阵 P, 使得

$$P'A^{-1}P = E, \quad P'BP = \text{diag}(\lambda_1, \lambda_2, \cdots, \lambda_n).$$

由此可得 $|\lambda E - P'BP| = (\lambda - \lambda_1)(\lambda - \lambda_2)\cdots(\lambda - \lambda_n)$. 注意到

$$|\lambda E - P'BP| = |\lambda P'A^{-1}P - P'BP| = |P'(\lambda A^{-1} - B)P| = |P|^2|A^{-1}||\lambda E - AB|.$$

又因为 $|P|^2 \neq 0, |A^{-1}| \neq 0$, 所以 $|\lambda E - AB|$ 与 $|\lambda E - P'BP|$ 有完全相同的根. 故 $\lambda_1, \lambda_2, \cdots, \lambda_n$ 也为 AB 的全部特征值. 由已知 AB 的特征值均为正实数, 故 $P'BP = \mathrm{diag}(\lambda_1, \lambda_2, \cdots, \lambda_n)$ 为正定矩阵, 从而 B 为正定矩阵.

证法二 因为 A 为正定矩阵, 所以存在正定矩阵 C, 使得 $A = C^2$, 从而

$$C^{-1}(AB)C = C^{-1}(C^2B)C = CBC = C'BC,$$

故 $C'BC$ 与 AB 有完全相同的特征值. 由已知知, $C'BC$ 的特征值均为正实数, 故 $C'BC$ 为正定矩阵, 于是 B 是正定矩阵.

证法三 因为 A 为正定矩阵, 所以存在 n 阶可逆矩阵 P, 使得 $A = PP'$, 从而

$$P^{-1}(AB)P = P^{-1}(PP'B)P = P'BP,$$

故 $P'BP$ 与 AB 有完全相同的特征值, 从而 $P'BP$ 的特征值全为正实数, 所以 $P'BP$ 为正定矩阵, 于是 B 为正定矩阵.

7. 设 A, B 是两个 n 阶正定矩阵, 则 AB 是正定矩阵的充要条件是 $AB = BA$.

证明 这里只给出充分性的证明.

证法一 由 $AB = BA$ 得 $(AB)' = B'A' = BA = AB$, 故 AB 是实对称矩阵. 又 A, B 均为 n 阶正定矩阵, 所以存在 n 阶可逆矩阵 P, Q, 使得 $A = P'P, B = Q'Q$. 因此,

$$AB = P'PQ'Q = Q^{-1}QP'PQ'Q = Q^{-1}(PQ')'(PQ')Q.$$

易知 $(PQ')'(PQ')$ 为正定矩阵, 故其特征值全大于零. AB 与 $(PQ')'(PQ')$ 相似, 其特征值也全大于零. 故 AB 为正定矩阵.

证法二 首先由 $AB = BA$ 得 AB 为实对称矩阵. 因为 A 为正定矩阵, 所以存在正定矩阵 C, 使得 $A = C^2$, 从而 $AB = C^2B = C(C'BC)C^{-1}$. 又因为 B 是正定矩阵, 所以 $C'BC$ 也是正定矩阵, 故其特征值均为正数, 从而 $AB = C(C'BC)C^{-1}$ 的特征值也均为正数, 所以 AB 为正定矩阵.

证法三 由 $AB = BA$ 得 AB 为实对称矩阵. 因为 A 为 n 阶正定矩阵, 所以存在可逆矩阵 C, 使得 $C'AC = E$, 从而 $C'ABC = (C'AC)(C^{-1}BC) = C^{-1}BC$. 因为 B 正定, 所以它的特征值均为正数, 从而 $C^{-1}BC$ 的特征值也全为正数, 由此得 $C'ABC$ 的特征值也全为正数, 所以 $C'ABC$ 正定, 故 AB 为正定矩阵.

证法四 由 $AB = BA$ 得 AB 为实对称矩阵. 由于 A 为正定矩阵, 所以存在正交矩阵 Q, 使得 $Q'AQ = \mathrm{diag}(\lambda_1, \lambda_2, \cdots, \lambda_n)$, 其中 $\lambda_1, \lambda_2, \cdots, \lambda_n$ 是 A 的全部特

征值, 并且全为正数. 又因为 B 正定, 所以 $Q'BQ$ 也正定, 故 $Q'BQ$ 的顺序主子式 $H_k > 0(k = 1, 2, \cdots, n)$. 注意到

$$Q'(AB)Q = (Q'AQ)(Q'BQ) = \mathrm{diag}(\lambda_1, \lambda_2, \cdots, \lambda_n)(Q'BQ),$$

于是 $Q'(AB)Q$ 的顺序主子式 $P_k = \lambda_1 \lambda_2 \cdots \lambda_k H_k > 0(k = 1, 2, \cdots, n)$. 又 $Q'(AB)Q$ 是对称矩阵, 所以 $Q'(AB)Q$ 是正定矩阵, 从而 AB 为正定矩阵.

证法五 由 $AB = BA$ 得 AB 为实对称矩阵. 因为 A 为正定矩阵, 所以存在可逆矩阵 Q, 使得

$$Q^{-1}AQ = \mathrm{diag}(\lambda_1 E_{n_1}, \lambda_2 E_{n_2}, \cdots, \lambda_s E_{n_s}),$$

其中 $\lambda_1, \lambda_2, \cdots, \lambda_s$ 是 A 的互不相同的特征值, 其重数分别为 $n_1, n_2, \cdots, n_s$. 因为 $AB = BA$, 所以

$$(Q^{-1}AQ)(Q^{-1}BQ) = (Q^{-1}BQ)(Q^{-1}AQ).$$

故 $Q^{-1}BQ = \mathrm{diag}(B_1, B_2, \cdots, B_s)$, 其中 B_i 为 n_i 阶矩阵. 因为正定矩阵 B 可以对角化, 所以 B_i 也可以对角化, 故存在 n_i 阶可逆矩阵 R_i, 使得 $R_i^{-1}B_iR_i = D_i$ 为对角矩阵, $i = 1, 2, \cdots, s$.

令 $R = \mathrm{diag}(R_1, R_2, \cdots, R_s), T = QR$, 则 T 可逆, 且

$$T^{-1}AT = R^{-1}Q^{-1}AQR = \mathrm{diag}(\lambda_1 E_{n_1}, \lambda_2 E_{n_2}, \cdots, \lambda_s E_{n_s}),$$

$$T^{-1}BT = R^{-1}Q^{-1}BQR = \mathrm{diag}(D_1, D_2, \cdots, D_s)$$

均为对角矩阵. 于是 $T^{-1}ABT = (T^{-1}AT)(T^{-1}BT)$ 为对角矩阵, 其主对角线上的元素为正定矩阵 A, B 的特征值的乘积, 故它们均大于零, 从而实对称矩阵 AB 的特征值全大于零, 所以 AB 为正定矩阵.

8. 设 $A = (a_{ij})$ 是 n 阶正定矩阵, 证明:

$$f(y_1, y_2, \cdots, y_n) = \begin{vmatrix} a_{11} & a_{12} & \cdots & a_{1n} & y_1 \\ a_{21} & a_{22} & \cdots & a_{2n} & y_2 \\ \vdots & \vdots & & \vdots & \vdots \\ a_{n1} & a_{n2} & \cdots & a_{nn} & y_n \\ y_1 & y_2 & \cdots & y_n & 0 \end{vmatrix}$$

是负定二次型.

证法一 作非退化的线性替换 $Y = AZ$, 其中 $Y = (y_1, y_2, \cdots, y_n)', Z =$

$(z_1, z_2, \ldots, z_n)'$, 则 $y_i = \sum\limits_{j=1}^{n} a_{ij} z_j \ (i = 1, 2, \cdots, n)$, 所以

$$f(y_1, y_2, \cdots, y_n) = \begin{vmatrix} a_{11} & a_{12} & \cdots & a_{1n} & \sum\limits_{j=1}^{n} a_{1j} z_j \\ a_{21} & a_{22} & \cdots & a_{2n} & \sum\limits_{j=1}^{n} a_{2j} z_j \\ \vdots & \vdots & & \vdots & \vdots \\ a_{n1} & a_{n2} & \cdots & a_{nn} & \sum\limits_{j=1}^{n} a_{nj} z_j \\ y_1 & y_2 & \cdots & y_n & 0 \end{vmatrix}.$$

将各列依次乘以 $-z_1, -z_2, \cdots, -z_n$ 加到最后一列, 得

$$f(y_1, y_2, \cdots, y_n) = \begin{vmatrix} a_{11} & a_{12} & \cdots & a_{1n} & 0 \\ a_{21} & a_{22} & \cdots & a_{2n} & 0 \\ \vdots & \vdots & & \vdots & \vdots \\ a_{n1} & a_{n2} & \cdots & a_{nn} & 0 \\ y_1 & y_2 & \cdots & y_n & -\sum\limits_{j=1}^{n} y_j z_j \end{vmatrix}$$

$$= -|A| \sum_{j=1}^{n} y_j z_j = -|A| Y' A^{-1} Y.$$

因为 A 为正定矩阵, 所以 $|A| > 0$ 且 A^{-1} 正定, 故 $f(y_1, y_2, \cdots, y_n)$ 为负定二次型.

  证法二 因为 A 为正定矩阵, 所以存在可逆矩阵 C, 使得 $C'AC = E$. 令 $Y = (y_1, y_2, \cdots, y_n)'$, 则

$$f(y_1, y_2, \cdots, y_n) = \begin{vmatrix} A & Y \\ Y' & 0 \end{vmatrix}$$

$$= \frac{1}{|C|^2} \left| \begin{pmatrix} C' & 0 \\ 0 & 1 \end{pmatrix} \begin{pmatrix} A & Y \\ Y' & 0 \end{pmatrix} \begin{pmatrix} C & 0 \\ 0 & 1 \end{pmatrix} \right|$$

$$= \frac{1}{|C|^2} \left| \begin{pmatrix} C'AC & C'Y \\ Y'C & 0 \end{pmatrix} \right| = \frac{1}{|C|^2} \left| \begin{pmatrix} E & C'Y \\ Y'C & 0 \end{pmatrix} \right|$$

$$= \frac{1}{|C|^2} \left| \begin{pmatrix} E & C'Y \\ 0 & -Y'CC'Y \end{pmatrix} \right| = -\frac{1}{|C|^2} Y'CC'Y.$$

因为 C 可逆, 所以 CC' 是正定矩阵, $|C|^2 > 0$, 故 $f(y_1, y_2, \cdots, y_n)$ 为负定二次型.

证法三　令 $Y = (y_1, y_2, \cdots, y_n)'$. 由 A 是正定矩阵可得 $|A| > 0$ 且 A^{-1} 正定. 因为

$$f(y_1, y_2, \cdots, y_n) = \begin{vmatrix} A & Y \\ Y' & 0 \end{vmatrix} = \begin{vmatrix} A & Y \\ 0 & -Y'A^{-1}Y \end{vmatrix} = -|A|Y'A^{-1}Y,$$

所以 $f(y_1, y_2, \cdots, y_n)$ 为负定二次型.

证法四　先按最后一列展开, 再按最后一行展开, 得

$$f(y_1, y_2, \cdots, y_n)$$

$$= y_1(-1)^{1+n+1} \begin{pmatrix} a_{21} & a_{22} & \cdots & a_{2n} \\ \vdots & \vdots & & \vdots \\ a_{n1} & a_{n2} & \cdots & a_{nn} \\ y_1 & y_2 & \cdots & y_n \end{pmatrix}$$

$$+ y_2(-1)^{2+n+1} \begin{pmatrix} a_{11} & a_{12} & \cdots & a_{1n} \\ a_{31} & a_{32} & \cdots & a_{3n} \\ \vdots & \vdots & & \vdots \\ a_{n1} & a_{n2} & \cdots & a_{nn} \\ y_1 & y_2 & \cdots & y_n \end{pmatrix} + \cdots$$

$$+ y_n(-1)^{n+n+1} \begin{pmatrix} a_{11} & a_{12} & \cdots & a_{1n} \\ a_{21} & a_{22} & \cdots & a_{2n} \\ \vdots & \vdots & & \vdots \\ a_{n-1,1} & a_{n-1,2} & \cdots & a_{n-1,n} \\ y_1 & y_2 & \cdots & y_n \end{pmatrix}$$

$$= y_1(-1)^{1+n+1}[y_1(-1)^{n+1}M_{11} + y_2(-1)^{n+2}M_{12} + \cdots + y_n(-1)^{n+n}M_{1n}]$$

$$+ y_2(-1)^{2+n+1}[y_1(-1)^{n+1}M_{21} + y_2(-1)^{n+2}M_{22} + \cdots + y_n(-1)^{n+n}M_{2n}]$$

$$+ \cdots$$

$$+ y_n(-1)^{n+n+1}[y_1(-1)^{n+1}M_{n1} + y_2(-1)^{n+2}M_{n2} + \cdots + y_n(-1)^{n+n}M_{nn}]$$

$$= -\sum_{i=1}^{n}\sum_{j=1}^{n} A_{ij}y_iy_j = -Y'A^*Y,$$

这里 M_{ij}, A_{ij} 分别是矩阵 A 的元素 a_{ij} 的余子式和代数余子式. 因为 A 是正定矩阵, 所以 $A^* = |A|A^{-1}$ 也是正定矩阵, 故 $f(y_1, y_2, \cdots, y_n)$ 为负定二次型.

证法五　由行列式的定义可知 $f(y_1, y_2, \cdots, y_n)$ 是一个关于 $y_1, y_2, \cdots, y_n$ 的

二次齐次多项式. 设

$$f(y_1, y_2, \cdots, y_n) = \sum_{i=1}^{n} b_{ii} y_i^2 + 2 \sum_{1 \leqslant i < j \leqslant n} b_{ij} y_i y_j,$$

则利用行列式的求导公式可得

$$b_{ii} = \frac{1}{2} \frac{\partial^2 f}{\partial y_i \partial y_i} = -A_{ii}, \quad b_{ij} = \frac{1}{2} \frac{\partial^2 f}{\partial y_i \partial y_j} = -A_{ij},$$

这里 A_{ij} 为 A 中元素 a_{ij} 的代数余子式.

综上, 二次型 $f(y_1, y_2, \cdots, y_n)$ 的矩阵为 $-A^*$. 因为 A^* 正定, 所以 $-A^*$ 负定, 故 $f(y_1, y_2, \cdots, y_n)$ 是一个负定二次型.

9. 设 $A = (a_{ij})$ 是 n 阶正定矩阵, 证明: $|A| \leqslant a_{11} a_{22} \cdots a_{nn}$.

证法一　首先由 A 正定知 $a_{ii} > 0 \ (i = 1, 2, \cdots, n)$. 设 A 的左上角的 $n-1$ 阶矩阵为 A_1, 则由

$$(x_1, x_2, \cdots, x_{n-1}) A_1 (x_1, x_2, \cdots, x_{n-1})'$$
$$= (x_1, x_2, \cdots, x_{n-1}, 0) A (x_1, x_2, \cdots, x_{n-1}, 0)'$$

可知 A_1 为正定矩阵. 按最后一列拆项, 得

$$|A| = \begin{vmatrix} a_{11} & a_{12} & \cdots & a_{1,n-1} & a_{1n} \\ a_{21} & a_{22} & \cdots & a_{2,n-1} & a_{2n} \\ \vdots & \vdots & & \vdots & \vdots \\ a_{n-1,1} & a_{n-1,2} & \cdots & a_{n-1,n-1} & a_{n-1,n} \\ a_{n1} & a_{n2} & \cdots & a_{n,n-1} & a_{nn} \end{vmatrix}$$

$$= \begin{vmatrix} a_{11} & a_{12} & \cdots & a_{1,n-1} & 0 \\ a_{21} & a_{22} & \cdots & a_{2,n-1} & 0 \\ \vdots & \vdots & & \vdots & \vdots \\ a_{n-1,1} & a_{n-1,2} & \cdots & a_{n-1,n-1} & 0 \\ a_{n1} & a_{n2} & \cdots & a_{n,n-1} & a_{nn} \end{vmatrix}$$

$$+ \begin{vmatrix} a_{11} & a_{12} & \cdots & a_{1,n-1} & a_{1n} \\ a_{21} & a_{22} & \cdots & a_{2,n-1} & a_{2n} \\ \vdots & \vdots & & \vdots & \vdots \\ a_{n-1,1} & a_{n-1,2} & \cdots & a_{n-1,n-1} & a_{n-1,n} \\ a_{n1} & a_{n2} & \cdots & a_{n,n-1} & 0 \end{vmatrix}$$

$$= a_{nn} |A_1| + f(a_{1n}, a_{2n}, \cdots, a_{n-1,n}).$$

由前面第 8 题知 $f(a_{1n}, a_{2n}, \cdots, a_{n-1,n}) \leqslant 0$, 所以 $|A| \leqslant a_{nn}|A_1|$. 对 $n-1$ 阶正定矩阵 A_1 作同样处理并如此继续, 可证得 $|A| \leqslant a_{11}a_{22}\cdots a_{nn}$.

证法二 对矩阵 A 的阶数 n 作数学归纳法. 当 $n=1$ 时, 结论显然成立. 假设结论对 $n-1$ 阶的正定矩阵成立, 下证对 n 阶正定矩阵结论也成立. 设 A 的左上角的 $n-1$ 阶矩阵为 A_1, 则 A_1 为正定矩阵, 从而由归纳假设得 $|A_1| \leqslant a_{11}a_{22}\cdots a_{n-1,n-1}$. 令 $\alpha = (a_{1n}, a_{2n}, \cdots, a_{n-1,n})'$, 则

$$|A| = \begin{vmatrix} A_1 & \alpha \\ \alpha' & a_{nn} \end{vmatrix} = \begin{vmatrix} A_1 & \alpha \\ 0 & a_{nn} - \alpha' A_1^{-1}\alpha \end{vmatrix} = |A_1|(a_{nn} - \alpha' A_1^{-1}\alpha).$$

因为 A_1^{-1} 正定, 所以 $\alpha' A_1^{-1}\alpha \geqslant 0$, 即得 $a_{nn} - \alpha' A_1^{-1}\alpha \leqslant a_{nn}$. 又由 A 正定得 $a_{nn} > 0$, 故 $|A| \leqslant a_{nn}|A_1| \leqslant a_{11}a_{22}\cdots a_{nn}$.

证法三 因为 A 为正定矩阵, 所以存在可逆矩阵 C, 使得 $A = C'C$. 因为 C 可逆, 所以存在正交矩阵 Q 和可逆的上三角矩阵 $T = \begin{pmatrix} t_{11} & t_{12} & \cdots & t_{1n} \\ & t_{22} & \cdots & t_{2n} \\ & & \ddots & \vdots \\ & & & t_{nn} \end{pmatrix}$, 使得 $C = QT$, 从而

$$A = C'C = T'Q'QT$$

$$= \begin{pmatrix} t_{11} & t_{12} & \cdots & t_{1n} \\ & t_{22} & \cdots & t_{2n} \\ & & \ddots & \vdots \\ & & & t_{nn} \end{pmatrix}' \begin{pmatrix} t_{11} & t_{12} & \cdots & t_{1n} \\ & t_{22} & \cdots & t_{2n} \\ & & \ddots & \vdots \\ & & & t_{nn} \end{pmatrix}$$

$$= \begin{pmatrix} t_{11} & & & \\ t_{12} & t_{22} & & \\ \vdots & \vdots & \ddots & \\ t_{1n} & t_{2n} & \cdots & t_{nn} \end{pmatrix} \begin{pmatrix} t_{11} & t_{12} & \cdots & t_{1n} \\ & t_{22} & \cdots & t_{2n} \\ & & \ddots & \vdots \\ & & & t_{nn} \end{pmatrix}$$

$$= \begin{pmatrix} t_{11}^2 & * & \cdots & * \\ * & t_{12}^2 + t_{22}^2 & \cdots & * \\ \vdots & \vdots & & \vdots \\ * & * & \cdots & t_{1n}^2 + t_{2n}^2 + \cdots + t_{nn}^2 \end{pmatrix},$$

所以

$$a_{11} = t_{11}^2, a_{22} = t_{12}^2 + t_{22}^2, \cdots, a_{nn} = t_{1n}^2 + t_{2n}^2 + \cdots + t_{nn}^2,$$

进而得

$$|A| = |C|^2 = |Q|^2|T|^2 = |T|^2 = t_{11}^2 t_{22}^2 \cdots t_{nn}^2$$
$$\leqslant t_{11}^2(t_{12}^2 + t_{22}^2) \cdots (t_{1n}^2 + t_{2n}^2 + \cdots + t_{nn}^2) = a_{11}a_{22} \cdots a_{nn}.$$

10. 设 A 为正定矩阵, B 为实对称矩阵, 则 $A + iB$ 为可逆矩阵.

证法一   因为 A 为正定矩阵, B 为实对称矩阵, 所以存在 n 阶可逆矩阵 P, 使得

$$P'AP = E, \quad P'BP = \mathrm{diag}(\lambda_1, \lambda_2, \cdots, \lambda_n),$$

这里 $\lambda_1, \lambda_2, \cdots, \lambda_n$ 是实数. 因此,

$$P'(A + iB)P = \mathrm{diag}(1 + i\lambda_1, 1 + i\lambda_2, \cdots, 1 + i\lambda_n).$$

故 $|A + iB||P|^2 = (1 + i\lambda_1)(1 + i\lambda_2) \cdots (1 + i\lambda_n) \neq 0$, 即得 $A + iB$ 为可逆矩阵.

证法二   利用反证法. 假设 $A+iB$ 不可逆, 则存在非零向量 $Z = X+iY(X, Y \in \mathbb{R}^n$ 且不全为零), 使得 $(A + iB)(X + iY) = 0$, 比较实部和虚部得 $AX - BY = 0, BX + AY = 0$. 故 $X'AX = X'BY, Y'AY = -Y'BX$. 由 $X'BY = Y'BX$ 得 $X'AX = -Y'AY$. 因为 A 为正定矩阵, 所以 $X'AX = Y'AY = 0$, 从而 $X = Y = 0$, 这与 X, Y 不全为零矛盾. 故 $A + iB$ 为可逆矩阵.

11. 设 A, B 是两个 n 阶正定矩阵 $(n \geqslant 2)$, 证明: $|A + B| > |A| + |B|$.

证法一   因为 A, B 是两个 n 阶正定矩阵, 所以存在 n 阶可逆矩阵 T, 使得

$$T'AT = E, \quad T'BT = \mathrm{diag}(\lambda_1, \lambda_2, \cdots, \lambda_n).$$

因为 B 为正定矩阵, 所以 $T'BT$ 为正定矩阵, 故 $\lambda_1, \lambda_2, \cdots, \lambda_n$ 都为正数. 又因为

$$T'(A + B)T = T'AT + T'BT = \mathrm{diag}(1 + \lambda_1, 1 + \lambda_2, \cdots, 1 + \lambda_n),$$

所以

$$|T|^2|A + B| = \prod_{i=1}^{n}(1 + \lambda_i) > 1 + \prod_{i=1}^{n}\lambda_i = |T'AT| + |T'BT| = |T|^2(|A| + |B|),$$

由此可得 $|A + B| > |A| + |B|$.

证法二   因为 B 为正定矩阵, 所以 B^{-1} 也是正定矩阵, 故存在可逆矩阵 C, 使得 $B^{-1} = C'C$, 从而 $AB^{-1} = AC'C = C^{-1}(CAC')C$. 由 A 正定, 得 CAC' 正定, 故 CAC' 的特征值全大于零, 进而得 AB^{-1} 的特征值全大于零. 设 AB^{-1} 的特征

值为 $\lambda_1, \lambda_2, \cdots, \lambda_n$, 则存在可逆矩阵 T, 使得

$$T^{-1}AB^{-1}T = \begin{pmatrix} \lambda_1 & * & \cdots & * \\ & \lambda_2 & \cdots & * \\ & & \ddots & \vdots \\ & & & \lambda_n \end{pmatrix},$$

从而

$$|A + B| = |AB^{-1} + E||B| = |T^{-1}(AB^{-1} + E)T||B| = |T^{-1}AB^{-1}T + E||B|$$

$$= |B|\prod_{i=1}^{n}(1 + \lambda_i) > |B|\left(1 + \prod_{i=1}^{n}\lambda_i\right) = |B|(1 + |AB^{-1}|) = |A| + |B|.$$

12. 设 A 是一个反对称实矩阵, D 是 n 阶正定矩阵, 证明: $|D + A| > 0$. 特别地, $|E_n \pm A| > 0$.

证法一 先证 $|D + A| \neq 0$. 若 $|D + A| = 0$, 则存在非零实列向量 α, 使得 $(D + A)\alpha = 0$. 因此, $\alpha'D\alpha + \alpha'A\alpha = \alpha'(D + A)\alpha = 0$. 又因为 A 是一个反对称实矩阵, 所以 $\alpha'A\alpha = 0$, 则 $\alpha'D\alpha = 0$. 此与 D 是正定矩阵矛盾, 故 $|D + A| \neq 0$.

再证 $|D + A| > 0$. 假设 $|D + A| < 0$. 令 $f(t) = |D + tA|$, 则 $f(0) = |D| > 0$, $f(1) = |D + A| < 0$. 故由零点定理知, 存在 $t_0 \in (0, 1)$, 使得 $f(t_0) = |D + t_0A| = 0$. 注意到 t_0A 仍为反对称矩阵, 根据上面的证明, $|D + t_0A| \neq 0$, 矛盾, 故 $|D + A| > 0$.

证法二 因为 D 是正定矩阵, 所以存在可逆矩阵 P, 使得 $P'DP = E$(单位矩阵). 令 $B = P'AP$, 则 B 也是反对称矩阵. 设 B 的特征值是 $\lambda_1, \lambda_2, \cdots, \lambda_n$, 则 $E + B$ 的特征值是 $1 + \lambda_1, 1 + \lambda_2, \cdots, 1 + \lambda_n$. 又因为反对称实矩阵 B 的特征值是零或纯虚数, 并且虚特征值成共轭对出现, 所以 $1 + \lambda_1, 1 + \lambda_2, \cdots, 1 + \lambda_n$ 中虚数必与其共轭同时出现, 因此,

$$|P'||D + A||P| = |P'(D + A)P| = |P'DP + P'AP|$$
$$= |E + B| = (1 + \lambda_1)(1 + \lambda_2)\cdots(1 + \lambda_n) > 0.$$

故 $|D + A| > 0$.

证法三 因为 A 为反对称矩阵, 所以对任意的 $X \in \mathbb{R}^n$, $X'AX = 0$. 故对任意的非零实列向量 X, 有 $X'(D + A)X = X'DX + X'AX = X'DX > 0$. 若 $|D + A| \leqslant 0$, 因为实矩阵 $D + A$ 的虚特征值成共轭对出现, 故 $D + A$ 必有实特征值 $\lambda = 0$ 或 $\lambda < 0$. 设 α 为 $D + A$ 的属于该实特征值 λ 的特征向量, 则 $(D + A)\alpha = \lambda\alpha$, 从而有 $\alpha'(D + A)\alpha = \lambda\alpha'\alpha \leqslant 0$, 矛盾, 所以 $|D + A| > 0$.

证法四 同证法三知对任意的非零实列向量 X, 有 $X'(D + A)X = X'DX > 0$. 下证 $D + A$ 的特征值的实部大于零. 设 $\lambda = a + ib$ 为 $D + A$ 的任意一个特征值,

$\gamma = \alpha + \mathrm{i}\beta$ 为 $D + A$ 的属于特征值 λ 的特征向量 (这里 $\alpha, \beta \in \mathbb{R}^n$ 且不全为零), 则

$$(D + A)\gamma = \lambda\gamma, \tag{1}$$

两边取转置共轭, 得 $\overline{\gamma}'(D - A) = \overline{\lambda}\overline{\gamma}'$; 进而得

$$\overline{\gamma}'(D - A)\gamma = \overline{\lambda}\overline{\gamma}'\gamma. \tag{2}$$

再由式 (1) 得

$$\overline{\gamma}'(D + A)\gamma = \lambda\overline{\gamma}'\gamma. \tag{3}$$

(2) + (3) 并整理得

$$\overline{\gamma}'D\gamma = \frac{\lambda + \overline{\lambda}}{2}\overline{\gamma}'\gamma = a\overline{\gamma}'\gamma,$$

即

$$(\alpha' - \mathrm{i}\beta')D(\alpha + \mathrm{i}\beta) = a\overline{\gamma}'\gamma.$$

比较上式等号两边的实部, 得

$$\alpha'D\alpha + \beta'D\beta = a\overline{\gamma}'\gamma.$$

因为 $\alpha'D\alpha + \beta'D\beta > 0, \overline{\gamma}'\gamma > 0$, 所以 $a > 0$.

设 $d_1, d_2, \cdots, d_r$ 为 $D + A$ 的实特征值, $a_k + \mathrm{i}b_k \ (k = 1, 2, \cdots, s)$ 为 $D + A$ 的虚特征值, 则由上面证明知 $d_i > 0, a_k > 0 \ (i = 1, 2, \cdots, r; k = 1, 2, \cdots, s)$. 所以

$$|D + A| = d_1 d_2 \cdots d_r \prod_{k=1}^{s}(a_k^2 + b_k^2) > 0.$$

证法五 因为 D 为正定矩阵, 所以存在可逆矩阵 P, 使得 $P'DP = E$. 又 $B = P'AP$ 仍为反对称矩阵, 应用反对称矩阵的正交相似标准形定理, 存在正交矩阵 Q, 使

$$Q'BQ = \begin{pmatrix} \begin{pmatrix} 0 & b_1 \\ -b_1 & 0 \end{pmatrix} & & & \\ & \ddots & & \\ & & \begin{pmatrix} 0 & b_s \\ -b_s & 0 \end{pmatrix} & \\ & & & 0_{t \times t} \end{pmatrix},$$

其中 b_i 是非零实数, $i = 1, 2, \cdots, s$. 故

$$|P'(D + A)P| = |E + B| = |E + Q'BQ|$$

$$= \left| \begin{pmatrix} 1 & b_1 \\ -b_1 & 1 \end{pmatrix} \quad \ddots \quad \begin{pmatrix} 1 & b_s \\ -b_s & 1 \end{pmatrix} \quad E_{t \times t} \right|$$

$$= (1 + b_1^2)(1 + b_2^2) \cdots (1 + b_s^2) > 0.$$

所以 $|D + A| > 0$.

注 利用证法五, 可以证明: $|D + A| \geqslant |D|$, 等号成立当且仅当 $A = 0$. 事实上, 若 $A = 0$, 则 $|D + A| = |D|$; 若 $A \neq 0$, 则上式中 $s \geqslant 1$, 实数 $b_1, b_2, \cdots, b_s$ 不为零, 从而

$$|P'(D + A)P| = (1 + b_1^2)(1 + b_2^2) \cdots (1 + b_s^2) > 1 = |P'DP|,$$

即得 $|D + A| > |D|$.

13. 证明: 二次型 $f(x_1, x_2, \cdots, x_n) = n \sum_{i=1}^{n} x_i^2 - \left(\sum_{i=1}^{n} x_i \right)^2$ 是半正定的, 但非正定.

证法一 因为 $(n - 1) \sum_{i=1}^{n} x_i^2 = \sum_{1 \leqslant i < j \leqslant n}^{n} (x_i^2 + x_j^2)$, 所以

$$f(x_1, x_2, \cdots, x_n) = n \sum_{i=1}^{n} x_i^2 - \left(\sum_{i=1}^{n} x_i \right)^2$$

$$= (n - 1) \sum_{i=1}^{n} x_i^2 - 2 \sum_{1 \leqslant i < j \leqslant n}^{n} x_i x_j$$

$$= \sum_{1 \leqslant i < j \leqslant n}^{n} (x_i^2 + x_j^2) - 2 \sum_{1 \leqslant i < j \leqslant n}^{n} x_i x_j$$

$$= \sum_{1 \leqslant i < j \leqslant n}^{n} (x_i^2 + x_j^2 - 2 x_i x_j)$$

$$= \sum_{1 \leqslant i < j \leqslant n}^{n} (x_i - x_j)^2 \geqslant 0.$$

故 $f(x_1, x_2, \cdots, x_n)$ 是半正定的. 又因为 $f(1, 1, \cdots, 1) = 0$, 所以 $f(x_1, x_2, \cdots, x_n)$ 非正定.

证法二　因为

$$f(x_1,x_2,\cdots,x_n) = n\sum_{i=1}^{n} x_i^2 - \left(\sum_{i=1}^{n} x_i\right)^2 = (n-1)\sum_{i=1}^{n} x_i^2 - 2\sum_{1\leqslant i<j\leqslant n} x_i x_j,$$

所以 $f(x_1,x_2,\cdots,x_n)$ 的矩阵为

$$A = \begin{pmatrix} n-1 & -1 & -1 & \cdots & -1 \\ -1 & n-1 & -1 & \cdots & -1 \\ \vdots & \vdots & \vdots & & \vdots \\ -1 & -1 & -1 & \cdots & n-1 \end{pmatrix}.$$

易知 A 的 n 阶主子式 $|A|$ 为零, 故 A 不是正定的, 从而 $f(x_1,x_2,\cdots,x_n)$ 不是正定的. 又因为 A 的 $k(0<k<n)$ 阶主子式为

$$\begin{vmatrix} n-1 & -1 & \cdots & -1 \\ -1 & n-1 & \cdots & -1 \\ \vdots & \vdots & & \vdots \\ -1 & -1 & \cdots & n-1 \end{vmatrix}_k = (n-k)n^{k-1} > 0,$$

所以 A 的所有主子式非负, 从而 A 半正定, 故 $f(x_1,x_2,\cdots,x_n)$ 半正定.

14. 证明: 实二次型 $f(x_1,x_2,\cdots,x_n) = \sum_{i=1}^{m}(a_{i1}x_1 + a_{i2}x_2 + \cdots + a_{in}x_n)^2$ 的秩等于矩阵 $A = (a_{ij})$ 的秩.

证法一　因为

$$f(x_1,x_2,\cdots,x_n) = \sum_{i=1}^{m}(a_{i1}x_1 + a_{i2}x_2 + \cdots + a_{in}x_n)^2$$

$$= \sum_{i=1}^{m}\left[(x_1,x_2,\cdots,x_n)\begin{pmatrix} a_{i1} \\ a_{i2} \\ \vdots \\ a_{in} \end{pmatrix}(a_{i1},a_{i2},\cdots,a_{in})\begin{pmatrix} x_1 \\ x_2 \\ \vdots \\ x_n \end{pmatrix}\right]$$

$$= X'\left[\sum_{i=1}^{m}\begin{pmatrix} a_{i1} \\ a_{i2} \\ \vdots \\ a_{in} \end{pmatrix}(a_{i1},a_{i2},\cdots,a_{in})\right]X = X'A'AX.$$

因为 $A'A$ 为对称矩阵, 所以二次型 $f(x_1,x_2,\cdots,x_n)$ 的矩阵为 $A'A$. 又因为 A 为实矩阵, 所以 $r(A'A) = r(A)$. 因此, 实二次型 $f(x_1,x_2,\cdots,x_n)$ 的秩等于矩阵 A 的秩.

证法二 设 $r(A) = r$ 且 A 的左上角的 r 阶子式不为零. 令

$$\begin{cases} y_1 = a_{11}x_1 + \cdots + a_{1r}x_r + \cdots + a_{1n}x_n, \\ \quad\cdots\cdots \\ y_r = a_{r1}x_1 + \cdots + a_{rr}x_r + \cdots + a_{rn}x_n, \\ y_{r+1} = x_{r+1}, \\ \quad\cdots\cdots \\ y_n = x_n, \end{cases}$$

则二次型 $f(x_1, x_2, \cdots, x_n)$ 经非退化的线性替换可化为

$$g = y_1^2 + \cdots + y_r^2 + l_{r+1}^2 + \cdots + l_n^2,$$

这里 $l_j = a_{j1}x_1 + a_{j2}x_2 + \cdots + a_{jn}x_n, r + 1 \leqslant j \leqslant n$. 由于矩阵 A 的后 $n - r$ 行都可由前 r 行线性表出, 故 $l_j(r + 1 \leqslant j \leqslant n)$ 是关于 $y_1, y_2, \cdots, y_r$ 的一次齐式, 即得 g 是一个关于 $y_1, y_2, \cdots, y_r$ 的二次型. 因为对不全为零的 $y_1, y_2, \cdots, y_r$ 恒有 $g > 0$, 所以 g 是一个 r 元正定二次型. 故 g 的秩为 r, 从而 $f(x_1, x_2, \cdots, x_n)$ 的秩为 $r(A) = r$.

15. 设 $A = (a_{ij})_{n \times n}, B = (b_{ij})_{n \times n}$ 均为 (半) 正定矩阵, 则 $C = (a_{ij}b_{ij})_{n \times n}$ 也为 (半) 正定矩阵.

证法一 因为 B 半正定, 所以存在 n 阶矩阵 $T = (t_{ij})_{n \times n}$, 使得 $B = T'T$. 于是 $b_{ij} = \sum\limits_{k=1}^{n} t_{ki}t_{kj}$, 从而

$$f(X) = X'CX = \sum_{i,j=1}^{n} a_{ij}b_{ij}x_ix_j = \sum_{i,j=1}^{n} a_{ij}\left(\sum_{k=1}^{n} t_{ki}t_{kj}\right)x_ix_j$$

$$= \sum_{i,j=1}^{n} a_{ij}\left(\sum_{k=1}^{n} t_{ki}x_it_{kj}\right)x_j = \sum_{k=1}^{n}\sum_{i,j=1}^{n} a_{ij}(t_{ki}x_i)(t_{kj}x_j).$$

令 $Y_k' = (t_{k1}x_1, t_{k2}x_2, \cdots, t_{kn}x_n)$, 则 $f(X) = \sum\limits_{k=1}^{n} Y_k'AY_k \geqslant 0$ 为半正定的二次型. 故当 A, B 为半正定矩阵时, C 也为半正定矩阵.

若 A, B 为正定矩阵, 则 T 为可逆矩阵, 此时 $(Y_1, Y_2, \cdots, Y_n) = \operatorname{diag}(x_1, x_2, \cdots, x_n)T'$, 故当 $x_1, x_2, \cdots, x_n$ 不全为零时, $Y_1, Y_2, \cdots, Y_n$ 中至少有一个不为零, 所以 $f(X) = \sum\limits_{k=1}^{n} Y_k'AY_k > 0$, 故 $f(X)$ 为正定二次型, 从而 C 为正定矩阵. 因此, 当 A, B 为正定矩阵时, C 也为正定矩阵.

证法二 因为 B 为半正定矩阵, 所以存在正交矩阵 $Q = (q_{ij})$, 使得

$$B = Q\mathrm{diag}(\lambda_1, \lambda_2, \cdots, \lambda_n)Q',$$

其中 $\lambda_i \geqslant 0$. 于是 $b_{ij} = \sum_{k=1}^{n} \lambda_k q_{ik} q_{jk}$. 令 $Y_k' = (q_{1k}x_1, q_{2k}x_2, \cdots, q_{nk}x_n)$, 则

$$f(X) = X'CX = \sum_{i,j=1}^{n} a_{ij} b_{ij} x_i x_j = \sum_{i,j=1}^{n} a_{ij} \left(\sum_{k=1}^{n} \lambda_k q_{ik} q_{jk} \right) x_i x_j$$

$$= \sum_{k=1}^{n} \lambda_k \left[\sum_{i,j=1}^{n} a_{ij} (q_{ik} x_i)(q_{jk} x_j) \right] = \sum_{k=1}^{n} \lambda_k Y_k' A Y_k \geqslant 0,$$

故 $f(X)$ 为半正定二次型, 从而 C 为半正定矩阵.

若 A, B 为正定矩阵, 则 $\lambda_k > 0$. 又 Q 为正交矩阵, 故当 $x_1, x_2, \cdots, x_n$ 不全为零时, $Y_1, Y_2, \cdots, Y_n$ 中至少有一个非零, 所以 $f(X) > 0$, 即得 C 为正定矩阵.

证法三 A, B 为半正定矩阵, 设 $A = P'P, B = Q'Q, P = (p_{ij}), Q = (q_{ij})$, 则 $a_{ij} = \sum_{k=1}^{n} p_{ki} p_{kj}, b_{ij} = \sum_{l=1}^{n} q_{li} q_{lj}$. 于是

$$f(X) = X'CX = \sum_{i,j=1}^{n} a_{ij} b_{ij} x_i x_j = \sum_{i,j=1}^{n} \left(\sum_{k=1}^{n} p_{ki} p_{kj} \right) \left(\sum_{l=1}^{n} q_{li} q_{lj} \right) x_i x_j$$

$$= \sum_{k,l=1}^{n} \left(\sum_{i=1}^{n} p_{ki} q_{li} x_i \right) \left(\sum_{j=1}^{n} p_{kj} q_{lj} x_j \right) = \sum_{k,l=1}^{n} \left(\sum_{i=1}^{n} p_{ki} q_{li} x_i \right)^2 \geqslant 0$$

为半正定二次型, 所以 C 为半正定矩阵. 上式中等号成立, 当且仅当对任意的 k, l, $\sum_{i=1}^{n} p_{ki} q_{li} x_i = 0$, 也即 $P\mathrm{diag}(x_1, x_2, \cdots, x_n)Q' = 0$. 若 A, B 为正定矩阵, 则 P, Q 可逆, 于是 $x_1 = x_2 = \cdots = x_n = 0$, 故当 $x_1, x_2, \cdots, x_n$ 不全为零时, $f(X) > 0$, 从而 $f(X)$ 为正定二次型, 所以 C 为正定矩阵.

16. 设 A 是一个 n 阶实对称矩阵, $r(A) = r$, 证明: A 必有一个 r 阶主子式不等于零.

证法一 设 $\alpha_{i_1}, \alpha_{i_2}, \cdots, \alpha_{i_r}$ 是 A 的行向量组的一个极大线性无关组. 因为 $A' = A$, 所以

$$\beta_{i_1} = \alpha_{i_1}', \beta_{i_2} = \alpha_{i_2}', \cdots, \beta_{i_r} = \alpha_{i_r}'$$

也是 A 的列向量组的一个极大线性无关组. 令

$$A_1 = \begin{pmatrix} \alpha_{i_1} \\ \alpha_{i_2} \\ \vdots \\ \alpha_{i_r} \end{pmatrix},$$

则 $r(A_1) = r(A) = r$. A 的任意列向量可由 $\beta_{i_1} = \alpha'_{i_1}, \beta_{i_2} = \alpha'_{i_2}, \cdots, \beta_{i_r} = \alpha'_{i_r}$ 线性表出, 从而 A_1 的任意列向量可由 A_1 的第 $i_1, i_2, \cdots, i_r$ 个列向量 $\gamma_{i_1}, \gamma_{i_2}, \cdots, \gamma_{i_r}$ 组成的向量组线性表出, 又 $r(A_1) = r$, 所以 $\gamma_{i_1}, \gamma_{i_2}, \cdots, \gamma_{i_r}$ 线性无关, 故 A 的 r 阶主子式 $A \begin{pmatrix} i_1, i_2, \cdots, i_r \\ i_1, i_2, \cdots, i_r \end{pmatrix} = |\gamma_{i_1}, \gamma_{i_2}, \cdots, \gamma_{i_r}| \neq 0$.

证法二 因为 A 是一个 n 阶实对称矩阵, 所以存在 n 阶正交矩阵 Q, 使得

$$Q^{-1}AQ = \begin{pmatrix} \lambda_1 & & & \\ & \lambda_2 & & \\ & & \ddots & \\ & & & \lambda_n \end{pmatrix},$$

其中 $\lambda_1, \lambda_2, \cdots, \lambda_n$ 是 A 的全部特征值. 因为 $r(A) = r$, 所以不妨设 $\lambda_1 \lambda_2 \cdots \lambda_r \neq 0$, $\lambda_{r+1} = \lambda_{r+2} = \cdots = \lambda_n = 0$. 于是 A 的特征多项式为

$$f(\lambda) = |\lambda E - A| = \prod_{i=1}^{n}(\lambda - \lambda_i) = \lambda^{n-r} \prod_{i=1}^{r}(\lambda - \lambda_i).$$

故 $f(\lambda)$ 有如下形式:

$$f(\lambda) = \lambda^n + a_1 \lambda^{n-1} + \cdots + a_r \lambda^{n-r},$$

其中 $a_r \neq 0$. 因为 $(-1)^1 a_1$ 是 A 的所有一阶主子式之和, $(-1)^2 a_2$ 是 A 的所有二阶主子式之和, $\cdots$, $(-1)^r a_r$ 是 A 的所有 r 阶主子式之和, 且 $a_r \neq 0$, 所以 A 必有一个 r 阶主子式不等于零.

证法三 设 $A = (a_{ij})_{n \times n}$, 其中 $a_{ij} = a_{ji}$. 再设 $\varepsilon_i = (0, \cdots, 1, 0, \cdots, 0)'(i = 1, 2, \cdots, n)$ 是 P^n 的自然基, 则

$$\varepsilon'_i A \varepsilon_j = a_{ij} \quad (i, j = 1, 2, \cdots, n).$$

因为 $r(A) = r$, 所以齐次线性方程组 $AX = 0$ 的基础解系中有 $n - r$ 个解向量. 设 $\alpha_1, \alpha_2, \cdots, \alpha_{n-r}$ 是它的一个基础解系. 由替换定理, 用它们替换 $\varepsilon_1, \varepsilon_2, \cdots, \varepsilon_n$

中的某些向量可以得到 P^n 的另一组基: $\varepsilon_{i_1}, \varepsilon_{i_2}, \cdots, \varepsilon_{i_r}, \alpha_1, \alpha_2, \cdots, \alpha_{n-r}$. 令 $T = (\varepsilon_{i_1}, \varepsilon_{i_2}, \cdots, \varepsilon_{i_r}, \alpha_1, \alpha_2, \cdots, \alpha_{n-r})$, 则 T 可逆, 且

$$T'AT = \begin{pmatrix} A_1 & 0 \\ 0 & 0 \end{pmatrix},$$

其中 $A_1 = \begin{pmatrix} a_{i_1 i_1} & \cdots & a_{i_1 i_r} \\ \vdots & & \vdots \\ a_{i_r i_1} & \cdots & a_{i_r i_r} \end{pmatrix}$ 为 A 的一个 r 阶子矩阵.

注意到 $r = r(A) = r(T'AT) = r(A_1)$, 即得

$$|A_1| = \begin{vmatrix} a_{i_1 i_1} & \cdots & a_{i_1 i_r} \\ \vdots & & \vdots \\ a_{i_r i_1} & \cdots & a_{i_r i_r} \end{vmatrix} = A \begin{pmatrix} i_1, i_2, \cdots, i_r \\ i_1, i_2, \cdots, i_r \end{pmatrix} \neq 0.$$

证法四 设 $A = (a_{ij})_{n \times n}$, 其中 $a_{ij} = a_{ji}$. 设 A 的非零主子式的最大阶数为 s, 则 $s \leqslant r(A) = r$. 不妨设 A 的位于左上角的 s 阶主子式非零, 记 A 的左上角的 s 阶主子矩阵为 A_1, 对 A 作如下分块:

$$A = \begin{pmatrix} A_1 & B \\ B' & C \end{pmatrix}.$$

因为

$$\begin{pmatrix} E_s & 0 \\ -B'A_1^{-1} & E_{n-s} \end{pmatrix} \begin{pmatrix} A_1 & B \\ B' & C \end{pmatrix} \begin{pmatrix} E_s & 0 \\ -B'A_1^{-1} & E_{n-s} \end{pmatrix}' = \begin{pmatrix} A_1 & 0 \\ 0 & C - B'A_1^{-1}B \end{pmatrix},$$

所以

$$\begin{aligned} r = r(A) &= r\begin{pmatrix} A_1 & B \\ B' & C \end{pmatrix} = r\begin{pmatrix} A_1 & 0 \\ 0 & C - B'A_1^{-1}B \end{pmatrix} \\ &= r(A_1) + r(C - B'A_1^{-1}B) = s + r(C - B'A_1^{-1}B). \end{aligned}$$

下证 $s = r$.

若 $r = n$, 则有 $|A| \neq 0$, 这时有 $s = r = n$, 结论成立.

设 $r < n$. 若 $s = n - 1$, 则 $r = n - 1 = s$, 结论也成立. 设 $s < n - 1$, 则 $n \geqslant s + 2$. 作 A 的 $s + 1$ 阶主子矩阵如下:

$$\begin{pmatrix} A_1 & \alpha_i \\ \alpha_i' & a_{ii} \end{pmatrix} \quad (i > s).$$

因为 $|A_1|$ 为 A 的最大阶数的非零主子式, 所以

$$0 = \begin{vmatrix} A_1 & \alpha_i \\ \alpha_i' & a_{ii} \end{vmatrix} = \left| \begin{pmatrix} E_s & 0 \\ -\alpha_i' A_1^{-1} & 1 \end{pmatrix} \begin{pmatrix} A_1 & \alpha_i \\ \alpha_i' & a_{ii} \end{pmatrix} \begin{pmatrix} E_s & 0 \\ -\alpha_i' A_1^{-1} & 1 \end{pmatrix}' \right|$$

$$= \begin{vmatrix} A_1 & 0 \\ 0 & a_{ii} - \alpha_i' A_1^{-1} \alpha_i \end{vmatrix},$$

故 $a_{ii} - \alpha_i' A_1^{-1} \alpha_i = 0$.

再作 A 的 $s+2$ 阶主子矩阵如下:

$$\begin{pmatrix} A_1 & \alpha_i & \alpha_j \\ \alpha_i' & a_{ii} & a_{ij} \\ \alpha_j' & a_{ji} & a_{jj} \end{pmatrix} \quad (j > i > s).$$

因为它的行列式也为零, 所以

$$0 = \begin{vmatrix} A_1 & \alpha_i & \alpha_j \\ \alpha_i' & a_{ii} & a_{ij} \\ \alpha_j' & a_{ji} & a_{jj} \end{vmatrix} = \left| \begin{pmatrix} E_s & 0 & 0 \\ \alpha_i' A_1^{-1} & 1 & 0 \\ \alpha_j' A_1^{-1} & 0 & 1 \end{pmatrix} \begin{pmatrix} A_1 & \alpha_i & \alpha_j \\ \alpha_i' & a_{ii} & a_{ij} \\ \alpha_j' & a_{ji} & a_{jj} \end{pmatrix} \begin{pmatrix} E_s & 0 & 0 \\ \alpha_i' A_1^{-1} & 1 & 0 \\ \alpha_j' A_1^{-1} & 0 & 1 \end{pmatrix}' \right|$$

$$= \begin{vmatrix} A_1 & 0 & 0 \\ 0 & a_{ii} - \alpha_i' A_1^{-1} \alpha_i & a_{ij} - \alpha_i' A_1^{-1} \alpha_j \\ 0 & a_{ji} - \alpha_j' A_1^{-1} \alpha_i & a_{jj} - \alpha_j' A_1^{-1} \alpha_j \end{vmatrix}.$$

故又有

$$\begin{vmatrix} a_{ii} - \alpha_i' A_1^{-1} \alpha_i & a_{ij} - \alpha_i' A_1^{-1} \alpha_j \\ a_{ji} - \alpha_j' A_1^{-1} \alpha_i & a_{jj} - \alpha_j' A_1^{-1} \alpha_j \end{vmatrix} = 0.$$

设 $C - B' A_1^{-1} B = \begin{pmatrix} t_{11} & \cdots & t_{1,n-s} \\ \vdots & & \vdots \\ t_{n-s,1} & \cdots & t_{n-s,n-s} \end{pmatrix}$, 则它是一个对称矩阵. 由上面所

证, 它的一阶和二阶主子式都等于零, 故 $t_{ii} = 0(i = 1, 2, \cdots, n-s), 0 = \begin{vmatrix} t_{ii} & t_{ij} \\ t_{ji} & t_{jj} \end{vmatrix} = -t_{ij}^2 \ (i < j)$, 于是 $t_{ij} = 0 \ (i < j)$. 故 $C - B' A_1^{-1} B = 0$, 从而 $r(C - B' A_1^{-1} B) = 0$, 所以 $s = r$, 即 A 必有一个 r 阶主子式不等于零.

17. 设 $a_1, a_2, \cdots, a_n$ 是 n 个互不相同的正数, $B = (b_{ij})$ 是 n 阶正定矩阵, 证明: 矩阵 $C = \left(\dfrac{b_{ij}}{a_i + a_j} \right)$ 是 n 阶正定矩阵.

证法一 只需证明 $A = \left(\dfrac{1}{a_i + a_j} \right)$ 是正定矩阵. 显然 A 是实对称矩阵. A 的

k 阶顺序主子式为

$$H_k = \begin{vmatrix} \dfrac{1}{a_1+a_1} & \dfrac{1}{a_1+a_2} & \cdots & \dfrac{1}{a_1+a_k} \\[2mm] \dfrac{1}{a_2+a_1} & \dfrac{1}{a_2+a_2} & \cdots & \dfrac{1}{a_2+a_k} \\[2mm] \vdots & \vdots & & \vdots \\[2mm] \dfrac{1}{a_k+a_1} & \dfrac{1}{a_k+a_2} & \cdots & \dfrac{1}{a_k+a_k} \end{vmatrix} \quad (k=1,2,\cdots,n).$$

注意到

$$\frac{1}{a_i+a_j} - \frac{1}{a_k+a_j} = \frac{a_k-a_i}{(a_i+a_j)(a_k+a_j)},$$

将 H_k 的第 $i(<k)$ 行减去第 k 行, 于是第 i 行有因式 a_k-a_i, 第 j 列有因式 $\dfrac{1}{a_k+a_j}$, 故有

$$H_k = \frac{\displaystyle\prod_{i=1}^{k-1}(a_k-a_i)}{\displaystyle\prod_{j=1}^{k}(a_k+a_j)} \begin{vmatrix} \dfrac{1}{a_1+a_1} & \dfrac{1}{a_1+a_2} & \cdots & \dfrac{1}{a_1+a_k} \\[2mm] \vdots & \vdots & & \vdots \\[2mm] \dfrac{1}{a_{k-1}+a_1} & \dfrac{1}{a_{k-1}+a_2} & \cdots & \dfrac{1}{a_{k-1}+a_k} \\[2mm] 1 & 1 & \cdots & 1 \end{vmatrix}$$

再注意到

$$\frac{1}{a_i+a_j} - \frac{1}{a_i+a_k} = \frac{a_k-a_j}{(a_i+a_j)(a_i+a_k)},$$

并将上述行列式的第 $j(<k)$ 列减去第 k 列, 于是第 i 行有因式 $\dfrac{1}{a_i+a_k}$, 第 j 列有因式 a_k-a_j, 故有

$$\begin{aligned} H_k &= \frac{\displaystyle\prod_{i=1}^{k-1}(a_k-a_i)\prod_{j=1}^{k-1}(a_k-a_j)}{\displaystyle\prod_{j=1}^{k}(a_k+a_j)\prod_{i=1}^{k-1}(a_i+a_k)} \begin{vmatrix} \dfrac{1}{a_1+a_1} & \cdots & \dfrac{1}{a_1+a_{k-1}} & 1 \\[2mm] \vdots & & \vdots & \vdots \\[2mm] \dfrac{1}{a_{k-1}+a_1} & \cdots & \dfrac{1}{a_{k-1}+a_{k-1}} & 1 \\[2mm] 0 & \cdots & 0 & 1 \end{vmatrix} \\[4mm] &= \frac{\displaystyle\prod_{i=1}^{k-1}(a_k-a_i)^2}{\displaystyle\prod_{j=1}^{k}(a_k+a_j)\prod_{i=1}^{k-1}(a_i+a_k)} H_{k-1}. \end{aligned}$$

这就得到一个递推公式, 系数大于零. 注意到 $H_1 = \dfrac{1}{a_1 + a_1} > 0$, 即得 A 的顺序主子式全大于零, 所以 A 为正定矩阵, 故 $C = \left(\dfrac{b_{ij}}{a_i + a_j} \right)$ 是正定矩阵.

证法二 因为 $B = (b_{ij})$ 是正定矩阵, 所以实二次型 $f(x_1, x_2, \cdots, x_n) = \sum\limits_{i,j=1}^{n} b_{ij} x_i x_j$ 是正定二次型, 故当 $x_1, x_2, \cdots, x_n$ 不全为零时,

$$f(x_1, x_2, \cdots, x_n) = \sum_{i,j=1}^{n} b_{ij} x_i x_j > 0,$$

因此有

$$0 < \int_0^{+\infty} f(x_1 \mathrm{e}^{-a_1 t}, x_2 \mathrm{e}^{-a_2 t}, \cdots, x_n \mathrm{e}^{-a_n t}) \mathrm{d}t = \int_0^{+\infty} \sum_{i,j=1}^{n} b_{ij} x_i x_j \mathrm{e}^{-(a_i + a_j)t} \mathrm{d}t$$

$$= \left(\sum_{i,j=1}^{n} b_{ij} x_i x_j \right) \int_0^{+\infty} \mathrm{e}^{-(a_i + a_j)t} \mathrm{d}t = \sum_{i,j=1}^{n} \frac{b_{ij}}{a_i + a_j} x_i x_j,$$

所以 $\sum\limits_{i,j=1}^{n} \dfrac{b_{ij}}{a_i + a_j} x_i x_j$ 是正定二次型, 从而 $C = \left(\dfrac{b_{ij}}{a_i + a_j} \right)$ 是正定矩阵.

18. 证明: 对任意的正定矩阵 A 及正整数 m, 必存在唯一的正定矩阵 B, 使得

$$A = B^m.$$

证明 (*存在性*) 因为 A 是正定矩阵, 所以存在正交矩阵 U, 使得

$$A = U^{-1} \begin{pmatrix} \lambda_1 & & & \\ & \lambda_2 & & \\ & & \ddots & \\ & & & \lambda_n \end{pmatrix} U,$$

这里 $\lambda_1, \lambda_2, \cdots, \lambda_n$ 全是正数. 令

$$B = U^{-1} \begin{pmatrix} \sqrt[m]{\lambda_1} & & & \\ & \sqrt[m]{\lambda_2} & & \\ & & \ddots & \\ & & & \sqrt[m]{\lambda_n} \end{pmatrix} U,$$

则 B 是正定矩阵, 且 $A = B^m$.

(*唯一性*)**证法一** 设存在正定矩阵 B, C, 使得 $A = B^m = C^m$. 既然 B, C 都是正定矩阵, 则存在正交矩阵 Q, T, 使得

$$B = Q^{-1} \begin{pmatrix} a_1 & & & \\ & a_2 & & \\ & & \ddots & \\ & & & a_n \end{pmatrix} Q, \quad C = T^{-1} \begin{pmatrix} b_1 & & & \\ & b_2 & & \\ & & \ddots & \\ & & & b_n \end{pmatrix} T,$$

这里 $a_1, a_2, \cdots, a_n, b_1, b_2, \cdots, b_n$ 全是正数. 由 $B^m = C^m$ 得

$$
B^m = Q^{-1} \begin{pmatrix} a_1^m & & & \\ & a_2^m & & \\ & & \ddots & \\ & & & a_n^m \end{pmatrix} Q = T^{-1} \begin{pmatrix} b_1^m & & & \\ & b_2^m & & \\ & & \ddots & \\ & & & b_n^m \end{pmatrix} T = C^m.
$$

于是

$$
TQ^{-1} \begin{pmatrix} a_1^m & & & \\ & a_2^m & & \\ & & \ddots & \\ & & & a_n^m \end{pmatrix} = \begin{pmatrix} b_1^m & & & \\ & b_2^m & & \\ & & \ddots & \\ & & & b_n^m \end{pmatrix} TQ^{-1}.
$$

令 $TQ^{-1} = \begin{pmatrix} t_{11} & t_{12} & \cdots & t_{1n} \\ t_{21} & t_{22} & \cdots & t_{2n} \\ \vdots & \vdots & & \vdots \\ t_{n1} & t_{n2} & \cdots & t_{nn} \end{pmatrix}$, 则 $t_{ij}a_j^m = t_{ij}b_i^m, i, j = 1, 2, \cdots, n.$ 若

$a_j = b_i$, 则 $t_{ij}a_j = t_{ij}b_i$; 若 $a_j \neq b_i$, 则 $t_{ij} = 0$, 此时仍有 $t_{ij}a_j = t_{ij}b_i$, 即得

$$
TQ^{-1} \begin{pmatrix} a_1 & & & \\ & a_2 & & \\ & & \ddots & \\ & & & a_n \end{pmatrix} = \begin{pmatrix} b_1 & & & \\ & b_2 & & \\ & & \ddots & \\ & & & b_n \end{pmatrix} TQ^{-1}.
$$

故

$$
Q^{-1} \begin{pmatrix} a_1 & & & \\ & a_2 & & \\ & & \ddots & \\ & & & a_n \end{pmatrix} Q = T^{-1} \begin{pmatrix} b_1 & & & \\ & b_2 & & \\ & & \ddots & \\ & & & b_n \end{pmatrix} T,
$$

即得 $B = C$.

证法二 设存在正定矩阵 B, C, 使得 $A = B^m = C^m$. 任取 B 的一个特征值 λ 和属于特征值 λ 的特征向量 α, 即 $B\alpha = \lambda\alpha$, 则 $A\alpha = B^m\alpha = \lambda^m\alpha$. 于是 $(\lambda^m E - A)\alpha = 0$, 即 $(\lambda^m E - C^m)\alpha = 0$. 令

$$
D = \lambda^{m-1}E + \lambda^{m-2}C + \cdots + C^{m-1}.
$$

因为 λ 是正数且 C 正定, 所以 D 正定. 由 $D(\lambda E - C)\alpha = (\lambda^m E - C^m)\alpha = 0$, 得 $(\lambda E - C)\alpha = 0$, 即 $C\alpha = \lambda\alpha$. 由此知 B 的特征值都是 C 的特征值, 且 α 为 B 的属于特征值 λ 的特征向量, 它也是 C 的属于特征值 λ 的特征向量. 因为 B 可以对角化, 所以 B 有 n 个线性无关的特征向量 $\alpha_1, \alpha_2, \cdots, \alpha_n$. 设

$$
B\alpha_1 = \lambda_1\alpha_1, B\alpha_2 = \lambda_2\alpha_2, \cdots, B\alpha_n = \lambda_n\alpha_n.
$$

则
$$C\alpha_1 = \lambda_1\alpha_1, C\alpha_2 = \lambda_2\alpha_2, \cdots, C\alpha_n = \lambda_n\alpha_n.$$

令 $P = (\alpha_1, \alpha_2, \cdots, \alpha_n)$, 则 P 可逆, 且

$$P^{-1}BP = \begin{pmatrix} \lambda_1 & & & \\ & \lambda_2 & & \\ & & \ddots & \\ & & & \lambda_n \end{pmatrix}; \quad P^{-1}CP = \begin{pmatrix} \lambda_1 & & & \\ & \lambda_2 & & \\ & & \ddots & \\ & & & \lambda_n \end{pmatrix}.$$

故 $P^{-1}BP = P^{-1}CP$, 从而 $B = C$.

19. (第十届全国大学生数学竞赛试题) 设 $A = (a_{ij})_{n \times n}$ 为 n 阶实矩阵, 满足

(1) $a_{11} = a_{22} = \cdots = a_{nn} = a > 0$;

(2) 对每个 $i(i = 1, 2, \cdots, n)$, 有 $\sum\limits_{j=1}^{n} |a_{ij}| + \sum\limits_{j=1}^{n} |a_{ji}| < 4a$.

求 $f(x_1, x_2, \cdots, x_n) = (x_1, x_2, \cdots, x_n)A \begin{pmatrix} x_1 \\ x_2 \\ \vdots \\ x_n \end{pmatrix}$ 的规范形.

解法一　易知二次型 $f(x_1, x_2, \cdots, x_n)$ 的矩阵为 $\dfrac{A + A'}{2}$. 令 $B = \dfrac{A + A'}{2} = (b_{ij})$, 则 B 为实对称矩阵, 且

$$b_{11} = b_{22} = \cdots = b_{nn} = a > 0;$$

$$\sum_{j=1}^{n} |b_{ij}| = \sum_{j=1}^{n} \left| \frac{a_{ij} + a_{ji}}{2} \right| \leqslant \sum_{j=1}^{n} \frac{|a_{ij}| + |a_{ji}|}{2} < 2a.$$

故

$$b_{ii} > \sum_{\substack{j=1 \\ j \neq i}}^{n} |b_{ij}| \quad (i = 1, 2, \cdots, n),$$

从而矩阵 B 的第 $k(k = 1, 2, \cdots, n)$ 个顺序主子式 $|B_k|$ 中

$$b_{ii} > \sum_{\substack{j=1 \\ j \neq i}}^{n} |b_{ij}| \geqslant \sum_{\substack{j=1 \\ j \neq i}}^{k} |b_{ij}| \quad (i = 1, 2, \cdots, k).$$

由此知 $|B_k| > 0 (k = 1, 2, \cdots, n)$, 所以 B 是正定矩阵, 故 $f(x_1, x_2, \cdots, x_n)$ 为正定二次型, 其规范形为

$$y_1^2 + y_2^2 + \cdots + y_n^2.$$

解法二 易知二次型 $f(x_1, x_2, \cdots, x_n)$ 的矩阵为 $\dfrac{A + A'}{2}$.

令 $B = \dfrac{A + A'}{2} = (b_{ij})$, 则 B 为实对称矩阵, 且

$$b_{11} = b_{22} = \cdots = b_{nn} = a > 0;$$

$$\sum_{j=1}^{n} |b_{ij}| = \sum_{j=1}^{n} \left| \frac{a_{ij} + a_{ji}}{2} \right| < 2a.$$

故

$$b_{ii} > \sum_{\substack{j=1 \\ j \neq i}}^{n} |b_{ij}| \quad (i = 1, 2, \cdots, n).$$

设 λ 为矩阵 B 的任意特征值, $\alpha = \begin{pmatrix} x_1 \\ x_2 \\ \vdots \\ x_n \end{pmatrix}$ 为 B 的属于 λ 的特征向量, 记

$$x_i = \max_{1 \leqslant j \leqslant n} |x_j| > 0.$$

由于 $B\alpha = \lambda\alpha$, 故

$$\lambda = \frac{\displaystyle\sum_{j=1}^{n} b_{ij} x_j}{x_i} = b_{ii} + \sum_{\substack{j=1 \\ j \neq i}}^{n} b_{ij} \frac{x_j}{x_i} \geqslant b_{ii} - \left| \sum_{\substack{j=1 \\ j \neq i}}^{n} b_{ij} \frac{x_j}{x_i} \right|$$

$$\geqslant b_{ii} - \sum_{\substack{j=1 \\ j \neq i}}^{n} |b_{ij}| \left| \frac{x_j}{x_i} \right| \geqslant b_{ii} - \sum_{\substack{j=1 \\ j \neq i}}^{n} |b_{ij}| > 0,$$

即 B 的特征值都大于 0, 所以 B 是正定矩阵, 故 $f(x_1, x_2, \cdots, x_n)$ 为正定二次型, 其规范形为

$$y_1^2 + y_2^2 + \cdots + y_n^2.$$

20. 设 A, B 是两个 n 阶实对称矩阵, C 是 n 阶实矩阵, 满足 $A = C'BC$. 证明: 若 $r(A) = r, r(B) = s$, A, B 的正惯性指数分别是 p, q, 则 $p \leqslant q, r - p \leqslant s - q$.

证法一 依题设, 存在可逆矩阵 P, Q, 使得

$$P'AP = \begin{pmatrix} E_p & & \\ & -E_{r-p} & \\ & & 0 \end{pmatrix}, \quad Q'BQ = \begin{pmatrix} E_q & & \\ & -E_{s-q} & \\ & & 0 \end{pmatrix}.$$

令 $U = CP$, 则

$$U'BU = P'C'BCP = P'AP = \begin{pmatrix} E_p & & \\ & -E_{r-p} & \\ & & 0 \end{pmatrix}.$$

因此, $X'BX$ 经过非退化的线性替换 $X = QZ$, 和线性替换 $X = UY$ 分别化为

$$z_1^2 + \cdots + z_q^2 - z_{q+1}^2 - \cdots - z_s^2 \text{ 和 } y_1^2 + \cdots + y_p^2 - y_{p+1}^2 - \cdots - y_r^2.$$

这样, 在线性替换 $Z = Q^{-1}UY$ 下, 有

$$z_1^2 + \cdots + z_q^2 - z_{q+1}^2 - \cdots - z_s^2 = y_1^2 + \cdots + y_p^2 - y_{p+1}^2 - \cdots - y_r^2. \tag{4}$$

令 $G = Q^{-1}U = (g_{ij})_{n \times n}$, 下面利用反证法来证明结论.

(1) 若 $p > q$, 考虑下面的齐次线性方程组:

$$\begin{cases} z_1 = g_{11}y_1 + \cdots + g_{1n}y_n = 0, \\ \quad \cdots\cdots \\ z_q = g_{q1}y_1 + \cdots + g_{qn}y_n = 0, \\ y_{p+1} = 0, \\ \quad \cdots\cdots \\ y_n = 0. \end{cases}$$

由于方程的个数 $n - p + q = n - (p - q)$ 小于未知量的个数 n, 所以上述方程组有非零解 $(y_1, \cdots, y_p, 0, \cdots, 0)$. 将其代入 (4) 中, 左端的值为负数或零, 右端的值为正数, 矛盾. 故 $p \leqslant q$.

(2) 若 $r - p > s - q$, 考虑下面的齐次线性方程组:

$$\begin{cases} z_{q+1} = g_{q+1,1}y_1 + \cdots + g_{q+1,n}y_n = 0, \\ \quad \cdots\cdots \\ z_s = g_{s1}y_1 + \cdots + g_{sn}y_n = 0, \\ y_1 = 0, \\ \quad \cdots\cdots \\ y_p = 0, \\ y_{r+1} = 0, \\ \quad \cdots\cdots \\ y_n = 0. \end{cases}$$

由于方程的个数 $(s-q)+p+(n-r)=n-[(r-p)-(s-q)]$ 小于未知量的个数 n, 所以上述方程组有一组非零解 $(0,\cdots,0,y_{p+1},\cdots,y_r,0,\cdots,0)$. 将其代入 (4) 中, 左端的值为正数或零, 右端的值为负数, 矛盾. 故 $r-p \leqslant s-q$.

证法二　设 $r(C)=m$, 则存在可逆矩阵 P,Q, 使得

$$C = P \begin{pmatrix} E_m & 0 \\ 0 & 0 \end{pmatrix} Q,$$

则

$$A = C'BC = Q' \begin{pmatrix} E_m & 0 \\ 0 & 0 \end{pmatrix} P'BP \begin{pmatrix} E_m & 0 \\ 0 & 0 \end{pmatrix} Q.$$

故 A 合同于矩阵

$$\begin{pmatrix} E_m & 0 \\ 0 & 0 \end{pmatrix} P'BP \begin{pmatrix} E_m & 0 \\ 0 & 0 \end{pmatrix}.$$

令 $P'BP = \begin{pmatrix} B_1 & B_2 \\ B_2' & B_3 \end{pmatrix}$, 其中 B_1 为 m 阶方阵, 则

$$\begin{pmatrix} E_m & 0 \\ 0 & 0 \end{pmatrix} P'BP \begin{pmatrix} E_m & 0 \\ 0 & 0 \end{pmatrix} = \begin{pmatrix} B_1 & 0 \\ 0 & 0 \end{pmatrix},$$

即得 A 与 $\begin{pmatrix} B_1 & 0 \\ 0 & 0 \end{pmatrix}$ 合同. 因此, 存在 m 阶可逆矩阵 R, 使得

$$R'B_1R = \begin{pmatrix} E_p & & \\ & -E_{r-p} & \\ & & 0 \end{pmatrix}.$$

于是

$$\begin{pmatrix} R' & 0 \\ 0 & E_{n-m} \end{pmatrix} P'BP \begin{pmatrix} R & 0 \\ 0 & E_{n-m} \end{pmatrix}$$

$$= \begin{pmatrix} R' & 0 \\ 0 & E_{n-m} \end{pmatrix} \begin{pmatrix} B_1 & B_2 \\ B_2' & B_3 \end{pmatrix} \begin{pmatrix} R & 0 \\ 0 & E_{n-m} \end{pmatrix}$$

$$= \begin{pmatrix} R'B_1R & R'B_2 \\ B_2'R & B_3 \end{pmatrix}$$

$$= \begin{pmatrix} E_p & & & A_1 \\ & -E_{r-p} & & A_2 \\ & & 0 & A_3 \\ A_1' & A_2' & A_3' & B_3 \end{pmatrix}$$

$$\rightarrow \begin{pmatrix} E_p & & & \\ & -E_{r-p} & & \\ & & 0 & A_3 \\ & & A_3' & M \end{pmatrix},$$

这里 $M = B_3 - A_1'A_1 + A_2'A_2$. 因此, 矩阵 B 的正惯性指数 q 等于 p 加上 $\begin{pmatrix} 0 & A_3 \\ A_3' & M \end{pmatrix}$ 的正惯性指数; B 的负惯性指数 $s - q$ 等于 $r - p$ 加上 $\begin{pmatrix} 0 & A_3 \\ A_3' & M \end{pmatrix}$ 的负惯性指数, 即得 $p \leqslant q, r - p \leqslant s - q$.

第6章 线性空间

6.1 思路点拨

1. 确定线性空间 V 的一组基的方法

(1) 用定义. 证明 V 中向量组 $\alpha_1, \alpha_2, \cdots, \alpha_n$ 线性无关, 再证 V 中任意向量 β 可由 $\alpha_1, \alpha_2, \cdots, \alpha_n$ 线性表示.

(2) 若已知 (或已证) V 为 n 维向量空间, 则 V 中任意 n 个线性无关的向量都是 V 的一组基.

(3) 设 V_1, V_2 是 V 的两个子空间, 且 $V = V_1 \oplus V_2$, 则 V_1 的一组基与 V_2 的一组基合并在一起就是 V 的一组基.

(4) 设 V 和 W 均为数域 P 上的线性空间, 且 $V \cong W$, 则 V 的任意一组基的像向量组为 W 的一组基, W 的任意一组基的原像向量组为 V 的一组基.

(5) n 维线性空间 V 的任意一组线性无关向量都可以扩充为 V 的一组基.

2. 求向量的坐标和两组基之间的过渡矩阵的常用方法

(1) 把 V 中的向量 ξ 表示为 V 的基 $\alpha_1, \alpha_2, \cdots, \alpha_n$ 的线性组合: $\xi = \sum\limits_{i=1}^{n} x_i \alpha_i$, 则 $(x_1, x_2, \cdots, x_n)$ 为 ξ 关于基 $\alpha_1, \alpha_2, \cdots, \alpha_n$ 的坐标.

(2) 求向量 ξ 关于基 $\alpha_1, \alpha_2, \cdots, \alpha_n$ 的坐标 $(y_1, y_2, \cdots, y_n)$ 时, 若 ξ 在另一组基 $\varepsilon_1, \varepsilon_2, \cdots, \varepsilon_n$ 下的坐标 $(x_1, x_2, \cdots, x_n)$ 及基 $\varepsilon_1, \varepsilon_2, \cdots, \varepsilon_n$ 到基 $\alpha_1, \alpha_2, \cdots, \alpha_n$ 的过渡矩阵 T 容易求得, 则

$$\begin{pmatrix} y_1 \\ y_2 \\ \vdots \\ y_n \end{pmatrix} = T^{-1} \begin{pmatrix} x_1 \\ x_2 \\ \vdots \\ x_n \end{pmatrix}.$$

设 $X = \begin{pmatrix} x_1 \\ x_2 \\ \vdots \\ x_n \end{pmatrix}, Y = \begin{pmatrix} y_1 \\ y_2 \\ \vdots \\ y_n \end{pmatrix}$, 则 $Y = T^{-1}X$ 可由如下方法求得:

$$(T \ \ X) \xrightarrow{\text{经行初等变换}} (E \ \ C),$$

则 $C = T^{-1}X = Y$.

(3) 求基 $\alpha_1, \alpha_2, \cdots, \alpha_n$ 到基 $\beta_1, \beta_2, \cdots, \beta_n$ 的过渡矩阵 T 时, 若有另外一组基 $\varepsilon_1, \varepsilon_2, \cdots, \varepsilon_n$ 到 $\alpha_1, \alpha_2, \cdots, \alpha_n$ 的过渡矩阵 A 和它到 $\beta_1, \beta_2, \cdots, \beta_n$ 的过渡矩阵 B 容易求得, 则 $\alpha_1, \alpha_2, \cdots, \alpha_n$ 到 $\beta_1, \beta_2, \cdots, \beta_n$ 的过渡矩阵 $T = A^{-1}B$. $A^{-1}B$ 可由如下方法求得:

$$(A \quad B) \xrightarrow{\text{经行初等变换}} (E \quad C),$$

则 $C = A^{-1}B$.

3. 子空间的直和的判定

设 V_1, V_2 是线性空间 V 的两个子空间.

(1) $W = V_1 + V_2$ 是直和当且仅当对任意的 $\alpha \in W$, 分解式 $\alpha = \alpha_1 + \alpha_2(\alpha_1 \in V_1, \alpha_2 \in V_2)$ 是唯一的.

(2) $W = V_1 + V_2$ 是直和当且仅当零向量的分解式唯一.

(3) $W = V_1 + V_2$ 是直和当且仅当 $V_1 \cap V_2 = \{0\}$.

(4) $W = V_1 + V_2$ 是直和当且仅当 $\dim V_1 + \dim V_2 = \dim W$.

(5) 设 $\alpha_1, \alpha_2, \cdots, \alpha_m$ 是线性空间 V 中一组线性无关向量, $V_1 = L(\alpha_1, \alpha_2, \cdots, \alpha_r), V_2 = L(\alpha_{r+1}, \alpha_{r+2}, \cdots, \alpha_m)$, 则 $V_1 + V_2$ 是直和.

(6) 若 V 为欧氏空间, V_1, V_2 是 V 的子空间. 若 $V_1 \perp V_2$, 则 $V_1 + V_2$ 是直和.

注 若证明 $V = V_1 \oplus V_2$, 则需先证 $V = V_1 + V_2$, 再证 $V_1 + V_2$ 是直和.

4. 有关子空间的重要结论

(1) 线性空间 V 中两个向量组生成相同的子空间当且仅当这两个向量组等价.

(2) (维数公式) 设 V_1 和 V_2 是有限维线性空间 V 的子空间, 则

$$\dim V_1 + \dim V_2 = \dim(V_1 + V_2) + \dim(V_1 \cap V_2).$$

它给出了四个子空间的维数之间的内在联系, 知道任意三个子空间的维数, 可求得第四个子空间的维数.

(3) 若 V_1, V_2 是 n 维线性空间 V 的子空间. 若 $\dim V_1 + \dim V_2 > n$, 则 V_1, V_2 必含有公共的非零向量.

(4) 设 $V_1, V_2, \cdots, V_k$ 是线性空间 V 的任意 k 个真子空间, 则 $V \neq \bigcup\limits_{i=1}^{k} V_i$, 即存在一个向量 $\alpha \in V$, 使得 $\alpha \notin V_i \ (1 \leqslant i \leqslant k)$.

5. 有关线性空间问题的求解或证明, 常取线性空间 (子空间) 的合适的基, 特别是常见线性空间的自然基

6. 利用线性空间的同构, 齐次线性方程组的解空间也是证题时常考虑的方法

6.2 问 题 探 索

1. 设 V_1, V_2 分别是齐次线性方程组 $x_1+x_2+\cdots+x_n = 0$ 和 $x_1 = x_2 = \cdots = x_n$ 的解空间. 证明: $P^n = V_1 \oplus V_2$.

证法一　齐次线性方程组 $x_1 + x_2 + \cdots + x_n = 0$ 的一组基础解系为

$$\alpha_1 = \begin{pmatrix} 1 \\ -1 \\ 0 \\ \vdots \\ 0 \end{pmatrix}, \alpha_2 = \begin{pmatrix} 1 \\ 0 \\ -1 \\ \vdots \\ 0 \end{pmatrix}, \cdots, \alpha_{n-1} = \begin{pmatrix} 1 \\ 0 \\ 0 \\ \vdots \\ -1 \end{pmatrix}.$$

齐次线性方程组 $x_1 = x_2 = \cdots = x_n$ 的一组基础解系为

$$\alpha_n = \begin{pmatrix} 1 \\ 1 \\ 1 \\ \vdots \\ 1 \end{pmatrix}.$$

因为行列式 $|\alpha_1, \alpha_2, \cdots, \alpha_n| \neq 0$, 所以 $\alpha_1, \alpha_2, \cdots, \alpha_n$ 线性无关, 从而它是 P^n 的一组基. 因为 $V_1 = L(\alpha_1, \alpha_2, \cdots, \alpha_{n-1})$, $V_2 = L(\alpha_n)$, 所以

$$P^n = L(\alpha_1, \alpha_2, \cdots, \alpha_n) = L(\alpha_1, \alpha_2, \cdots, \alpha_{n-1}) \oplus L(\alpha_n) = V_1 \oplus V_2.$$

证法二　(1) 证明 $P^n = V_1 + V_2$.

任取 $(x_1, x_2, \cdots, x_n) \in P^n$. 令 $x = x_1 + x_2 + \cdots + x_n$, 则

$$(x_1, x_2, \cdots, x_n) = \left(x_1 - \frac{x}{n}, x_2 - \frac{x}{n}, \cdots, x_n - \frac{x}{n}\right) + \left(\frac{x}{n}, \frac{x}{n}, \cdots, \frac{x}{n}\right) \in V_1 + V_2,$$

故 $P^n = V_1 + V_2$.

(2) 证明 $V_1 + V_2$ 是直和.

法一　任意 $\alpha = (x_1, x_2, \cdots, x_n) \in V_1 \cap V_2$, 则 $\sum\limits_{i=1}^{n} x_i = 0, x_1 = x_2 = \cdots = x_n$, 从而 $x_1 = x_2 = \cdots = x_n = 0$, 即 $\alpha = 0$, 得 $V_1 \cap V_2 = \{0\}$. 因此 $V_1 + V_2$ 是直和.

法二　设 $0 = (a_1, a_2, \cdots, a_n) + (b_1, b_2, \cdots, b_n)$, 这里 $(a_1, a_2, \cdots, a_n) \in V_1$, $(b_1, b_2, \cdots, b_n) \in V_2$, 则

$$\sum_{i=1}^{n} a_i = 0, b_1 = b_2 = \cdots = b_n, a_i + b_i = 0 \ (i = 1, 2, \cdots, n).$$

故得 $a_1 = a_2 = \cdots = a_n = 0; b_1 = b_2 = \cdots = b_n = 0$, 即

$$(a_1, a_2, \cdots, a_n) = (b_1, b_2, \cdots, b_n) = 0,$$

从而零向量的表示法是唯一的, 所以 $V_1 + V_2$ 是直和.

法三 因为 $x_1 + x_2 + \cdots + x_n = 0$ 的系数矩阵的秩为 1, $x_1 = x_2 = \cdots = x_n = 0$ 的系数矩阵的秩为 $n-1$, 所以 $\dim V_1 = n-1$, $\dim V_2 = 1$, 从而 $\dim V_1 + \dim V_2 = n$. 又 $\dim(V_1 + V_2) = \dim P^n = n$, 所以 $\dim V_1 + \dim V_2 = \dim(V_1 + V_2)$, 故 $V_1 + V_2$ 是直和.

2. 设 $V = \{A | A \in P^{n \times n}, A = A'\}$ 为数域 P 上所有 n 阶对称矩阵关于矩阵的加法和数乘作成的线性空间. 令

$$U = \{A | A \in V, \mathrm{Tr}(A) = 0\}, \quad W = \{\lambda E | \lambda \in P\}$$

是 V 的两个子空间, 证明: $V = U \oplus W$.

证法一 任意的 $A = (a_{ij}) \in V$, 有

$$A = \begin{pmatrix} a_{11} - \dfrac{a}{n} & a_{12} & \cdots & a_{1n} \\ a_{21} & a_{22} - \dfrac{a}{n} & \cdots & a_{2n} \\ \vdots & \vdots & & \vdots \\ a_{n1} & a_{n2} & \cdots & a_{nn} - \dfrac{a}{n} \end{pmatrix} + \dfrac{a}{n} E = B + C,$$

这里 $a = \sum\limits_{i=1}^{n} a_{ii}$,

$$B = \begin{pmatrix} a_{11} - \dfrac{a}{n} & a_{12} & \cdots & a_{1n} \\ a_{21} & a_{22} - \dfrac{a}{n} & \cdots & a_{2n} \\ \vdots & \vdots & & \vdots \\ a_{n1} & a_{n2} & \cdots & a_{nn} - \dfrac{a}{n} \end{pmatrix} \in U, \quad C = \dfrac{a}{n} E \in W,$$

所以 $V = U + W$.

又任意的 $A \in U \cap W$, 则 $A = \lambda E$ 且 $\mathrm{Tr}(A) = 0$. 于是 $\lambda = 0$, 即 $A = 0$, 所以 $U \cap W = \{0\}$, 从而 $U + W$ 是直和.

综上知 $V = U \oplus W$.

证法二 易知单位矩阵 E 是 W 的一个基. 选取 U 中的矩阵:

$$
\begin{matrix}
E_{11} - E_{nn} & E_{22} - E_{nn} & \cdots & E_{n-1,n-1} - E_{nn} \\
E_{12} + E_{21} & E_{13} + E_{31} & \cdots & E_{1n} + E_{n1} \\
& E_{23} + E_{32} & \cdots & E_{2n} + E_{n2} \\
& & & \vdots \\
& & & E_{n-1,n} + E_{n,n-1}
\end{matrix}
\tag{1}
$$

下证它们为 U 的一组基. 设

$$
\sum_{i=1}^{n-1} k_i(E_{ii} - E_{nn}) + \sum_{1 \leqslant i < j \leqslant n} l_{ij}(E_{ij} + E_{ji}) = 0,
$$

即

$$
\begin{pmatrix}
k_1 & l_{12} & \cdots & l_{1,n-1} & l_{1n} \\
l_{12} & k_2 & \cdots & l_{2,n-1} & l_{2n} \\
\vdots & \vdots & & \vdots & \vdots \\
l_{1,n-1} & l_{2,n-1} & \cdots & k_{n-1} & l_{n-1,n} \\
l_{1n} & l_{2n} & \cdots & l_{n-1,n} & -\sum_{i=1}^{n-1} k_i
\end{pmatrix} = 0,
$$

所以

$$
k_1 = k_2 = \cdots = k_{n-1} = 0, \quad l_{ij} = 0 \quad (1 \leqslant i < j \leqslant n).
$$

故 (1) 中 $\dfrac{(n-1)(n+2)}{2}$ 个向量线性无关.

任取

$$
A = \begin{pmatrix}
a_{11} & a_{12} & \cdots & a_{1,n-1} & a_{1n} \\
a_{12} & a_{22} & \cdots & a_{2,n-1} & a_{2n} \\
\vdots & \vdots & & \vdots & \vdots \\
a_{1,n-1} & a_{2,n-1} & \cdots & a_{n-1,n-1} & a_{n-1,n} \\
a_{1n} & a_{2n} & \cdots & a_{n-1,n} & a_{nn}
\end{pmatrix} \in U.
$$

注意到 $\mathrm{Tr}(A) = \sum\limits_{i=1}^{n} a_{ii} = 0$, 即得

$$
A = \sum_{i=1}^{n-1} a_{ii}(E_{ii} - E_{nn}) + \sum_{1 \leqslant i < j \leqslant n} a_{ij}(E_{ij} + E_{ji}) = 0,
$$

即 A 可由向量组 (1) 线性表出, 所以向量组 (1) 为 U 的一组基. 又 $E \notin U$, 故 E 不能由向量组 (1) 线性表出, 将 E 加入后的向量组仍然线性无关, 这时向量组中的向量个数为

$$
\frac{(n-1)(n+2)}{2} + 1 = \frac{n(n+1)}{2} = \dim V,
$$

它是 V 的一组基, 所以 $V = U \oplus W$.

3. 设 V 是数域 P 上的线性空间, $\alpha_1, \alpha_2, \cdots, \alpha_n \in V$, 且 $r(\alpha_1, \alpha_2, \cdots, \alpha_n) = r$. 证明: 使 $\sum_{i=1}^{n} k_i \alpha_i = 0$ 的所有 n 元向量 $(k_1, k_2, \cdots, k_n)$ 作成的集合 W 是线性空间 P^n 的一个 $n - r$ 维子空间.

证法一 显然 W 是线性空间 P^n 的子空间. 下证 $\dim W = n - r$.

若 $r = 0$, 结论成立. 下设 $r > 0$, 并不妨设 $\alpha_1, \alpha_2, \cdots, \alpha_r$ 是 $\alpha_1, \alpha_2, \cdots, \alpha_n$ 的一个极大线性无关组, 则每个 α_j $(j = r+1, \cdots, n)$ 均可由 $\alpha_1, \alpha_2, \cdots, \alpha_r$ 线性表出, 设

$$l_{1j}\alpha_1 + l_{2j}\alpha_2 + \cdots + l_{rj}\alpha_r + \alpha_j = 0 \quad (j = r+1, \cdots, n), \tag{2}$$

则 W 中以下 $n - r$ 个向量构成的向量组显然线性无关:

$$X_j = (l_{1j}, l_{2j}, \cdots, l_{rj}, 0, \cdots, 0, \overset{(j)}{1}, 0, \cdots, 0) \quad (j = r+1, \cdots, n).$$

再证 W 中的任意向量可由它们线性表出. 设 $(k_1, k_2, \cdots, k_n) \in W$, 则 $\sum_{i=1}^{n} k_i \alpha_i = 0$. 再由 (2) 式得

$$\sum_{j=r+1}^{n} k_j l_{1j} \alpha_1 + \sum_{j=r+1}^{n} k_j l_{2j} \alpha_2 + \cdots + \sum_{j=r+1}^{n} k_j l_{rj} \alpha_r + \sum_{j=r+1}^{n} k_j \alpha_j = 0. \tag{3}$$

用 $\sum_{i=1}^{n} k_i \alpha_i = 0$ 减去 (3) 式得

$$\left(k_1 - \sum_{j=r+1}^{n} k_j l_{1j} \right) \alpha_1 + \left(k_2 - \sum_{j=r+1}^{n} k_j l_{2j} \right) \alpha_2 + \cdots + \left(k_r - \sum_{j=r+1}^{n} k_j l_{rj} \right) \alpha_r = 0.$$

因为 $\alpha_1, \alpha_2, \cdots, \alpha_r$ 线性无关, 所以

$$k_i - \sum_{j=r+1}^{n} k_j l_{ij} = 0 \quad (i = 1, 2, \cdots, r),$$

即

$$k_i = \sum_{j=r+1}^{n} k_j l_{ij} \quad (i = 1, 2, \cdots, r).$$

故

$$(k_1, k_2, \cdots, k_n) = \left(\sum_{j=r+1}^{n} k_j l_{1j}, \sum_{j=r+1}^{n} k_j l_{2j}, \cdots, \sum_{j=r+1}^{n} k_j l_{rj}, k_{r+1}, \cdots, k_n \right)$$

$$= k_{r+1}(l_{1,r+1}, l_{2,r+1}, \cdots, l_{r,r+1}, 1, 0, \cdots, 0)$$

$$+ k_{r+2}(l_{1,r+2}, l_{2,r+2}, \cdots, l_{r,r+2}, 0, 1, 0, \cdots, 0)$$

$$+ \cdots$$

$$+ k_n(l_{1,n}, l_{2,n}, \cdots, l_{r,n}, 0, \cdots, 0, 1)$$

$$= \sum_{j=r+1}^{n} k_j X_j,$$

故 $X_{r+1}, X_{r+2}, \cdots, X_n$ 为 W 的一组基, 所以 $\dim W = n - r$.

证法二 若 $r = 0$, 结论成立. 下设 $r > 0$, 并不妨设 $\alpha_1, \alpha_2, \cdots, \alpha_r$ 是 $\alpha_1, \alpha_2, \cdots, \alpha_n$ 的一个极大线性无关组, 则每个 α_j $(j = r + 1, \cdots, n)$ 均可由 $\alpha_1, \alpha_2, \cdots, \alpha_r$ 线性表出, 设

$$\alpha_j = a_{1j}\alpha_1 + a_{2j}\alpha_2 + \cdots + a_{rj}\alpha_r \quad (j = r + 1, \cdots, n).$$

令

$$A = \begin{pmatrix} 1 & 0 & \cdots & 0 & a_{1,r+1} & \cdots & a_{1,n} \\ 0 & 1 & \cdots & 0 & a_{2,r+1} & \cdots & a_{2,n} \\ \vdots & \vdots & & \vdots & \vdots & & \vdots \\ 0 & 0 & \cdots & 1 & a_{r,r+1} & \cdots & a_{r,n} \end{pmatrix},$$

则 $r(A) = r$, 且 $(\alpha_1, \alpha_2, \cdots, \alpha_n) = (\alpha_1, \alpha_2, \cdots, \alpha_r)A$, 故

$$\sum_{i=1}^{n} k_i \alpha_i = (\alpha_1, \alpha_2, \cdots, \alpha_n) \begin{pmatrix} k_1 \\ k_2 \\ \vdots \\ k_n \end{pmatrix} = (\alpha_1, \alpha_2, \cdots, \alpha_r)A \begin{pmatrix} k_1 \\ k_2 \\ \vdots \\ k_n \end{pmatrix}.$$

由此易知, $\sum_{i=1}^{n} k_i \alpha_i = 0$ 当且仅当 $(k_1, k_2, \cdots, k_n)'$ 是齐次线性方程组 $AX = 0$ 的解, 故 W 为齐次线性方程组 $AX = 0$ 的解空间, 所以 $\dim W = n - r$.

4. 设 $\mathbb{R}^+$ 是全体正实数集合对如下运算

$$a \oplus b = ab, \quad k \circ a = a^k, \quad \forall a, b \in \mathbb{R}^+, k \in \mathbb{R}$$

作成的实数域 $\mathbb{R}$ 上的线性空间, V 为实数域 $\mathbb{R}$ 关于数的加法和乘法作成的自身上的线性空间, 证明: $\mathbb{R}^+ \cong V$.

证法一 取定数 2, 令

$$\varphi : x \mapsto 2^x, \quad x \in \mathbb{R},$$

则 φ 为 V 到 $\mathbb{R}^+$ 的一个映射, 且是一个单射. 又对任意 $b \in \mathbb{R}^+$, 令 $x_0 = \log_2 b$, 则 $x_0 \in \mathbb{R}$ 且

$$\varphi(x_0) = 2^{x_0} = 2^{\log_2 b} = b,$$

所以 φ 又是一个满射, 从而 φ 为 V 到 $\mathbb{R}^+$ 的一个双射.

又因为对任意 $x, y \in V$ 和 $k \in \mathbb{R}$ 有

$$\varphi(x + y) = 2^{x+y} = 2^x 2^y = 2^x \oplus 2^y = \varphi(x) \oplus \varphi(y);$$

$$\varphi(kx) = 2^{kx} = (2^x)^k = k \circ 2^x = k \circ \varphi(x),$$

所以 φ 为 V 到 $\mathbb{R}^+$ 的一个同构映射, 故 $V \cong \mathbb{R}^+$, 从而 $\mathbb{R}^+ \cong V$.

证法二 因为 V 为实数域 $\mathbb{R}$ 作成的自身上的线性空间, 所以 $\dim V = 1$.

在线性空间 $\mathbb{R}^+$ 中取非零向量 2, 则它是线性无关的. 对 $\mathbb{R}^+$ 中任意向量 b, 有 $\log_2 b \in \mathbb{R}$, $b = 2^{\log_2 b} = (\log_2 b) \circ 2$, 从而 2 是线性空间 $\mathbb{R}^+$ 的一个基, 所以 $\dim \mathbb{R}^+ = 1$. 因为 $\mathbb{R}^+$ 和 V 都是实数域 $\mathbb{R}$ 上的一维线性空间, 所以 $\mathbb{R}^+ \cong V$.

5. 设 V_1, V_2 分别是有限维线性空间 V 的子空间, 且 $\dim(V_1 + V_2) = \dim(V_1 \cap V_2) + 1$, 证明: $V_1 + V_2 = V_1, V_1 \cap V_2 = V_2$ 或者 $V_1 + V_2 = V_2, V_1 \cap V_2 = V_1$.

证明 因为

$$V_1 + V_2 = V_1 \Rightarrow V_1 \cap V_2 = (V_1 + V_2) \cap V_2 = V_2,$$

$$V_1 + V_2 = V_2 \Rightarrow V_1 \cap V_2 = V_1 \cap (V_1 + V_2) = V_1,$$

所以下面只需证明 $V_1 + V_2 = V_1$ 或者 $V_1 + V_2 = V_2$.

证法一 由维数公式和题设条件可得

$$\dim V_1 + \dim V_2 - \dim(V_1 \cap V_2) = \dim(V_1 + V_2) = \dim(V_1 \cap V_2) + 1.$$

故

$$[\dim V_1 - \dim(V_1 \cap V_2)] + [\dim V_2 - \dim(V_1 \cap V_2)] = 1.$$

若 $\dim V_1 - \dim(V_1 \cap V_2) = 1$, 则 $\dim V_2 - \dim(V_1 \cap V_2) = 0$, 此时 $V_2 = V_1 \cap V_2 \subseteq V_1$, 即得 $V_1 + V_2 = V_1$; 若 $\dim V_2 - \dim(V_1 \cap V_2) = 1$, 则 $\dim V_1 - \dim(V_1 \cap V_2) = 0$, 此时 $V_1 = V_1 \cap V_2 \subseteq V_2$, 即得 $V_1 + V_2 = V_2$.

证法二 若 $V_1 = V_2$, 则 $V_1 + V_2 = V_1 \cap V_2$, 与题设矛盾, 所以 $V_1 \neq V_2$. 又

$$V_1 + V_2 \supseteq V_i \supseteq V_1 \cap V_2 \quad (i = 1, 2),$$

所以

$$\dim(V_1 + V_2) \geqslant \dim V_i \geqslant \dim(V_1 \cap V_2) = \dim(V_1 + V_2) - 1 \quad (i = 1, 2), \qquad (4)$$

当 $\dim V_1 > \dim(V_1 \cap V_2)$ 时, 则由式 (4) 得 $\dim(V_1 + V_2) = \dim V_1$, 故 $V_1 = V_1 + V_2$. 当 $\dim V_2 > \dim(V_1 \cap V_2)$ 时, 同理可得 $V_2 = V_1 + V_2$. 若 $\dim V_1 = \dim(V_1 \cap V_2)$, 则 $V_1 \subseteq V_2$; 若 $\dim V_2 = \dim(V_1 \cap V_2)$, 则 $V_2 \subseteq V_1$, 故此时仍有 $V_1 + V_2 = V_1$ 或者 $V_1 + V_2 = V_2$.

证法三　设 $\dim(V_1 \cap V_2) = r$, 且 $\alpha_1, \alpha_2, \cdots, \alpha_r$ 是它的一组基, 把它扩充为 $V_1 + V_2$ 的一组基: $\alpha_1, \alpha_2, \cdots, \alpha_r, \alpha_{r+1}$. 令 $\alpha_{r+1} = \beta + \gamma, \beta \in V_1, \gamma \in V_2$. 因为 $\alpha_{r+1} \notin V_1 \cap V_2$, 所以 $\beta \notin V_2$ 或者 $\gamma \notin V_1$.

若 $\beta \notin V_2$, 则 $\beta \notin V_1 \cap V_2$, 从而 $\alpha_1, \alpha_2, \cdots, \alpha_r, \beta$ 线性无关, 所以它既为 V_1 的一组基, 也为 $V_1 + V_2$ 的一组基, 故 $V_1 + V_2 = V_1$.

若 $\gamma \notin V_1$, 则 $\gamma \notin V_1 \cap V_2$, 从而 $\alpha_1, \alpha_2, \cdots, \alpha_r, \gamma$ 线性无关, 所以它既为 V_2 的一组基, 也为 $V_1 + V_2$ 的一组基, 故 $V_1 + V_2 = V_2$.

6. 设 $V_1, V_2, \cdots, V_s$ 均为数域 P 上 n 维线性空间 V 的真子空间, 证明:

$$\bigcup_{i=1}^{s} V_i \neq V.$$

证法一　对子空间的个数 s 作数学归纳法. 当 $s = 1$ 时, 结论显然成立. 假设结论对 $s - 1$ 已经成立, 即 $\bigcup_{i=1}^{s-1} V_i \neq V$, 因而有 $\beta \in V$, 但 $\beta \notin \bigcup_{i=1}^{s-1} V_i$. 若 $\beta \notin V_s$, 则 $\beta \notin \bigcup_{i=1}^{s} V_i$, 从而 $\bigcup_{i=1}^{s} V_i \neq V$. 若 $\beta \in V_s$, 取 $\alpha \notin V_s$, 则对任意的 $k \in P$, $\alpha + k\beta \notin V_s$. 若对任意的 $k \in P$, $\alpha + k\beta \in \bigcup_{i=1}^{s-1} V_i$, 则 s 个向量 $\alpha + \beta, \alpha + 2\beta, \cdots, \alpha + s\beta$ 在 $\bigcup_{i=1}^{s-1} V_i$ 中, 故由抽屉原理知, 存在 i, k_1, k_2 $(1 \leqslant i \leqslant s - 1, 1 \leqslant k_1, k_2 \leqslant s, k_1 \neq k_2)$, 使得 $\alpha + k_1\beta, \alpha + k_2\beta \in V_i$, 从而

$$\beta = \frac{1}{k_1 - k_2}[(\alpha + k_1\beta) - (\alpha + k_2\beta)] \in V_i \subseteq \bigcup_{i=1}^{s-1} V_i,$$

出现矛盾. 故必有 k_0 $(1 \leqslant k_0 \leqslant s)$ 使得 $\alpha + k_0\beta \notin \bigcup_{i=1}^{s-1} V_i$, 从而 $\alpha + k_0\beta \notin \bigcup_{i=1}^{s} V_i$, 即

$$\bigcup_{i=1}^{s} V_i \neq V.$$

证法二　设 $\dim V = n$, 对每个真子空间 V_i, 有 $n - 1$ 维的子空间 $W_i \supseteq V_i$. 如果 $\bigcup_{i=1}^{s} W_i \neq V$, 自然 $\bigcup_{i=1}^{s} V_i \neq V$, 故不妨设 $\dim V_i = n - 1$.

设 $\alpha_1, \alpha_2, \cdots, \alpha_n$ 为线性空间 V 的一组基, $\beta_{i1}, \beta_{i2}, \cdots, \beta_{i,n-1}$ 是 V_i 的一组基, $i = 1, 2, \cdots, s$. 设 $\beta_{i1}, \beta_{i2}, \cdots, \beta_{i,n-1}$ 在基 $\alpha_1, \alpha_2, \cdots, \alpha_n$ 下的坐标为列作成的矩阵为 C_i, 即

$$(\beta_{i1}, \beta_{i2}, \cdots, \beta_{i,n-1}) = (\alpha_1, \alpha_2, \cdots, \alpha_n)C_i.$$

易知 $r(C_i) = n - 1 (i = 1, 2, \cdots, s)$. 设

$$\alpha = \sum_{i=1}^{n} x_i \alpha_i = (\alpha_1, \alpha_2, \cdots, \alpha_n) \begin{pmatrix} x_1 \\ x_2 \\ \vdots \\ x_n \end{pmatrix}.$$

若 $\alpha \in V_i$, 则

$$\alpha = \sum_{k=1}^{n-1} l_{ik}\beta_{ik} = (\beta_{i1}, \beta_{i2}, \cdots, \beta_{i,n-1}) \begin{pmatrix} l_{i1} \\ l_{i2} \\ \vdots \\ l_{i,n-1} \end{pmatrix} = (\alpha_1, \alpha_2, \cdots, \alpha_n)C_i \begin{pmatrix} l_{i1} \\ l_{i2} \\ \vdots \\ l_{i,n-1} \end{pmatrix}.$$

故

$$C_i \begin{pmatrix} l_{i1} \\ l_{i2} \\ \vdots \\ l_{i,n-1} \end{pmatrix} = \begin{pmatrix} x_1 \\ x_2 \\ \vdots \\ x_n \end{pmatrix},$$

即方程组 $C_i Z = X$ 有解, 当且仅当 $r(C_i, X) = r(C_i) = n - 1$, 而这又当且仅当行列式 $|C_i, X| = 0$, 即 $a_{i1}x_1 + a_{i2}x_2 + \cdots + a_{in}x_n = 0$, 其中 a_{ij} 为行列式 $|C_i, X|$ 中 x_j 的代数余子式, 易知它们不全为零. 于是当 $a_{i1}x_1 + a_{i2}x_2 + \cdots + a_{in}x_n \neq 0$ 时, $\alpha \notin V_i$. 故

$$\alpha = \sum_{i=1}^{n} x_i \alpha_i \notin \bigcup_{i=1}^{s} V_i \Leftrightarrow \begin{cases} a_{11}x_1 + a_{12}x_2 + \cdots + a_{1n}x_n \neq 0, \\ a_{21}x_1 + a_{22}x_2 + \cdots + a_{2n}x_n \neq 0, \\ \quad \cdots\cdots \\ a_{s1}x_1 + a_{s2}x_2 + \cdots + a_{sn}x_n \neq 0. \end{cases}$$

取 $\alpha(t) = \alpha_1 + t\alpha_2 + \cdots + t^{n-1}\alpha_n \in V$, 再令 $f(t) = \prod_{i=1}^{s}(a_{i1} + ta_{i2} + \cdots + t^{n-1}a_{in})$, 则 $f(t)$ 是一个关于参数 t 的非零多项式, 它最多有 $(n-1)s$ 个根, 故可取 t_0 使 $f(t_0) \neq 0$, 这时 $a_{i1} + t_0 a_{i2} + \cdots + t_0^{n-1}a_{in} \neq 0$ $(i = 1, 2, \cdots, s)$, 故

$$\alpha(t_0) = \alpha_1 + t_0 \alpha_2 + \cdots + t_0^{n-1}\alpha_n \notin \bigcup_{i=1}^{s} V_i,$$

所以 $\bigcup\limits_{i=1}^{s} V_i \neq V$.

证法三　利用证法二的前半部分结论, 对子空间的个数 s 作数学归纳法. 当 $s = 1$ 时, 结论显然成立. 设结论对 $s - 1$ 已经成立, 即存在 $t_1, t_2, \cdots, t_n$, 使得

$$
\begin{cases}
a_{11}t_1 + a_{12}t_2 + \cdots + a_{1n}t_n \neq 0, \\
a_{21}t_1 + a_{22}t_2 + \cdots + a_{2n}t_n \neq 0, \\
\qquad\cdots\cdots \\
a_{s-1,1}t_1 + a_{s-1,2}t_2 + \cdots + a_{s-1,n}t_n \neq 0.
\end{cases}
$$

当子空间的个数为 s 时, 若 $a_{s1}t_1 + a_{s2}t_2 + \cdots + a_{sn}t_n \neq 0$, 结论已成立. 若 $a_{s1}t_1 + a_{s2}t_2 + \cdots + a_{sn}t_n = 0$, 这时不妨设 $a_{s1} \neq 0$. 若有 $p \neq q$ 使得下面等式成立:

$$
\begin{cases}
a_{i1}p + a_{i2}t_2 + \cdots + a_{in}t_n = 0, \\
a_{i1}q + a_{i2}t_2 + \cdots + a_{in}i_n = 0, \quad i = 1, 2, \cdots, s-1.
\end{cases}
$$

则 $a_{i1}(p - q) = 0$. 由 $p \neq q$ 可得 $a_{i1} = 0$. 因此, $a_{i1}t_1 + a_{i2}t_2 + \cdots + a_{in}t_n = 0$, 此与归纳假设矛盾. 又 $a_{s1} \neq 0$, 所以 $a_{s1}p + a_{s2}t_2 + \cdots + a_{sn}t_n = 0$ 与 $a_{s1}q + a_{s2}t_2 + \cdots + a_{sn}t_n = 0$ 不能同时成立. 故方程 $a_{i1}y_i + a_{i2}t_2 + \cdots + a_{in}t_n = 0$ 至多有一个解 c_i $(1 \leqslant i \leqslant s)$.

取 $u_1 \neq c_i$ $(1 \leqslant i \leqslant s), u_j = t_j$ $(2 \leqslant j \leqslant n)$, 则有

$$
\begin{cases}
a_{11}u_1 + a_{12}u_2 + \cdots + a_{1n}u_n \neq 0, \\
a_{21}u_1 + a_{22}u_2 + \cdots + a_{2n}u_n \neq 0, \\
\qquad\cdots\cdots \\
a_{s1}u_1 + a_{s2}u_2 + \cdots + a_{sn}u_n \neq 0.
\end{cases}
$$

故 $\alpha = \sum\limits_{i=1}^{n} u_i\alpha_i \notin \bigcup\limits_{i=1}^{s} V_i$, 所以 $\bigcup\limits_{i=1}^{s} V_i \neq V$.

7.　设 V 为数域 P 上 n 维线性空间, 则对任意 $m \geqslant n$, V 中存在向量 $\alpha_1, \alpha_2, \cdots, \alpha_m$, 使得其中任意 n 个向量都是 V 的一组基.

证法一　取 V 的一组基 $\varepsilon_1, \varepsilon_2, \cdots, \varepsilon_n$ 和数域 P 中 m 个互不相同的数 $t_1, t_2, \cdots, t_m$, 令

$$
\alpha_i = \varepsilon_1 + t_i\varepsilon_2 + \cdots + t_i^{n-1}\varepsilon_n \quad (i = 1, 2, \cdots, m).
$$

任取其中 n 个向量 $\alpha_{i_1}, \alpha_{i_2}, \cdots, \alpha_{i_n}$, 由它们的坐标为列构成的行列式是一个范德

蒙德行列式, 且 $t_{i_1}, t_{i_2}, \cdots, t_{i_n}$ 互不相同, 所以

$$
\begin{vmatrix}
1 & 1 & \cdots & 1 \\
t_{i_1} & t_{i_2} & \cdots & t_{i_n} \\
\vdots & \vdots & & \vdots \\
t_{i_1}^{n-1} & t_{i_2}^{n-1} & \cdots & t_{i_n}^{n-1}
\end{vmatrix}
= \prod_{1 \leqslant l < k \leqslant n} (t_{i_k} - t_{i_l}) \neq 0.
$$

故 $\alpha_{i_1}, \alpha_{i_2}, \cdots, \alpha_{i_n}$ 线性无关.

证法二 对向量个数 m 作数学归纳法. 当 $m = n$ 时, 取 $\alpha_1, \alpha_2, \cdots, \alpha_n$ 为 V 的一组基即可. 当 $m > n$ 时, 假设结论对 $m - 1$ 已经成立, 即向量组 $\alpha_1, \alpha_2, \cdots, \alpha_{m-1}$ 中任意 n 个向量都是 V 的一组基, 因而其中任意 $n - 1$ 个向量都线性无关, 它可以生成一个 $n - 1$ 维子空间, 一共可得到 C_{m-1}^{n-1} 个这样的子空间, 分别记为 V_i ($1 \leqslant i \leqslant \mathrm{C}_{m-1}^{n-1}$), 它们均为 V 的真子空间, 故存在 $\alpha_m \in V$, 但 $\alpha_m \notin \bigcup\limits_{i=1}^{\mathrm{C}_{m-1}^{n-1}} V_i$, 从而 α_m 不能由 $\alpha_1, \alpha_2, \cdots, \alpha_{m-1}$ 中任意 $n - 1$ 个向量线性表示, 于是 $\alpha_1, \alpha_2, \cdots, \alpha_m$ 中任意 n 个向量都是 V 的一组基.

8. 设 A, B 分别为数域 P 上的 $m \times n$ 矩阵和 $n \times s$ 矩阵; 又设 $W = \{BX | ABX = 0, X \in P^s\}$, 则 W 是 P^n 的子空间, 且 $\dim W = r(B) - r(AB)$.

证法一 易知 W 是 P^n 的子空间. 设 $V = \{X | ABX = 0, X \in P^s\}$, $U = \{X | BX = 0, X \in P^s\}$, 则 U 是 V 的子空间. 设 $r(AB) = t, r(B) = k$, 那么

$$\dim U = s - k, \quad \dim V = s - t, \quad \dim V - \dim U = k - t = r(B) - r(AB).$$

设 U 的一组基为 $X_1, X_2, \cdots, X_{s-k}$, 将其扩充为 V 的一组基为

$$X_1, X_2, \cdots, X_{s-k}, Y_1, Y_2, \cdots, Y_{k-t}.$$

下证 $BY_1, BY_2, \cdots, BY_{k-t}$ 是 W 的一组基.

(1) $BY_1, BY_2, \cdots, BY_{k-t}$ 是线性无关的. 设

$$l_1 BY_1 + l_2 BY_2 + \cdots + l_{k-t} BY_{k-t} = 0,$$

则 $B(l_1 Y_1 + l_2 Y_2 + \cdots + l_{k-t} Y_{k-t}) = 0$, 即得 $l_1 Y_1 + l_2 Y_2 + \cdots + l_{k-t} Y_{k-t} \in U$. 故其可由 U 的基线性表出:

$$l_1 Y_1 + l_2 Y_2 + \cdots + l_{k-t} Y_{k-t} = \lambda_1 X_1 + \lambda_2 X_2 + \cdots + \lambda_{s-k} X_{s-k}.$$

由 $X_1, X_2, \cdots, X_{s-k}, Y_1, Y_2, \cdots, Y_{k-t}$ 线性无关, 可得

$$l_1 = l_2 = \cdots = l_{k-t} = 0,$$

所以 $BY_1, BY_2, \cdots, BY_{k-t}$ 线性无关.

(2) 设 $BX \in W$, 则 $ABX = 0$, 从而 $X \in V$. 下证 BX 可由 $BY_1, BY_2, \cdots, BY_{k-t}$ 线性表出. 令

$$X = a_1 X_1 + a_2 X_2 + \cdots + a_{s-k} X_{s-k} + b_1 Y_1 + b_2 Y_2 + \cdots + b_{k-t} Y_{k-t},$$

则

$$BX = a_1 BX_1 + a_2 BX_2 + \cdots + a_{s-k} BX_{s-k} + b_1 BY_1 + b_2 BY_2 + \cdots + b_{k-t} BY_{k-t}$$

$$= b_1 BY_1 + b_2 BY_2 + \cdots + b_{k-t} BY_{k-t}.$$

由 (1) 和 (2) 得 $BY_1, BY_2, \cdots, BY_{k-t}$ 是 W 的一组基. 因此,

$$\dim W = k - t = r(B) - r(AB).$$

证法二　设 $r(B) = r$. 首先我们考虑特殊情形:

$$B = \begin{pmatrix} E_r & 0 \\ 0 & 0 \end{pmatrix}_{n \times s}.$$

此时设 $X = (x_1, x_2, \cdots, x_s)'$, $A = (\alpha_1, \alpha_2, \cdots, \alpha_n)$, 则

$$BX = \begin{pmatrix} E_r & 0 \\ 0 & 0 \end{pmatrix} \begin{pmatrix} x_1 \\ x_2 \\ \vdots \\ x_s \end{pmatrix} = (x_1, x_2, \cdots, x_r, 0, \cdots, 0)',$$

$$ABX = (\alpha_1, \alpha_2, \cdots, \alpha_n) \begin{pmatrix} E_r & 0 \\ 0 & 0 \end{pmatrix} \begin{pmatrix} x_1 \\ x_2 \\ \vdots \\ x_s \end{pmatrix} = \sum_{i=1}^{r} x_i \alpha_i.$$

故

$$W = \left\{ (x_1, x_2, \cdots, x_r, 0, \cdots, 0)' \,\middle|\, \sum_{i=1}^{r} x_i \alpha_i = 0 \right\}.$$

于是 $\dim W = r - r(\alpha_1, \alpha_2, \cdots, \alpha_r)$. 因为

$$AB = (\alpha_1, \alpha_2, \cdots, \alpha_n) \begin{pmatrix} E_r & 0 \\ 0 & 0 \end{pmatrix} = (\alpha_1, \alpha_2, \cdots, \alpha_r, 0, \cdots, 0),$$

所以 $r(\alpha_1, \alpha_2, \cdots, \alpha_r) = r(AB)$, 从而 $\dim W = r(B) - r(AB)$.

再考虑一般情形. 设

$$B = C \begin{pmatrix} E_r & 0 \\ 0 & 0 \end{pmatrix} D,$$

这里 C, D 分别为 n 阶和 s 阶可逆矩阵. 令 $W_C = \{C^{-1}Z | Z \in W\}$, 则 W_C 是 P^n 的子空间, 并且 $W_C \cong W$. 注意到

$$
\begin{aligned}
W_C &= \{C^{-1}Z | Z \in W\} = \{C^{-1}BX | ABX = 0, X \in P^s\} \\
&= \left\{ \begin{pmatrix} E_r & 0 \\ 0 & 0 \end{pmatrix} DX \,\middle|\, AC \begin{pmatrix} E_r & 0 \\ 0 & 0 \end{pmatrix} DX = 0, X \in P^s \right\} \\
&= \left\{ \begin{pmatrix} E_r & 0 \\ 0 & 0 \end{pmatrix} Y \,\middle|\, AC \begin{pmatrix} E_r & 0 \\ 0 & 0 \end{pmatrix} Y = 0, Y \in P^s \right\}.
\end{aligned}
$$

因此, 由特殊情形的结果可知

$$
\begin{aligned}
\dim W = \dim W_C &= r(B) - r\left[AC \begin{pmatrix} E_r & 0 \\ 0 & 0 \end{pmatrix} \right] \\
&= r(B) - r(ABD^{-1}) = r(B) - r(AB).
\end{aligned}
$$

9. 设 V 为数域 P 上 n 维线性空间 $(n \geqslant 2)$. 证明: V 有无穷多个 $n-1$ 维子空间.

证法一 取 V 的一组基 $\alpha_1, \alpha_2, \cdots, \alpha_n$. 任取 $k \in P$, 容易验证向量组

$$
\alpha_1, \alpha_2, \cdots, \alpha_{n-2}, \alpha_{n-1} + k\alpha_n
$$

线性无关, 所以

$$
V_k = L(\alpha_1, \alpha_2, \cdots, \alpha_{n-2}, \alpha_{n-1} + k\alpha_n)
$$

是 V 的一个 $n-1$ 维子空间.

当 $k \neq l$ 时, $V_k \neq V_l$. 事实上, $\alpha_{n-1} + k\alpha_n \notin V_l$. 若 $\alpha_{n-1} + k\alpha_n \in V_l$, 则

$$
\alpha_{n-1} + k\alpha_n = x_1\alpha_1 + x_2\alpha_2 + \cdots + x_{n-2}\alpha_{n-2} + x_{n-1}(\alpha_{n-1} + l\alpha_n),
$$

从而

$$
x_1\alpha_1 + x_2\alpha_2 + \cdots + x_{n-2}\alpha_{n-2} + (x_{n-1} - 1)\alpha_{n-1} + (x_{n-1}l - k)\alpha_n = 0.
$$

由此得 $x_{n-1} - 1 = 0, x_{n-1}l - k = 0$. 于是 $k = l$, 与假设矛盾.

综上所证, 知 $V_0, V_1, V_2, \cdots$ 为 V 的无穷多个 $n-1$ 维子空间.

证法二 因为 V 与 P^n 同构, 所以只需证明 P^n 有无穷多个 $n-1$ 维子空间. 设 $a_1, a_2, \cdots, a_n$ 是 P 中一组不全为零的数, 则齐次线性方程组 $\sum\limits_{j=1}^{n} a_j x_j = 0$ 的解空间 W 是 P^n 的一个 $n-1$ 维子空间.

再设 $\gamma = (b_1, b_2, \cdots, b_n)$ 是与 $\alpha = (a_1, a_2, \cdots, a_n)$ 线性无关的 n 维向量, 则齐次线性方程组 $\sum\limits_{j=1}^{n} b_j x_j = 0$ 的解空间 U 也是 P^n 的一个 $n-1$ 维子空间.

因为齐次线性方程组

$$\begin{cases} \sum\limits_{j=1}^{n} a_j x_j = 0, \\ \sum\limits_{j=1}^{n} b_j x_j = 0 \end{cases}$$

的系数矩阵的秩为 2, 所以它的解空间 $W \cap U$ 是 P^n 的 $n-2$ 维子空间. 故 $W \neq U$.

任取 $k, l \in P$, 令 $\beta_k = \alpha + k\gamma$, 则 $\beta_k \neq 0$, 且当 $k \neq l$ 时, β_k 与 β_l 线性无关. 事实上, 令 $\lambda\beta_k + \mu\beta_l = 0 (\lambda, \mu \in P)$, 则

$$(\lambda + \mu)\alpha + (\lambda k + \mu l)\gamma = 0.$$

故 $\lambda + \mu = 0, \lambda k + \mu l = 0$, 即得 $\lambda = \mu = 0$. 因此 β_k 与 β_l 线性无关.

令 $X = (x_1, x_2, \cdots, x_n)$. 由上面的证明可知, 齐次线性方程组 $\beta_k X' = 0$ 的解空间 W_k 与 $\beta_l X' = 0$ 的解空间 W_l 均是 P^n 的 $n-1$ 维子空间, 且当 $k \neq l$ 时, $W_k \neq W_l$. 因此 P^n 有无穷多个 $n-1$ 维子空间 $W_0, W_1, W_2, \cdots$, 从而 V 有无穷多个 $n-1$ 维子空间.

第7章 线 性 变 换

7.1 思 路 点 拨

1. 利用线性变换与对应的矩阵之间的关系, 可以把线性变换的问题转化为矩阵的问题, 也可以把矩阵的问题转化为线性变换的问题进行求解或证明

2. 线性变换的确定

(1) 设 V 为数域 P 上的 n 维线性空间, $\alpha_1, \alpha_2, \cdots, \alpha_n$ 是 V 的一组基, 对 V 中的任意 n 个向量 $\beta_1, \beta_2, \cdots, \beta_n$, 有唯一确定的线性变换 σ 使得 $\sigma(\alpha_i) = \beta_i (1 \leqslant i \leqslant n)$.

(2) 对于数域 P 上的任意一个 n 阶方阵 A, 取定线性空间 V 的一组基 α_1, $\alpha_2, \cdots, \alpha_n$, 存在唯一的线性变换 σ, 使得

$$\sigma(\alpha_1, \alpha_2, \cdots, \alpha_n) = (\alpha_1, \alpha_2, \cdots, \alpha_n)A.$$

3. 一般数域 P 上的 n 阶方阵 A, B 相似的常用证法

(1) 利用定义, 证存在可逆矩阵 T, 使 $B = T^{-1}AT$.

(2) 证明 A, B 为数域 P 上的 n 维线性空间 V 的线性变换 σ 在不同基下的矩阵.

4. 数域 P 上的 n 阶矩阵与对角矩阵相似的判定方法

(1) n 阶矩阵 A 相似于对角矩阵的充要条件是 A 有 n 个线性无关的特征向量.

(2) 设 n 阶矩阵 A 的特征多项式 $f(\lambda)$ 的根都在数域 P 内, 则

$$f(\lambda) = (\lambda - \lambda_1)^{r_1}(\lambda - \lambda_2)^{r_2} \cdots (\lambda - \lambda_s)^{r_s},$$

这里 $\lambda_1, \lambda_2, \cdots, \lambda_s$ 是 A 的全部互异特征值; 令 $V_{\lambda_i} = \{\alpha | (\lambda_i E - A)\alpha = 0\}(i = 1, 2, \cdots, s)$, 则矩阵 A 与对角矩阵相似的充要条件是 $\dim V_{\lambda_i} = r_i(i = 1, 2, \cdots, s)$ (或 $\sum\limits_{i=1}^{s} \dim V_{\lambda_i} = n$).

(3) n 阶矩阵 A 的特征多项式 $f(\lambda)$ 的根都在数域 P 内, 则矩阵 A 与对角矩阵相似的充要条件是对 A 的每个特征值 λ 有 $r(\lambda E - A) + \lambda$ 的重数 $= n$.

(4) n 阶矩阵 A 相似于对角矩阵的充要条件是 A 的最小多项式是数域 P 上的互素的一次因式的乘积.

(5) 若 n 阶矩阵 A 有 n 个互异的特征值, 则 A 相似于对角矩阵.

(6) 若 A 是实对称矩阵, 则 A 正交相似于对角矩阵.

(7) 复数矩阵 A 与对角矩阵相似的充要条件是 A 的最小多项式没有重根.

(8) 设 A, B 是两个 n 阶方阵, A 有 n 个互不相同的特征值, 且 $AB = BA$, 则存在可逆矩阵 T, 使得 $T^{-1}AT, T^{-1}BT$ 同时为对角矩阵.

5. 特征多项式的性质及有关特征值问题的常用结论

(1) 设 $A = (a_{ij})_{n \times n}$, $\lambda_1, \lambda_2, \cdots, \lambda_n$ 是 A 的特征多项式的全部 n 个根, 则

$$f(\lambda) = |\lambda E - A| = (\lambda - \lambda_1)(\lambda - \lambda_2) \cdots (\lambda - \lambda_n)$$
$$= \lambda^n + \sum_{i=1}^{n} (-1)^i S_i \lambda^{n-i},$$

这里 S_i 是 A 的所有 i 阶主子式之和, $i = 1, 2, \cdots, n$. 利用上式可得

$$\lambda_1 + \lambda_2 + \cdots + \lambda_n = \sum_{i=1}^{n} a_{ii} = \mathrm{Tr}(A), \quad \lambda_1 \lambda_2 \cdots \lambda_n = |A|.$$

(2) (哈密顿–凯莱定理) 设 n 阶矩阵 A 的特征多项式为 $f(\lambda) = |\lambda E - A|$, 则 $f(A) = 0$, 即 n 阶矩阵 A 的特征多项式是矩阵 A 的一个零化多项式. 由此可得可逆矩阵 A 的逆矩阵可以表示成 A 的多项式.

(3) 相似矩阵具有相同的特征多项式, 其逆不真.

(4) n 阶矩阵 A 可逆的充要条件是 A 无零特征值. 若 A 可逆, 且 $\lambda_1, \lambda_2, \cdots, \lambda_n$ 是 A 的全部特征值, 则 A^{-1} 的全部特征值为 $\dfrac{1}{\lambda_1}, \dfrac{1}{\lambda_2}, \cdots, \dfrac{1}{\lambda_n}$.

(5) 设 n 阶矩阵 A 的全部特征值为 $\lambda_1, \lambda_2, \cdots, \lambda_n$, 则对任意多项式 $f(\lambda), f(A)$ 的全部特征值为 $f(\lambda_1), f(\lambda_2), \cdots, f(\lambda_n)$.

(6) 设 A, B 分别为 $m \times n, n \times m$ 矩阵, $m \geqslant n$, 则有

$$|\lambda E_m - AB| = \lambda^{m-n} |\lambda E_n - BA|.$$

当 $m = n$ 时有 $|\lambda E_n - AB| = |\lambda E_n - BA|$, 由此可知 A, B 为 n 阶矩阵时, AB, BA 有相同的特征多项式.

6. 证明 n 维线性空间 V 的线性变换可逆 (自同构) 的常用方法

(1) 设 A 为线性变换 σ 在某个基下的矩阵, 证明 A 可逆.

(2) 利用公式 $\dim \sigma(V) + \dim \sigma^{-1}(0) = n$, 只需证 σ 为满射 ($\sigma V = V$), 或证 σ 为单射 ($\sigma^{-1}(0) = \{0\}$).

7. 有关矩阵迹的证明, 常利用矩阵的迹的如下性质

设 A, B 为两个 n 阶方阵, 则

(1) $\mathrm{Tr}(kA + lB) = k\mathrm{Tr}(A) + l\mathrm{Tr}(B)$, 其中 k, l 为任意常数;

(2) $\mathrm{Tr}(A) = \mathrm{Tr}(A')$;

(3) $\operatorname{Tr}(AB) = \operatorname{Tr}(BA)$;

(4) 设 $A = (a_{ij})$, 则 $\operatorname{Tr}(AA') = \sum_{i,j=1}^{n} a_{ij}^2$;

(5) 相似矩阵具有相同的迹.

8. 线性变换的不变子空间的判定

(1) 设 σ 为 n 维线性空间 V 的线性变换, 则零空间, $V, \sigma V, \sigma^{-1}(0)$ 以及 σ 的特征子空间均为 σ 的不变子空间.

(2) 设 W 是 V 的子空间, $\alpha_1, \alpha_2, \cdots, \alpha_m$ 是 W 的一组基, 则 W 为线性变换 σ 的不变子空间的充要条件是 $\sigma(\alpha_i) \in W (1 \leqslant i \leqslant m)$.

(3) 设 W_1, W_2 均为线性变换 σ 的不变子空间, 则 $W_1 + W_2, W_1 \cap W_2$ 也是 σ 的不变子空间.

(4) 设 W 是线性变换 σ 的不变子空间, 若线性变换 τ 和 σ 相乘可交换, 则 W 也是 τ 的不变子空间.

(5) 设 W 是线性变换 σ 的不变子空间, 也是线性变换 τ 的不变子空间, 则 W 是 $\sigma + \tau, \sigma\tau$ 的不变子空间.

(6) 线性变换 σ 的一维不变子空间是由某个特征向量生成的子空间.

7.2 问 题 探 索

1. 设 A 为正交矩阵, λ_0 为 A 的一个特征值, 证明: λ_0^{-1} 也是 A 的一个特征值.

证法一 因为 A 为正交矩阵, 所以 $A^{-1} = A'$. λ_0 为 A 的特征值, 易知 $\lambda_0 \neq 0$. 又因为 λ_0^{-1} 是 A^{-1} 的特征值, 所以它是 A' 的特征值, 而 A' 与 A 有完全相同的特征值, 所以 λ_0^{-1} 也是 A 的一个特征值.

证法二 因为 λ_0 为 A 的一个特征值, 所以存在非零向量 α 使得 $A\alpha = \lambda_0\alpha$, 两边左乘 A', 得 $A'A\alpha = A'(\lambda_0\alpha)$. 因为 $A'A = E$, $\lambda_0 \neq 0$, 所以 $A'\alpha = \lambda_0^{-1}\alpha$, 即 λ_0^{-1} 是 A' 的特征值, 而 A 与 A' 有完全相同的特征值, 所以 λ_0^{-1} 也是 A 的一个特征值.

证法三 因为 λ_0 为 A 的一个特征值, 所以 $|\lambda_0 E - A| = 0$. 又因为 $\lambda_0 \neq 0$, 所以

$$|\lambda_0^{-1}E - A| = |(\lambda_0^{-1}E - A)'| = |\lambda_0^{-1}E - A'| = |\lambda_0^{-1}(A - \lambda_0 E)A'| = |\lambda_0^{-1}A'||A - \lambda_0 E| = 0,$$

故 λ_0^{-1} 也是 A 的一个特征值.

2. 设 A, B 是两个 n 阶复矩阵, 都可以相似对角化, 且满足 $AB = BA$, 则存在可逆矩阵 P, 使得 $P^{-1}AP, P^{-1}BP$ 都是对角矩阵.

证法一 因为 A 可以对角化, 所以存在可逆矩阵 Q, 使得

$$Q^{-1}AQ = \mathrm{diag}(\lambda_1 E_{r_1}, \lambda_2 E_{r_2}, \cdots, \lambda_s E_{r_s}),$$

这里 $\lambda_1, \lambda_2, \cdots, \lambda_s$ 是 A 的全部互异特征值. 由 $AB = BA$ 可得

$$Q^{-1}AQ \cdot Q^{-1}BQ = Q^{-1}BQ \cdot Q^{-1}AQ,$$

故 $Q^{-1}BQ$ 为准对角矩阵. 令

$$Q^{-1}BQ = \mathrm{diag}(B_1, B_2, \cdots, B_s),$$

其中 B_i 为 r_i 阶方阵. 由 B 可以对角化可知, B_i $(1 \leqslant i \leqslant s)$ 均可以对角化. 设 $C_i^{-1}B_iC_i = \Delta_i$ $(1 \leqslant i \leqslant s)$, 其中 Δ_i 是对角矩阵. 再设 $C = \mathrm{diag}(C_1, C_2, \cdots, C_s)$, 则

$$C^{-1}Q^{-1}BQC = \mathrm{diag}(\Delta_1, \Delta_2, \cdots, \Delta_s).$$

取 $P = QC$, 则 $P^{-1}AP, P^{-1}BP$ 都是对角矩阵.

证法二 设 V 是复数域上的 n 维线性空间, $e_1, e_2, \cdots, e_n$ 是它的一组基; σ, τ 是 V 的两个线性变换, 并且满足

$$\sigma(e_1, e_2, \cdots, e_n) = (e_1, e_2, \cdots, e_n)A;$$

$$\tau(e_1, e_2, \cdots, e_n) = (e_1, e_2, \cdots, e_n)B,$$

则由 $AB = BA$ 得 $\sigma\tau = \tau\sigma$. 设 $\lambda_1, \lambda_2, \cdots, \lambda_s$ 是 σ 的全部互异特征值, 因为 σ 可对角化, 所以 $V = V_{\lambda_1} \oplus V_{\lambda_2} \oplus \cdots \oplus V_{\lambda_s}$. 由于 $\sigma\tau = \tau\sigma$, σ 的每个特征子空间 V_{λ_i} 是 τ 的不变子空间, 所以可视 τ 为 V_{λ_i} 上的线性变换, 记作 τ_i. 因为 τ_i 的最小多项式整除 τ 的最小多项式, 所以 τ_i 可以对角化, 因此, 在 V_{λ_i} 中存在一组基 $\varepsilon_{i1}, \varepsilon_{i2}, \cdots, \varepsilon_{ir_i}$, 使得

$$\tau_i(\varepsilon_{i1}, \varepsilon_{i2}, \cdots, \varepsilon_{ir_i}) = (\varepsilon_{i1}, \varepsilon_{i2}, \cdots, \varepsilon_{ir_i})\Delta_{r_i},$$

这里 Δ_{r_i} 是对角矩阵, $r_i = \dim V_{\lambda_i}$. 将基 $\varepsilon_{i1}, \varepsilon_{i2}, \cdots, \varepsilon_{ir_i}$ 合并成 V 的一组基, 记作 $\varepsilon_1, \varepsilon_2, \cdots, \varepsilon_n$, 则

$$\sigma(\varepsilon_1, \varepsilon_2, \cdots, \varepsilon_n) = (\varepsilon_1, \varepsilon_2, \cdots, \varepsilon_n)\mathrm{diag}(\lambda_1 E_{r_1}, \lambda_2 E_{r_2}, \cdots, \lambda_s E_{r_s}),$$

$$\tau(\varepsilon_1, \varepsilon_2, \cdots, \varepsilon_n) = (\varepsilon_1, \varepsilon_2, \cdots, \varepsilon_n)\mathrm{diag}(\Delta_{r_1}, \Delta_{r_2}, \cdots, \Delta_{r_s}).$$

令 $(\varepsilon_1, \varepsilon_2, \cdots, \varepsilon_n) = (e_1, e_2, \cdots, e_n)P$, 则

$$P^{-1}AP = \mathrm{diag}(\lambda_1 E_{r_1}, \lambda_2 E_{r_2}, \cdots, \lambda_s E_{r_s}),$$

$$P^{-1}BP = \operatorname{diag}(\Delta_{r_1}, \Delta_{r_2}, \cdots, \Delta_{r_s}).$$

3. 设 A, B 分别是 $m \times n$ 和 $n \times m$ 矩阵, $m \geqslant n$, 则

$$|\lambda E_m - AB| = \lambda^{m-n}|\lambda E_n - BA|.$$

证法一 设 $r(A) = r$, 则存在 m 阶可逆矩阵 P 和 n 阶可逆矩阵 Q, 使得

$$PAQ = \begin{pmatrix} E_r & 0 \\ 0 & 0 \end{pmatrix}.$$

令 $Q^{-1}BP^{-1} = \begin{pmatrix} B_1 & B_2 \\ B_3 & B_4 \end{pmatrix}$, 则

$$PABP^{-1} = \begin{pmatrix} B_1 & B_2 \\ 0 & 0 \end{pmatrix}, \quad Q^{-1}BAQ = \begin{pmatrix} B_1 & 0 \\ B_3 & 0 \end{pmatrix}.$$

因此,

$$|\lambda E_m - AB| = \begin{vmatrix} \lambda E_r - B_1 & -B_2 \\ 0 & \lambda E_{m-r} \end{vmatrix} = \lambda^{m-r}|\lambda E_r - B_1|,$$

$$|\lambda E_n - BA| = \begin{vmatrix} \lambda E_r - B_1 & 0 \\ -B_3 & \lambda E_{n-r} \end{vmatrix} = \lambda^{n-r}|\lambda E_r - B_1|.$$

故 $|\lambda E_m - AB| = \lambda^{m-n}|\lambda E_n - BA|.$

证法二 因为

$$\begin{pmatrix} E_n & B \\ 0 & E_m \end{pmatrix} \begin{pmatrix} 0 & 0 \\ A & AB \end{pmatrix} = \begin{pmatrix} BA & BAB \\ A & AB \end{pmatrix} = \begin{pmatrix} BA & 0 \\ A & 0 \end{pmatrix} \begin{pmatrix} E_n & B \\ 0 & E_m \end{pmatrix},$$

所以矩阵 $\begin{pmatrix} 0 & 0 \\ A & AB \end{pmatrix}$ 与矩阵 $\begin{pmatrix} BA & 0 \\ A & 0 \end{pmatrix}$ 相似. 于是

$$\begin{vmatrix} \lambda E_n & 0 \\ -A & \lambda E_m - AB \end{vmatrix} = \begin{vmatrix} \lambda E_n - BA & 0 \\ -A & \lambda E_m \end{vmatrix},$$

因而

$$\lambda^n|\lambda E_m - AB| = \lambda^m|\lambda E_n - BA|.$$

故结论成立.

4. 设 A, B 是 n 阶复方阵, λ 是 BA 的非零特征值. 以 V_λ^{BA} 表示 BA 关于 λ 的特征子空间. 证明:

(1) λ 也是 AB 的特征值;

(2) $\dim(V_\lambda^{BA}) = \dim(V_\lambda^{AB}).$

证明　(1) 设 α 是 BA 的属于特征值 λ 的一个特征向量, 即 $BA\alpha = \lambda\alpha$. 因此, $A\alpha \neq 0$, 并且

$$AB(A\alpha) = A(BA\alpha) = A(\lambda\alpha) = \lambda(A\alpha),$$

故 λ 也是 AB 的特征值.

(2) **证法一**　因为

$$\begin{pmatrix} E_n & 0 \\ -A & E_n \end{pmatrix} \begin{pmatrix} E_n & B \\ A & \lambda E_n \end{pmatrix} \begin{pmatrix} E_n & -B \\ 0 & E_n \end{pmatrix} = \begin{pmatrix} E_n & 0 \\ 0 & \lambda E_n - AB \end{pmatrix};$$

$$\begin{pmatrix} E_n & -B \\ 0 & E_n \end{pmatrix} \begin{pmatrix} \lambda E_n & B \\ A & E_n \end{pmatrix} \begin{pmatrix} E_n & 0 \\ -A & E_n \end{pmatrix} = \begin{pmatrix} \lambda E_n - BA & 0 \\ 0 & E_n \end{pmatrix};$$

$$\begin{pmatrix} \frac{1}{\lambda} E_n & 0 \\ 0 & E_n \end{pmatrix} \begin{pmatrix} \lambda E_n & B \\ A & E_n \end{pmatrix} \begin{pmatrix} E_n & 0 \\ 0 & \lambda E_n \end{pmatrix} = \begin{pmatrix} E_n & B \\ A & \lambda E_n \end{pmatrix},$$

所以

$$n + r(\lambda E_n - AB)$$
$$= r\begin{pmatrix} E_n & 0 \\ 0 & \lambda E_n - AB \end{pmatrix} = r\begin{pmatrix} E_n & B \\ A & \lambda E_n \end{pmatrix} = r\begin{pmatrix} \lambda E_n & B \\ A & E_n \end{pmatrix}$$
$$= r\begin{pmatrix} \lambda E_n - BA & 0 \\ 0 & E_n \end{pmatrix} = n + r(\lambda E_n - BA),$$

即得

$$r(\lambda E_n - AB) = r(\lambda E_n - BA).$$

故

$$\dim(V_\lambda^{BA}) = n - r(\lambda E_n - BA) = n - r(\lambda E_n - AB) = \dim(V_\lambda^{AB}).$$

证法二　设 $\dim(V_\lambda^{BA}) = s, \dim(V_\lambda^{AB}) = r$. 令 $X_1, X_2, \cdots, X_s$ 是 V_λ^{BA} 的一组基, 则由 (1) 的证明过程可知, $AX_1, AX_2, \cdots, AX_s$ 全属于 V_λ^{AB}. 因为

$$\sum_{i=1}^{s} k_i AX_i = 0 \Rightarrow \sum_{i=1}^{s} k_i BAX_i = 0 \Rightarrow \lambda \sum_{i=1}^{s} k_i X_i = 0$$
$$\Rightarrow \sum_{i=1}^{s} k_i X_i = 0 \Rightarrow k_i = 0 \quad (i = 1, 2, \cdots, s),$$

所以 $AX_1, AX_2, \cdots, AX_s$ 是 V_λ^{AB} 中一组线性无关的向量, 故 $r \geqslant s$.

同理可证, 若 $Y_1, Y_2, \cdots, Y_s$ 是 V_λ^{AB} 的一组基时, $BY_1, BY_2, \cdots, BY_s$ 是 V_λ^{BA} 的一组线性无关的向量, 故 $r \leqslant s$. 因此, $r = s$.

证法三　定义如下的映射 σ, τ:

$$\sigma : V_\lambda^{BA} \to V_\lambda^{AB}, X \mapsto \frac{1}{\sqrt{\lambda}} AX;$$

$$\tau : V_\lambda^{AB} \to V_\lambda^{BA}, Y \mapsto \frac{1}{\sqrt{\lambda}} BY.$$

易验证 σ, τ 都是线性映射, 且

$$(\tau\sigma)X = \tau\left(\frac{1}{\sqrt{\lambda}} AX\right) = \frac{1}{\lambda} BAX = X, \quad \forall X \in V_\lambda^{BA};$$

$$(\sigma\tau)Y = \sigma\left(\frac{1}{\sqrt{\lambda}} BY\right) = \frac{1}{\lambda} ABY = Y, \quad \forall Y \in V_\lambda^{AB}.$$

故 $\sigma\tau$ 和 $\tau\sigma$ 分别是 V_λ^{AB} 和 V_λ^{BA} 上的恒等映射, 即得 σ 是 V_λ^{BA} 到 V_λ^{AB} 上的一个同构映射. 因此, $V_\lambda^{BA} \cong V_\lambda^{AB}$, 所以 $\dim(V_\lambda^{BA}) = \dim(V_\lambda^{AB})$.

5. 设 A 为 n 阶实方阵, $\lambda_0 = a + bi$ 是 A 的任意一个特征值. 若 $A + A'$ 的特征值为 $\lambda_1, \lambda_2, \cdots, \lambda_n$, 且 $\lambda_1 \leqslant \lambda_2 \leqslant \cdots \leqslant \lambda_n$, 则有 $\frac{1}{2}\lambda_1 \leqslant a \leqslant \frac{1}{2}\lambda_n$.

证法一　因为 $A + A'$ 是实对称矩阵, 所以存在正交矩阵 Q, 使得 $Q'(A + A')Q = \operatorname{diag}(\lambda_1, \lambda_2, \cdots, \lambda_n)$, 这里 $\lambda_1, \lambda_2, \cdots, \lambda_n$ 为 $A + A'$ 的特征值.

设 X_0 为 A 的属于特征值 λ_0 的特征向量, 则 $X_0 \neq 0, AX_0 = \lambda_0 X_0$. 两边取共轭转置得

$$\overline{X_0}'A' = \overline{\lambda_0 X_0}' \Rightarrow \overline{X_0}'A'X_0 = \overline{\lambda_0 X_0}'X_0.$$

又 $\overline{X_0}'AX_0 = \lambda_0 \overline{X_0}'X_0$, 两式相加得

$$\overline{X_0}'(A + A')X_0 = (\lambda_0 + \overline{\lambda_0})\overline{X_0}'X_0 = 2a\overline{X_0}'X_0.$$

设 $X_0 = QY_0$, 其中 $Y_0 = (y_1, y_2, \cdots, y_n)'$ 是一个非零复向量, 则 $\overline{X_0}'X_0 = \overline{Y_0}'Q'QY_0 = \overline{Y_0}'Y_0$, 从而由上式可得

$$\overline{Y_0}'\operatorname{diag}(\lambda_1, \lambda_2, \cdots, \lambda_n)Y_0 = 2a\overline{Y_0}'Y_0,$$

即

$$\lambda_1\overline{y_1}y_1 + \lambda_2\overline{y_2}y_2 + \cdots + \lambda_n\overline{y_n}y_n = 2a(\overline{y_1}y_1 + \overline{y_2}y_2 + \cdots + \overline{y_n}y_n),$$

所以

$$\lambda_1 \sum_{i=1}^{n} |y_i|^2 \leqslant 2a \sum_{i=1}^{n} |y_i|^2 \leqslant \lambda_n \sum_{i=1}^{n} |y_i|^2.$$

因为 $\sum\limits_{i=1}^{n} |y_i|^2 > 0$, 所以 $\frac{1}{2}\lambda_1 \leqslant a \leqslant \frac{1}{2}\lambda_n$.

证法二 由于 $A = \dfrac{A + A'}{2} + \dfrac{A - A'}{2}$, 其中 $\dfrac{A + A'}{2}$ 是实对称矩阵, $\dfrac{A - A'}{2}$ 是反实对称矩阵, 故存在正交矩阵 Q, 使得

$$Q'\left(\frac{A + A'}{2}\right)Q = \text{diag}\left(\frac{1}{2}\lambda_1, \frac{1}{2}\lambda_2, \cdots, \frac{1}{2}\lambda_n\right),$$

这里 $\lambda_1, \lambda_2, \cdots, \lambda_n$ 为 $A + A'$ 的特征值.

因为 $Q'AQ$ 与 A 相似, 所以 $\lambda_0 = a + bi$ 仍是 $Q'AQ$ 的特征值, 设 $\alpha + i\beta$ 为相应的特征向量, 其中 $\alpha = (x_1, x_2, \cdots, x_n)', \beta = (y_1, y_2, \cdots, y_n)'$ 为实 n 维列向量, 且不全为零. 于是

$$(Q'AQ)(\alpha + i\beta) = (a + bi)(\alpha + i\beta).$$

因为

$$Q'AQ = Q'\frac{A + A'}{2}Q + Q'\frac{A - A'}{2}Q,$$

所以

$$(Q'AQ)(\alpha + i\beta) = \text{diag}\left(\frac{1}{2}\lambda_1, \frac{1}{2}\lambda_2, \cdots, \frac{1}{2}\lambda_n\right)(\alpha + i\beta) + \left(Q'\frac{A - A'}{2}Q\right)(\alpha + i\beta),$$

从而

$$(a + bi)(\alpha + i\beta) = \text{diag}\left(\frac{1}{2}\lambda_1, \frac{1}{2}\lambda_2, \cdots, \frac{1}{2}\lambda_n\right)(\alpha + i\beta) + \left(Q'\frac{A - A'}{2}Q\right)(\alpha + i\beta).$$

比较上式的实部和虚部得

$$\text{diag}\left(\frac{1}{2}\lambda_1, \frac{1}{2}\lambda_2, \cdots, \frac{1}{2}\lambda_n\right)\alpha + \left(Q'\frac{A - A'}{2}Q\right)\alpha = a\alpha - b\beta;$$

$$\text{diag}\left(\frac{1}{2}\lambda_1, \frac{1}{2}\lambda_2, \cdots, \frac{1}{2}\lambda_n\right)\beta + \left(Q'\frac{A - A'}{2}Q\right)\beta = b\alpha + a\beta.$$

因此,

$$\alpha'\text{diag}\left(\frac{1}{2}\lambda_1, \frac{1}{2}\lambda_2, \cdots, \frac{1}{2}\lambda_n\right)\alpha + \alpha'\left(Q'\frac{A - A'}{2}Q\right)\alpha = a\alpha'\alpha - b\alpha'\beta;$$

$$\beta'\text{diag}\left(\frac{1}{2}\lambda_1, \frac{1}{2}\lambda_2, \cdots, \frac{1}{2}\lambda_n\right)\beta + \beta'\left(Q'\frac{A - A'}{2}Q\right)\beta = b\beta'\alpha + a\beta'\beta.$$

又 $Q'\dfrac{A - A'}{2}Q$ 为反对称矩阵, 所以 $\alpha'\left(Q'\dfrac{A - A'}{2}Q\right)\alpha = \beta'\left(Q'\dfrac{A - A'}{2}Q\right)\beta = 0$, 故

$$\alpha'\text{diag}\left(\frac{1}{2}\lambda_1, \frac{1}{2}\lambda_2, \cdots, \frac{1}{2}\lambda_n\right)\alpha + \beta'\text{diag}\left(\frac{1}{2}\lambda_1, \frac{1}{2}\lambda_2, \cdots, \frac{1}{2}\lambda_n\right)\beta = a(\alpha'\alpha + \beta'\beta),$$

进而

$$a = \frac{1}{\alpha'\alpha + \beta'\beta} \left[\alpha' \text{diag} \left(\frac{1}{2}\lambda_1, \frac{1}{2}\lambda_2, \cdots, \frac{1}{2}\lambda_n \right) \alpha + \beta' \text{diag} \left(\frac{1}{2}\lambda_1, \frac{1}{2}\lambda_2, \cdots, \frac{1}{2}\lambda_n \right) \beta \right],$$

因此,

$$\frac{\frac{1}{2}\lambda_1}{\alpha'\alpha + \beta'\beta} \alpha'\alpha + \frac{\frac{1}{2}\lambda_1}{\alpha'\alpha + \beta'\beta} \beta'\beta \leqslant a \leqslant \frac{\frac{1}{2}\lambda_n}{\alpha'\alpha + \beta'\beta} \alpha'\alpha + \frac{\frac{1}{2}\lambda_n}{\alpha'\alpha + \beta'\beta} \beta'\beta,$$

即 $\frac{1}{2}\lambda_1 \leqslant a \leqslant \frac{1}{2}\lambda_n$.

6. 设 A 为 n 阶方阵. 证明: A 为幂零矩阵的充分必要条件是对任意正整数 k 都有 $\text{Tr}(A^k) = 0$.

证明 必要性显然, 只证充分性.

证法一 设 A 的特征值为 $\lambda_1, \lambda_2, \cdots, \lambda_n$, A 的特征多项式为 $f(\lambda) = |\lambda E - A| = \lambda^n - \sigma_1\lambda^{n-1} + \sigma_2\lambda^{n-2} + \cdots + (-1)^n\sigma_n$, 其中 σ_i 为 $\lambda_1, \lambda_2, \cdots, \lambda_n$ 的初等对称多项式. 设 $s_k = \sum_{i=1}^{n} \lambda_i^k$ $(k = 1, 2, \cdots)$. 由牛顿公式知, 当 $k \leqslant n$ 时有

$$s_k - \sigma_1 s_{k-1} + \sigma_2 s_{k-2} + \cdots + (-1)^k \sigma_{k-1} s_1 + (-1)^k k \sigma_k = 0.$$

因为 $s_h = 0$ $(h = 1, 2, \cdots)$, 所以当 $k \leqslant n$ 时 $\sigma_k = 0$, 从而 $f(\lambda) = |\lambda E - A| = \lambda^n$, 所以 $A^n = 0$, 故 A 为幂零矩阵.

证法二 若 A 的特征值不全为零, 不妨设 $\lambda_1, \lambda_2, \cdots, \lambda_r$ 不为零, 其余特征值都为零. 再设 $\lambda_1, \lambda_2, \cdots, \lambda_r$ 的重数分别为 $n_1, n_2, \cdots, n_r$, 则

$$\text{Tr}(A) = n_1\lambda_1 + n_2\lambda_2 + \cdots + n_r\lambda_r.$$

因为对任意正整数 j, 都有 $\text{Tr}(A^j) = 0$, 所以

$$n_1\lambda_1^j + n_2\lambda_2^j + \cdots + n_r\lambda_r^j = 0 \quad (j = 1, 2, \cdots, r).$$

故齐次线性方程组

$$x_1\lambda_1^j + x_2\lambda_2^j + \cdots + x_r\lambda_r^j = 0 \quad (j = 1, 2, \cdots, r)$$

有解 $(n_1, n_2, \cdots, n_r) \neq 0$, 但其系数行列式

$$D = \begin{vmatrix} \lambda_1 & \lambda_2 & \cdots & \lambda_r \\ \lambda_1^2 & \lambda_2^2 & \cdots & \lambda_r^2 \\ \vdots & \vdots & & \vdots \\ \lambda_1^r & \lambda_2^r & \cdots & \lambda_r^r \end{vmatrix} = \lambda_1\lambda_2\cdots\lambda_r \prod_{1 \leqslant j < i \leqslant r} (\lambda_i - \lambda_j) \neq 0,$$

这不可能. 故 A 的特征值全为零, 从而 A 是幂等矩阵.

7. 设 V 为实数域 R 上的 $n(n \geqslant 2)$ 维线性空间, 则 V 的线性变换 T 必有一维或二维不变子空间.

证法一   设 $m(\lambda)$ 为 T 的最小多项式, 若存在实数 λ_0, 使得 $m(\lambda_0) = 0$, 则 λ_0 是 T 的特征值, 设 α 是相应的特征向量, 则 $L(\alpha)$ 是 T 的一维不变子空间.

若 T 没有实特征值, 则 $m(\lambda)$ 无实根, 由于实系数多项式的虚根成共轭对出现, 所以有实二次不可约多项式 $d(\lambda) = \lambda^2 + p\lambda + q(p, q \in R)$, 使得 $d(\lambda)|m(\lambda)$. 设 $m(\lambda) = d(\lambda)m_1(\lambda)$, 则 $m_1(T) \neq 0$, 于是有 $\alpha \in V$ 使得 $\beta = m_1(T)\alpha \neq 0$. 由于 T 无实特征值, 所以 $T\beta = Tm_1(T)\alpha \neq 0$, 且 $\beta, T\beta$ 线性无关. 又

$$(T^2 + pT + q\varepsilon)\beta = m(T)\alpha = 0,$$

所以 $T^2\beta = -q\beta - pT\beta$. 因此, $L(\beta, T\beta)$ 是 T 的二维不变子空间.

证法二   若 T 有实特征值, 则其相应的任意一个特征向量生成的子空间都是 T 的一维不变子空间.

若 T 没有实特征值, 则其特征多项式无实根, 但有一对共轭虚根 $\lambda_0 = a + bi$ 和 $\overline{\lambda_0} = a - bi$. 设 T 在 V 的一组基 $\alpha_1, \alpha_2, \cdots, \alpha_n$ 下的矩阵为 A, 则 A 为实矩阵. 设 $X_0 = X_1 + iX_2$ 是线性方程组 $AX = \lambda_0 X$ 在 C^n 中的非零解, 则有

$$A(X_1 + iX_2) = (a + bi)(X_1 + iX_2) = (aX_1 - bX_2) + i(bX_1 + aX_2),$$

所以 $AX_1 = aX_1 - bX_2, AX_2 = bX_1 + aX_2$.

下证 X_1, X_2 线性无关. 因为 $X_0 = X_1 + iX_2 \neq 0$, 所以 X_1, X_2 不全为零. 若 $X_2 = kX_1(k \in \mathbb{R})$, 则 $X_1 \neq 0$, 将其代入 $AX_1 = aX_1 - bX_2$ 可得 $AX_1 = (a - bk)X_1$, 这与 T 没有实特征值矛盾, 所以 $X_2 \neq kX_1$. 同理 $X_1 \neq kX_2$. 故 X_1, X_2 线性无关.

令 $\beta_1 = (\alpha_1, \alpha_2, \cdots, \alpha_n)X_1, \beta_2 = (\alpha_1, \alpha_2, \cdots, \alpha_n)X_2, W = L(\beta_1, \beta_2)$, 则 $\dim W = 2$, 且

$$T\beta_1 = (\alpha_1, \alpha_2, \cdots, \alpha_n)AX_1 = (\alpha_1, \alpha_2, \cdots, \alpha_n)(aX_1 - bX_2) = a\beta_1 - b\beta_2 \in W;$$

$$T\beta_2 = (\alpha_1, \alpha_2, \cdots, \alpha_n)AX_2 = (\alpha_1, \alpha_2, \cdots, \alpha_n)(bX_1 + aX_2) = b\beta_1 + a\beta_2 \in W,$$

所以 W 是 T 的二维不变子空间.

8. 设 V 是数域 P 上 n 维线性空间, T 是 V 的一个线性变换. W 为 T 的一个不变子空间. 若有 $\alpha \in W$ 使得 $W = L(\alpha, T\alpha, T^2\alpha, \cdots)$, 则称 W 为 T 的一个循环子空间. 证明: 若 T 在 W 上的限制 $T|_W$ 在 W 的某组基下的矩阵为一个若尔当块, 则 W 为 T 的一个循环子空间.

证法一 设 T 在 W 的基 $\alpha_1, \alpha_2, \cdots, \alpha_s$ 下的矩阵为若尔当块:

$$\begin{pmatrix} \lambda_0 & & & \\ 1 & \lambda_0 & & \\ & \ddots & \ddots & \\ & & 1 & \lambda_0 \end{pmatrix}_{s \times s},$$

则

$$\begin{cases} T\alpha_1 = \lambda_0 \alpha_1 + \alpha_2, \\ T\alpha_k = \lambda_0 \alpha_k + \alpha_{k+1}, \quad 2 \leqslant k \leqslant s-1, \\ T\alpha_s = \lambda_0 \alpha_s. \end{cases}$$

易知 $\alpha_1, T\alpha_1, T^2\alpha_1, \cdots \in W$, 故 $L(\alpha_1, T\alpha_1, T^2\alpha_1, \cdots) \subseteq W$. 又

$$\alpha_1 \in L(\alpha_1, T\alpha_1, T^2\alpha_1, \cdots),$$

而 $\alpha_2 = T\alpha_1 - \lambda_0 \alpha_1 \in L(\alpha_1, T\alpha_1, T^2\alpha_1, \cdots)$. 若已知

$$\alpha_1, \alpha_2, \cdots, \alpha_k \in L(\alpha_1, T\alpha_1, T^2\alpha_1, \cdots),$$

则

$$\begin{aligned} \alpha_{k+1} &= T\alpha_k - \lambda_0 \alpha_k = (T - \lambda_0 \varepsilon)\alpha_k \\ &= (T - \lambda_0 \varepsilon)^k \alpha_1 \in L(\alpha_1, T\alpha_1, T^2\alpha_1, \cdots) \quad (k = 1, 2, \cdots, s-1), \end{aligned}$$

所以 $\alpha_1, \alpha_2, \cdots, \alpha_s \in L(\alpha_1, T\alpha_1, T^2\alpha_1, \cdots)$. 故 $W = L(\alpha_1, T\alpha_1, T^2\alpha_1, \cdots)$ 为 T 的循环子空间.

证法二 设 T 在 W 的基 $\alpha_1, \alpha_2, \cdots, \alpha_s$ 下的矩阵为若尔当块:

$$\begin{pmatrix} \lambda_0 & & & \\ 1 & \lambda_0 & & \\ & \ddots & \ddots & \\ & & 1 & \lambda_0 \end{pmatrix}_{s \times s},$$

则

$$\begin{cases} T\alpha_1 = \lambda_0 \alpha_1 + \alpha_2, \\ T\alpha_k = \lambda_0 \alpha_k + \alpha_{k+1}, \quad 2 \leqslant k \leqslant s-1, \\ T\alpha_s = \lambda_0 \alpha_s. \end{cases}$$

易知 $\alpha_1, T\alpha_1, T^2\alpha_1, \cdots \in W$, 故 $L(\alpha_1, T\alpha_1, T^2\alpha_1, \cdots) \subseteq W$.

设 $m(\lambda)$ 为 $T|_W$ 的最小多项式, 则 $m(\lambda) = (\lambda - \lambda_0)^s$, 易知

$$W_1 = L(\alpha_1, T\alpha_1, T^2\alpha_1, \cdots)$$

也是 T 的一个不变子空间. 设 $m_1(\lambda)$ 为 $T|_{W_1}$ 的最小多项式, 因为 $W_1 \subseteq W$, 所以 $m_1(\lambda)|m(\lambda)$, 但是 $(T - \lambda_0\varepsilon)^{s-1}\alpha_1 = \alpha_s \neq 0$, 所以 $m_1(\lambda) = m(\lambda)$. 因此, $\dim W_1 \geqslant s$, 所以 $W_1 = W$ 为 T 的循环子空间.

注　题中若尔当块若为

$$\begin{pmatrix} \lambda_0 & 1 & & \\ & \lambda_0 & \ddots & \\ & & \ddots & 1 \\ & & & \lambda_0 \end{pmatrix}_{s \times s},$$

则可证 $W = L(\alpha_s, T\alpha_s, T^2\alpha_s, \cdots)$.

9. 设 A, B 是 n 阶实方阵, A, B 的 n 个特征值均大于 0. 证明: 若 $A^2 = B^2$, 则

$$A = B.$$

证法一　依题意可知 A, B 有相同的特征值, 故 A, B 具有相同的特征多项式, 设其为

$$f(\lambda) = \lambda^n - a_1\lambda^{n-1} + a_2\lambda^{n-2} - \cdots + (-1)^{n-1}a_{n-1}\lambda + (-1)^n a_n,$$

这里 a_i 都是正数. 由于 $f(A) = f(B) = 0$, 得

$$A^n - a_1A^{n-1} + a_2A^{n-2} - \cdots + (-1)^{n-1}a_{n-1}A + (-1)^n a_n E = 0, \tag{1}$$

$$B^n - a_1B^{n-1} + a_2B^{n-2} - \cdots + (-1)^{n-1}a_{n-1}B + (-1)^n a_n E = 0, \tag{2}$$

若 n 是奇数, 令 $n = 2m+1$, 由式 (1) 得

$$A^{2m+1} + a_2A^{2m-1} + \cdots + a_{2m}A = a_1A^{2m} + a_3A^{2m-2} + \cdots + a_{2m+1}E;$$

由式 (2) 得

$$B^{2m+1} + a_2B^{2m-1} + \cdots + a_{2m}B = a_1B^{2m} + a_3B^{2m-2} + \cdots + a_{2m+1}E.$$

由 $A^2 = B^2$ 得

$$A^{2m+1} + a_2A^{2m-1} + \cdots + a_{2m}A = B^{2m+1} + a_2B^{2m-1} + \cdots + a_{2m}B$$

$$\Rightarrow A(A^{2m} + a_2A^{2m-2} + \cdots + a_{2m}E) = B(B^{2m} + a_2B^{2m-2} + \cdots + a_{2m}E)$$

$$\Rightarrow A(A^{2m} + a_2A^{2m-2} + \cdots + a_{2m}E) = B(A^{2m} + a_2A^{2m-2} + \cdots + a_{2m}E).$$

因为 A 的特征值都大于零, $a_2, \cdots, a_{2m}$ 也都大于零, 所以 $A^{2m} + a_2 A^{2m-2} + \cdots + a_{2m}E$ 是可逆矩阵. 因此, $A = B$.

当 n 是偶数时, 同理可证.

证法二 由 $A^2 = B^2$ 可得 $A(A-B) = (A-B)(-B)$. 若 $A \neq B$, 则 $r(A-B) = r \geqslant 1$, 从而存在可逆矩阵 P, Q, 使得

$$P(A-B)Q = \begin{pmatrix} E_r & 0 \\ 0 & 0 \end{pmatrix}.$$

于是 $PAP^{-1} \cdot P(A-B)Q = P(A-B)Q \cdot Q^{-1}(-B)Q$. 令

$$PAP^{-1} = \begin{pmatrix} A_1 & A_2 \\ A_3 & A_4 \end{pmatrix}, \quad Q^{-1}(-B)Q = \begin{pmatrix} B_1 & B_2 \\ B_3 & B_4 \end{pmatrix},$$

即得

$$\begin{pmatrix} A_1 & A_2 \\ A_3 & A_4 \end{pmatrix} \begin{pmatrix} E_r & 0 \\ 0 & 0 \end{pmatrix} = \begin{pmatrix} E_r & 0 \\ 0 & 0 \end{pmatrix} \begin{pmatrix} B_1 & B_2 \\ B_3 & B_4 \end{pmatrix}$$

$$\Rightarrow \begin{pmatrix} A_1 & 0 \\ A_3 & 0 \end{pmatrix} = \begin{pmatrix} B_1 & B_2 \\ 0 & 0 \end{pmatrix} \Rightarrow A_1 = B_1, B_2 = A_3 = 0.$$

于是

$$PAP^{-1} = \begin{pmatrix} A_1 & A_2 \\ 0 & A_4 \end{pmatrix}, \quad Q^{-1}(-B)Q = \begin{pmatrix} B_1 & 0 \\ B_3 & B_4 \end{pmatrix}.$$

故

$$|\lambda E_r - A_1| \big| |\lambda E_n - A|, \quad |\lambda E_r - A_1| \big| |\lambda E_n + B|.$$

因此, A 与 $-B$ 有公共的特征值, 这与 A, B 的特征值都大于零相矛盾. 故 $A = B$.

证法三 对 n 作数学归纳法. 当 $n = 1$ 时, 结论显然成立. 假设结论对 $n-1$ 成立, 下证结论对 n 也成立. 由题设 A, B 的特征值均大于零且 $A^2 = B^2$ 可知, A, B 有一个公共的特征值 λ. 设 β, α 分别为 A, B 的属于特征值 λ 的特征向量, 即 $A\beta = \lambda\beta, B\alpha = \lambda\alpha, \alpha \neq 0, \beta \neq 0$, 则

$$A^2 = B^2 \Rightarrow (-A)(A-B) = (A-B)B$$

$$\Rightarrow (-A)(A-B)\alpha = (A-B)B\alpha$$

$$\Rightarrow (-A)(A-B)\alpha = \lambda(A-B)\alpha,$$

由于 λ 不是 $-A$ 的特征值, 故 $(A-B)\alpha = 0$, 于是 $A\alpha = B\alpha = \lambda\alpha$. 因此, α 是 A, B 的属于特征值 λ 的一个公共特征向量, 将其扩充为 $\mathbb{R}^n$ 的一组基: $\alpha_1 = \alpha, \alpha_2, \cdots, \alpha_n$. 令 $P = (\alpha_1, \alpha_2, \cdots, \alpha_n)$, 则

$$P^{-1}AP = \begin{pmatrix} \lambda & \gamma_1 \\ 0 & A_1 \end{pmatrix}, \quad P^{-1}BP = \begin{pmatrix} \lambda & \gamma_2 \\ 0 & B_1 \end{pmatrix},$$

其中 A_1, B_1 为 $n-1$ 阶方阵. 再由 $A^2 = B^2$ 得

$$\begin{pmatrix} \lambda & \gamma_1 \\ 0 & A_1 \end{pmatrix}^2 = \begin{pmatrix} \lambda & \gamma_2 \\ 0 & B_1 \end{pmatrix}^2.$$

经计算得 $A_1^2 = B_1^2, \lambda\gamma_1 + \gamma_1 A_1 = \lambda\gamma_2 + \gamma_2 B_1$. 由归纳假设知 $A_1 = B_1$, 又 $(\gamma_1 - \gamma_2)(\lambda E_{n-1} + A_1) = 0$. 由于 A_1 的特征值与 λ 均为正数, 故 $\lambda E_{n-1} + A_1$ 可逆, 即得 $\gamma_1 = \gamma_2$. 因此, $P^{-1}AP = P^{-1}BP$, 所以 $A = B$. 故由归纳法原理, 结论对任意正整数 n 成立.

证法四 令 $X = A - B$, 则

$$A^2 = B^2 \Rightarrow A(A - B) = (A - B)(-B) \Rightarrow AX = X(-B)$$
$$\Rightarrow A^2 X = A(AX) = A[X(-B)] = AX(-B) = X(-B)^2$$
$$\Rightarrow A^k X = X(-B)^k, \quad k \geqslant 1.$$

设 $f(\lambda)$ 为 A 的特征多项式, 则 $Xf(-B) = f(A)X = 0$. 已知 $-B$ 的特征值全为负数, 因为 $f(\lambda) = 0$ 的根均为正数, 所以它们都不是 $f(\lambda)$ 的根. 故 $f(-B)$ 为可逆矩阵, 即得 $X = 0$, 所以 $A = B$.

注 (1) A, B 的特征值均小于 0 时结论仍成立;

(2) 若 A, B 为正定矩阵, 且有 $A^2 = B^2$, 则 $A = B$.

10. 设 A, B 是两个 n 阶复方阵, $C = AB - BA$, 并且 C 与 A, B 可交换, 求证: C 的特征值都为 0.

证法一 因为任意两个 n 阶方阵左右乘积的差的迹为 0, 所以

$$C = AB - BA \Rightarrow \mathrm{Tr}(C) = 0,$$
$$C^2 = C(AB - BA) = (CA)B - B(CA) \Rightarrow \mathrm{Tr}(C^2) = 0,$$
$$\cdots\cdots$$
$$C^k = C^{k-1}(AB - BA) = (C^{k-1}A)B - B(C^{k-1}A) \Rightarrow \mathrm{Tr}(C^k) = 0,$$

故由本章第 6 题可知 C 为幂零矩阵, 所以 C 的特征值全为 0.

证法二 设 V 是复数域上的 n 维线性空间, 取 V 的一组基 $\alpha_1, \alpha_2, \cdots, \alpha_n$, 定义 V 上的线性变换 σ, τ, δ, 使得

$$\sigma(\alpha_1, \alpha_2, \cdots, \alpha_n) = (\alpha_1, \alpha_2, \cdots, \alpha_n)A;$$
$$\tau(\alpha_1, \alpha_2, \cdots, \alpha_n) = (\alpha_1, \alpha_2, \cdots, \alpha_n)B;$$
$$\delta(\alpha_1, \alpha_2, \cdots, \alpha_n) = (\alpha_1, \alpha_2, \cdots, \alpha_n)C.$$

设 λ 是矩阵 C 的任一特征值, 则 λ 也是线性变换 δ 的特征值. 令 V_λ 是线性变换 δ 的属于特征值 λ 的特征子空间, 则 V_λ 是 δ 的不变子空间. 由于 $\sigma\delta = \delta\sigma, \tau\delta = \delta\tau$,

所以 V_λ 也是 σ,τ 的不变子空间. 记 $\sigma_1 = \sigma|_{V_\lambda}, \tau_1 = \tau|_{V_\lambda}, \delta_1 = \delta|_{V_\lambda}$, 则由 $\sigma\tau - \tau\sigma = \delta$ 得 $\sigma_1\tau_1 - \tau_1\sigma_1 = \delta_1$. 取 V_λ 的一组基 $\varepsilon_1, \varepsilon_2, \cdots, \varepsilon_r$, 则 δ_1 在这组基下的矩阵为 λE_r; 设 σ_1, τ_1 在这组基下的矩阵分别为 A_1, B_1, 则 $A_1B_1 - B_1A_1 = \lambda E_r$. 因此,

$$r\lambda = \mathrm{Tr}(\lambda E_r) = \mathrm{Tr}(A_1B_1 - B_1A_1) = 0,$$

即得 $\lambda = 0$. 故 C 的特征值都为 0.

11. 设 T_1, T_2 是 n 维线性空间 V 的线性变换, 证明: $T_2V \subseteq T_1V$ 的充分必要条件是存在 V 的线性变换 T, 使得 $T_2 = T_1T$.

证明 充分性显然, 下面只证必要性.

证法一 任取 V 的一组基 $e_1, e_2, \cdots, e_n$. 设

$$T_1(e_1, e_2, \cdots, e_n) = (e_1, e_2, \cdots, e_n)A, \quad T_2(e_1, e_2, \cdots, e_n) = (e_1, e_2, \cdots, e_n)B,$$

则

$T_2V \subseteq T_1V$

$\Rightarrow L(T_2e_1, T_2e_2, \cdots, T_2e_n) \subseteq L(T_1e_1, T_1e_2, \cdots, T_1e_n)$

$\Rightarrow$ 存在 n 阶矩阵 C, 使得 $(T_2e_1, T_2e_2, \cdots, T_2e_n) = (T_1e_1, T_1e_2, \cdots, T_1e_n)C$

$\Rightarrow (e_1, e_2, \cdots, e_n)B = (e_1, e_2, \cdots, e_n)AC$

$\Rightarrow B = AC.$

定义 V 的线性变换 T, 使得

$$T(e_1, e_2, \cdots, e_n) = (e_1, e_2, \cdots, e_n)C,$$

则 $T_2 = T_1T$.

证法二 设 $e_1, e_2, \cdots, e_n$ 是 V 的一组基, 则

$$T_2V \subseteq T_1V \Rightarrow T_2e_i \in T_1V \quad (1 \leqslant i \leqslant n).$$

因此, 存在 $u_i \in V$, 使得 $T_2e_i = T_1u_i$. 定义 V 的线性变换 T, 使得

$$Te_i = u_i \quad (i = 1, 2, \cdots, n),$$

则

$$T_1Te_i = T_1u_i = T_2e_i \quad (i = 1, 2, \cdots, n).$$

故 $T_2 = T_1T$.

12. 设 A 是 n 维线性空间 V 的线性变换 σ 关于某一组基的矩阵, 证明: $r(A) = r(A^2)$ 的充分必要条件是 $V = \sigma(V) \oplus \ker \sigma$.

(必要性)**证法一**　因为

$$r(A) = r(A^2) \Rightarrow \dim \sigma(V) = \dim \sigma^2(V) \Rightarrow \dim \ker \sigma = \dim \ker \sigma^2,$$

又显然 $\ker \sigma \subseteq \ker \sigma^2$, 所以 $\ker \sigma = \ker \sigma^2$.

任意 $\alpha \in \sigma(V) \cap \ker \sigma$, 则 $\alpha \in \sigma(V)$ 且 $\alpha \in \ker \sigma$, 故存在 $\beta \in V$, 使得 $\alpha = \sigma(\beta)$, 且 $\sigma(\alpha) = 0$, 所以 $\sigma^2(\beta) = 0$, 即 $\beta \in \ker \sigma^2 = \ker \sigma$, 从而 $\alpha = \sigma(\beta) = 0$, 所以 $\sigma(V) \cap \ker \sigma = \{0\}$. 再注意到 $\dim \ker \sigma + \dim \sigma(V) = n$, 即得 $V = \sigma(V) \oplus \ker \sigma$.

证法二　由于

$$r(A) = r(A^2) \Rightarrow \dim \sigma(V) = \dim \sigma^2(V) \Rightarrow \sigma(V) = \sigma^2(V),$$

因此, σ 在 $\sigma(V)$ 上的限制 $\sigma|_{\sigma(V)}$ 是 $\sigma(V)$ 上的满射, 即为同构映射. 设

$$\sigma(e_1), \sigma(e_2), \cdots, \sigma(e_r)$$

是 $\sigma(V)$ 的一组基, 则 $\sigma^2(e_1), \sigma^2(e_2), \cdots, \sigma^2(e_r)$ 也是 $\sigma(V)$ 的一组基.

任取 $\alpha \in \sigma(V) \cap \ker \sigma$, 则 $\alpha \in \sigma(V)$ 且 $\alpha \in \ker \sigma$, 故

$$\alpha = k_1 \sigma(e_1) + k_2 \sigma(e_2) + \cdots + k_r \sigma(e_r),$$

且

$$0 = \sigma(\alpha) = k_1 \sigma^2(e_1) + k_2 \sigma^2(e_2) + \cdots + k_r \sigma^2(e_r),$$

即得 $k_1 = k_2 = \cdots = k_r = 0$, 故 $\alpha = 0$. 所以 $\sigma(V) \cap \ker \sigma = \{0\}$. 再由 $\dim \sigma(V) + \dim \ker \sigma = n$, 即得 $V = \sigma(V) \oplus \ker \sigma$.

(充分性)**证法一**　任取 $\sigma(\alpha) \in \sigma(V), \alpha \in V$. 令 $\alpha = \sigma(\beta) + \gamma, \sigma(\gamma) = 0, \beta \in V$, 则

$$\sigma(\alpha) = \sigma^2(\beta) + \sigma(\gamma) = \sigma^2(\beta) \in \sigma^2(V),$$

故 $\sigma(V) \subseteq \sigma^2(V)$, 从而 $\sigma(V) = \sigma^2(V)$. 所以 $r(A) = r(A^2)$.

证法二　利用反证法. 若 $r(A^2) < r(A)$, 则 $\dim \sigma^2(V) < \dim \sigma(V)$, 从而

$$\dim \ker \sigma^2 > \dim \ker \sigma.$$

故存在 $\beta \in \ker \sigma^2$, 且 $\beta \notin \ker \sigma$, 即 $\sigma^2(\beta) = 0$, 但 $\sigma(\beta) \neq 0$. 于是 $\sigma(\beta) \in \sigma(V)$ 且 $\sigma(\beta) \in \ker \sigma$, 即 $\sigma(\beta) \in \sigma(V) \cap \ker \sigma$. 这与 $V = \sigma(V) \oplus \ker \sigma$ 矛盾, 所以 $r(A^2) = r(A)$.

13. 设 A, B 是二阶实方阵, 满足 $AB + BA = 0, A^2 = B^2 = E$, 这里 E 是二阶单位矩阵. 求证: 存在实可逆矩阵 T, 使得

$$T^{-1}AT = \begin{pmatrix} 1 & 0 \\ 0 & -1 \end{pmatrix}, \quad T^{-1}BT = \begin{pmatrix} 0 & 1 \\ 1 & 0 \end{pmatrix}.$$

证法一   由题设易知, $A \neq \pm E$. 由于 $A^2 = E$, 则 A 可对角化, ± 1 为 A 的两个特征值, 所以存在可逆矩阵 P, 使得 $A = P \begin{pmatrix} 1 & 0 \\ 0 & -1 \end{pmatrix} P^{-1}$. 故

$$AB + BA = 0 \Rightarrow P \begin{pmatrix} 1 & 0 \\ 0 & -1 \end{pmatrix} P^{-1} \cdot B + B \cdot P \begin{pmatrix} 1 & 0 \\ 0 & -1 \end{pmatrix} P^{-1} = 0$$

$$\Rightarrow \begin{pmatrix} 1 & 0 \\ 0 & -1 \end{pmatrix} \cdot P^{-1}BP + P^{-1}BP \cdot \begin{pmatrix} 1 & 0 \\ 0 & -1 \end{pmatrix} = 0$$

$$\Rightarrow P^{-1}BP = \begin{pmatrix} 0 & b \\ c & 0 \end{pmatrix}.$$

又因为 $|B| = -1$, 所以 $c = \dfrac{1}{b}(b \neq 0)$. 令 $T = P \begin{pmatrix} 1 & 0 \\ 0 & \dfrac{1}{b} \end{pmatrix}$, 则

$$T^{-1}AT = \begin{pmatrix} 1 & 0 \\ 0 & -1 \end{pmatrix}, \quad T^{-1}BT = \begin{pmatrix} 0 & 1 \\ 1 & 0 \end{pmatrix}.$$

证法二   由已知条件可知 A 的两个特征值分别为 1 和 -1. 令 α 是 A 的属于特征值 1 的特征向量, 由 $AB + BA = 0$ 得

$$A(B\alpha) = (AB)\alpha = (-BA)\alpha = (-B)A\alpha = (-B)\alpha = -B\alpha.$$

又由 $B^2 = E$, 得 $B^2\alpha = \alpha$, 故 $B\alpha \neq 0$. 因此, $B\alpha$ 是 A 的属于特征值 -1 的特征向量. 令 $T = (\alpha, B\alpha)$, 则 T 可逆, 并且

$$AT = A(\alpha, B\alpha) = (A\alpha, AB\alpha) = (\alpha, -B\alpha) = (\alpha, B\alpha)\begin{pmatrix} 1 & 0 \\ 0 & -1 \end{pmatrix} = T \begin{pmatrix} 1 & 0 \\ 0 & -1 \end{pmatrix},$$

$$BT = B(\alpha, B\alpha) = (B\alpha, B^2\alpha) = (B\alpha, \alpha) = (\alpha, B\alpha)\begin{pmatrix} 0 & 1 \\ 1 & 0 \end{pmatrix} = T \begin{pmatrix} 0 & 1 \\ 1 & 0 \end{pmatrix},$$

即得

$$T^{-1}AT = \begin{pmatrix} 1 & 0 \\ 0 & -1 \end{pmatrix}, \quad T^{-1}BT = \begin{pmatrix} 0 & 1 \\ 1 & 0 \end{pmatrix}.$$

14. 设 A, B 是复数域上的两个 n 阶方阵, $AB = BA$, 且存在正整数 k 使得 $A^k = 0$. 证明: $|A + B| = |B|$.

证法一   因为 A 为幂零矩阵, 所以它的特征值全为零; 由 $AB = BA$ 得 A, B 可以同时相似于上三角矩阵, 即存在可逆矩阵 P, 使得

$$P^{-1}AP = \begin{pmatrix} 0 & * & * & * \\ 0 & 0 & * & * \\ \vdots & \vdots & & \vdots \\ 0 & 0 & \cdots & 0 \end{pmatrix}; \quad P^{-1}BP = \begin{pmatrix} \lambda_1 & * & * & * \\ 0 & \lambda_2 & * & * \\ \vdots & \vdots & & \vdots \\ 0 & 0 & \cdots & \lambda_n \end{pmatrix},$$

所以

$$P^{-1}(A + B)P = \begin{pmatrix} \lambda_1 & * & * & * \\ 0 & \lambda_2 & * & * \\ \vdots & \vdots & & \vdots \\ 0 & 0 & \cdots & \lambda_n \end{pmatrix}.$$

因此, $|P^{-1}(A + B)P| = \lambda_1 \lambda_2 \cdots \lambda_n = |P^{-1}BP|$, 即得 $|A + B| = |B|$.

证法二   (1) B 不可逆的情形: 既然 B 不可逆, 则存在 $\alpha \neq 0$, 使得 $B\alpha = 0$. 因此,

$$(A + B)^k \alpha = \left(A^k + \sum_{i=0}^{k-1} C_k^i A^i B^{k-i} \right) \alpha = A^k \alpha + \sum_{i=0}^{k-1} C_k^i A^i B^{k-i} \alpha = 0.$$

由此知齐次线性方程组 $(A + B)^k X = 0$ 有非零解 α, 所以 $|A + B|^k = |(A + B)^k| = 0$, 故 $|A + B| = 0 = |B|$.

(2) B 可逆的情形:

$$AB = BA \Rightarrow AB^{-1} = B^{-1}A \Rightarrow (AB^{-1})^k = A^k (B^{-1})^k = 0.$$

即 AB^{-1} 为幂零矩阵, 故其特征值全为零. 于是 $E + AB^{-1}$ 的特征值全为 1, 所以 $|E + AB^{-1}| = 1$, 即得 $|A + B| = |B|$.

15. 设 $A_1, A_2, \cdots, A_k$ 都是 n 阶可逆矩阵, 证明: 存在多项式 $f(x)$, 使得

$$A_i^{-1} = f(A_i), \quad i = 1, 2, \cdots, k.$$

证法一   对矩阵的个数 k 作数学归纳法.

(1) $k = 1$. 设 A_1 的特征多项式为 $g(x) = a_0 + a_1 x + \cdots + x^n$, 则

$$g(A_1) = a_0 E + a_1 A_1 + \cdots + A_1^n = 0.$$

由于 A_1 可逆, 所以 $a_0 = (-1)^n |A_1| \neq 0$, 从而

$$E = A_1 \left(-\frac{a_1}{a_0} E - \frac{a_2}{a_0} A_1 - \cdots - \frac{a_{n-1}}{a_0} A_1^{n-2} - \frac{1}{a_0} A_1^{n-1} \right).$$

令

$$f(x) = -\frac{1}{a_0}(a_1 + a_2 x + \cdots + a_{n-1}x^{n-2} + x^{n-1}),$$

则 $A_1 f(A_1) = E$, 所以 $A_1^{-1} = f(A_1)$.

(2) 假设对 k 个可逆矩阵 $A_1, A_2, \cdots, A_k$, 存在多项式 $g(x)$, 使得 $A_i^{-1} = g(A_i)$, $i = 1, 2, \cdots, k$; 对可逆矩阵 A_{k+1}, 存在多项式 $h(x)$, 使得 $A_{k+1}^{-1} = h(A_{k+1})$, 那么取

$$f(x) = g(x) + h(x) - xg(x)h(x),$$

则 $f(A_i) = A_i^{-1}(i = 1, 2, \cdots, k+1)$. 由归纳法原理, 结论对任意正整数 k 都成立.

证法二　对任意的 $1 \leqslant i \leqslant k$, 设 A_i 的特征多项式是 $f_i(x)$. 因为 A_i 可逆, 所以 $(x, f_i(x)) = 1$, 那么存在多项式 $u_i(x), v_i(x)$, 使得

$$u_i(x)x + v_i(x)f_i(x) = 1.$$

因此, $v_i(x)f_i(x) = 1 - u_i(x)x$, 进而得

$$v_1(x)v_2(x)\cdots v_k(x)f_1(x)f_2(x)\cdots f_k(x)$$
$$= [1 - u_1(x)x][1 - u_2(x)x]\cdots[1 - u_k(x)x].$$

取

$$f(x) = -\frac{1}{x}[v_1(x)v_2(x)\cdots v_k(x)f_1(x)f_2(x)\cdots f_k(x) - 1],$$

则

$$xf(x) = 1 - v_1(x)v_2(x)\cdots v_k(x)f_1(x)f_2(x)\cdots f_k(x),$$

从而 $A_i f(A_i) = E(i = 1, 2, \cdots, k)$, 所以 $A_i^{-1} = f(A_i)(i = 1, 2, \cdots, k)$.

16. 设 A 是一个 n 阶方阵, 矩阵 $A^2 + 5A - 2E$ 可逆, 证明:

$$A(A^2 + 5A - E)^{-1} = (A^2 + 5A - E)^{-1}A.$$

证法一　因为

$$A(A^2 + 5A - E) = A^3 + 5A^2 - A = (A^2 + 5A - E)A,$$

并且矩阵 $A^2 + 5A - 2E$ 可逆, 所以 $A(A^2 + 5A - E)^{-1} = (A^2 + 5A - E)^{-1}A$.

证法二　设 $\varphi(A) = A^2 + 5A - E$. 因为 $\varphi(A)$ 可逆, 所以存在多项式 $g(x)$, 使得 $\varphi(A)^{-1} = g(\varphi(A)) = f(A)$ 为 A 的多项式, 故有

$$A(A^2 + 5A - E)^{-1} = A\varphi(A)^{-1} = Af(A) = f(A)A = \varphi(A)^{-1}A$$
$$= (A^2 + 5A - E)^{-1}A.$$

证法三　当 A 可逆时, 有

$$A(A^2 + 5A - E)^{-1} = (A^{-1})^{-1}(A^2 + 5A - E)^{-1}$$
$$= [(A^2 + 5A - E)A^{-1}]^{-1}$$
$$= (A - A^{-1} + 5E)^{-1};$$
$$(A^2 + 5A - E)^{-1}A = (A^2 + 5A - E)^{-1}(A^{-1})^{-1}$$
$$= [A^{-1}(A^2 + 5A - E)]^{-1}$$
$$= (A - A^{-1} + 5E)^{-1}.$$

故此时 $A(A^2 + 5A - E)^{-1} = (A^2 + 5A - E)^{-1}A$.

若 A 不可逆, 则对充分大的 λ, $A + \lambda E$ 可逆, 从而有

$$(A + \lambda E)[(A + \lambda E)^2 + 5(A + \lambda E) - E]^{-1}$$
$$= [(A + \lambda E)^2 + 5(A + \lambda E) - E]^{-1}(A + \lambda E),$$

上式两端矩阵的元素为 λ 的多项式, 且有无穷多 λ 的值使它们相等, 故其为恒等式. 上式中令 $\lambda = 0$, 即得 $A(A^2 + 5A - E)^{-1} = (A^2 + 5A - E)^{-1}A$.

17. 设 A 为 n 阶实方阵, 它的 n 个特征值皆为偶数. 证明: 关于 X 的矩阵方程

$$X + AX - XA^2 = 0$$

只有零解.

证法一　设 A 的特征多项式为

$$f(x) = x^n + a_{n-1}x^{n-1} + \cdots + a_1 x + a_0,$$

它的根全为偶数, 所以 a_i 为偶数, $i = 0, 1, \cdots, n-1$. 由于

$$X + AX - XA^2 = 0$$
$$\Rightarrow AX = X(A^2 - E)$$
$$\Rightarrow A^k X = X(A^2 - E)^k, \quad \forall k \geqslant 0$$
$$\Rightarrow f(A)X = Xf(A^2 - E)$$
$$\Rightarrow Xf(A^2 - E) = 0.$$

因为 A 的 n 个特征值皆为偶数, 所以 $A^2 - E$ 的任一特征值 λ 都是奇数, 又 a_i 为偶数, $i = 0, 1, \cdots, n-1$, 所以 $f(A^2 - E)$ 的任一特征值 $f(\lambda)$ 为奇数, 因此, $f(A^2 - E)$ 为可逆矩阵, 所以 $X = 0$.

证法二 设 $C = E + A, B = A^2$. 因为 A 的 n 个特征值为 $\lambda_1, \lambda_2, \cdots, \lambda_n$ 皆为偶数, 所以 B 的 n 个特征值 $\lambda_1^2, \lambda_2^2, \cdots, \lambda_n^2$ 皆为偶数, C 的 n 个特征值为 $\mu_1 = 1 + \lambda_1, \mu_2 = 1 + \lambda_2, \cdots, \mu_n = 1 + \lambda_n$ 皆为奇数, 即 B, C 无公共特征值. 设 $\Delta_C(\lambda)$ 为 C 的特征多项式, 则 $\Delta_C(B)$ 可逆. 因为

$$X + AX - XA^2 = 0 \Rightarrow CX = XB$$
$$\Rightarrow C^2 X = XB^2 \Rightarrow \cdots \Rightarrow C^k X = XB^k, \quad \forall k \geqslant 0$$
$$\Rightarrow \Delta_C(C)X = X\Delta_C(B)$$
$$\Rightarrow X\Delta_C(B) = 0,$$

所以 $X = 0$.

18. 设 A 为四阶复方阵, 它满足关于迹的关系式:

$$\mathrm{Tr}(A^k) = k \quad (k = 1, 2, 3, 4).$$

求 A 的行列式.

解法一 设 A 的特征多项式为

$$f(x) = (x - \lambda_1)(x - \lambda_2)(x - \lambda_3)(x - \lambda_4) = x^4 - \sigma_1 x^3 + \sigma_2 x^2 - \sigma_3 x + \sigma_4.$$

令

$$s_k = \mathrm{Tr}(A^k) = \lambda_1^k + \lambda_2^k + \lambda_3^k + \lambda_4^k \quad (k = 1, 2, 3, 4),$$

则由牛顿公式得

$$s_1 = \sigma_1;$$
$$s_2 - \sigma_1 s_1 + 2\sigma_2 = 0;$$
$$s_3 - \sigma_1 s_2 + \sigma_2 s_1 - 3\sigma_3 = 0;$$
$$s_4 - \sigma_1 s_3 + \sigma_2 s_2 - \sigma_3 s_1 + 4\sigma_4 = 0.$$

已知 $s_k = k \ (k = 1, 2, 3, 4)$, 由此可得

$$\sigma_1 = 1, \quad \sigma_2 = -\frac{1}{2}, \quad \sigma_3 = \frac{1}{6}, \quad \sigma_4 = \frac{1}{24},$$

即 A 的行列式为 $\frac{1}{24}$.

解法二 设 A 的特征多项式为

$$\Delta_A(x) = (x - \lambda_1)(x - \lambda_2)(x - \lambda_3)(x - \lambda_4) = x^4 + a_3 x^3 + a_2 x^2 + a_1 x + a_0,$$

故

$$\begin{cases} a_3 = -(\lambda_1 + \lambda_2 + \lambda_3 + \lambda_4), \\ a_2 = \lambda_1\lambda_2 + \lambda_1\lambda_3 + \lambda_1\lambda_4 + \lambda_2\lambda_3 + \lambda_2\lambda_4 + \lambda_3\lambda_4, \\ a_1 = -(\lambda_1\lambda_2\lambda_3 + \lambda_1\lambda_2\lambda_4 + \lambda_1\lambda_3\lambda_4 + \lambda_2\lambda_3\lambda_4), \\ a_0 = |A| = \lambda_1\lambda_2\lambda_3\lambda_4. \end{cases}$$

又由已知条件可知

$$\begin{cases} \lambda_1 + \lambda_2 + \lambda_3 + \lambda_4 = 1, & \text{(3)} \\ \lambda_1^2 + \lambda_2^2 + \lambda_3^2 + \lambda_4^2 = 2, & \text{(4)} \\ \lambda_1^3 + \lambda_2^3 + \lambda_3^3 + \lambda_4^3 = 3, & \text{(5)} \\ \lambda_1^4 + \lambda_2^4 + \lambda_3^4 + \lambda_4^4 = 4, & \text{(6)} \end{cases}$$

(3) 式两边平方后将 (4) 式代入得

$$a_2 = -\frac{1}{2};$$

将 (3) 式两边立方得

$$\lambda_1^3 + \lambda_2^3 + \lambda_3^3 + \lambda_4^3 + 3\lambda_1^2(\lambda_2 + \lambda_3 + \lambda_4) + 3\lambda_2^2(\lambda_1 + \lambda_3 + \lambda_4) + 3\lambda_3^2(\lambda_1 + \lambda_2 + \lambda_4)$$
$$+ 3\lambda_4^2(\lambda_1 + \lambda_2 + \lambda_3) - 6a_1 = 1.$$

再由 (3)(4)(5) 式得

$$-6a_1 = 1 \Rightarrow a_1 = -\frac{1}{6}.$$

最后, 由 $\Delta_A(x) = x^4 - x^3 - \frac{1}{2}x^2 - \frac{1}{6}x + a_0$ 得

$$\begin{cases} \Delta_A(\lambda_1) = 0, \\ \cdots\cdots \\ \Delta_A(\lambda_4) = 0 \end{cases}$$

相加并利用 (3)(4)(5)(6) 式可得

$$a_0 = \frac{1}{24},$$

即 A 的行列式为 $\frac{1}{24}$.

19. 设 A 是 n 阶可逆矩阵, 它的全部特征值是 $\lambda_1, \lambda_2, \cdots, \lambda_n$, 并且两两互异. 令 $B = \begin{pmatrix} 0 & A \\ A & 0 \end{pmatrix}$, 求 B 的全部特征值.

解法一　设 A 的属于特征值 $\lambda_1, \lambda_2, \cdots, \lambda_n$ 的特征向量分别是 $\alpha_1, \alpha_2, \cdots, \alpha_n$, 即

$$A\alpha_i = \lambda_i \alpha_i, \quad i = 1, 2, \cdots, n.$$

故

$$B \begin{pmatrix} \alpha_i \\ \alpha_i \end{pmatrix} = \begin{pmatrix} 0 & A \\ A & 0 \end{pmatrix} \begin{pmatrix} \alpha_i \\ \alpha_i \end{pmatrix} = \lambda_i \begin{pmatrix} \alpha_i \\ \alpha_i \end{pmatrix} \ (i = 1, 2, \cdots, n),$$

$$B \begin{pmatrix} \alpha_i \\ -\alpha_i \end{pmatrix} = \begin{pmatrix} 0 & A \\ A & 0 \end{pmatrix} \begin{pmatrix} \alpha_i \\ -\alpha_i \end{pmatrix} = -\lambda_i \begin{pmatrix} \alpha_i \\ -\alpha_i \end{pmatrix} \ (i = 1, 2, \cdots, n).$$

所以 B 的全部特征值为 $\lambda_1, \lambda_2, \cdots, \lambda_n, -\lambda_1, -\lambda_2, \cdots, -\lambda_n$.

解法二　因为 B 的特征多项式为

$$|\lambda E_{2n} - B| = \begin{vmatrix} \lambda E_n & -A \\ -A & \lambda E_n \end{vmatrix} = |\lambda E_n - A||\lambda E_n + A|,$$

所以 B 的全部特征值为 $\lambda_1, \lambda_2, \cdots, \lambda_n, -\lambda_1, -\lambda_2, \cdots, -\lambda_n$.

解法三　A 为 n 阶实可逆矩阵, 其特征值为 $\lambda_1, \lambda_2, \cdots, \lambda_n$, 故存在实可逆矩阵 T_1, 使得

$$T_1^{-1} A T_1 = \mathrm{diag}(\lambda_1, \lambda_2, \cdots, \lambda_n).$$

令 $T = \begin{pmatrix} 0 & T_1 \\ T_1 & 0 \end{pmatrix}$, 则 T 可逆, 且 $T^{-1} = \begin{pmatrix} 0 & T_1^{-1} \\ T_1^{-1} & 0 \end{pmatrix}$, 从而

$$T^{-1} B T = \begin{pmatrix} 0 & T_1^{-1} \\ T_1^{-1} & 0 \end{pmatrix} \begin{pmatrix} 0 & A \\ A & 0 \end{pmatrix} \begin{pmatrix} 0 & T_1 \\ T_1 & 0 \end{pmatrix} = \begin{pmatrix} 0 & T_1^{-1} A T_1 \\ T_1^{-1} A T_1 & 0 \end{pmatrix}.$$

故

$$|\lambda E_{2n} - B| = |T^{-1}(\lambda E_{2n} - B)T| = |\lambda E_{2n} - T^{-1} B T|$$

$$= \begin{vmatrix} \lambda & & & & -\lambda_1 & & & \\ & \lambda & & & & -\lambda_2 & & \\ & & \ddots & & & & \ddots & \\ & & & \lambda & & & & -\lambda_n \\ -\lambda_1 & & & & \lambda & & & \\ & -\lambda_2 & & & & \lambda & & \\ & & \ddots & & & & \ddots & \\ & & & -\lambda_n & & & & \lambda \end{vmatrix}.$$

当 $\lambda = \lambda_k \ (k = 1, 2, \cdots, n)$ 时, 右端行列式中第 k 行与第 $n + k$ 行对应元素反号, 故 $|\lambda_k E_{2n} - B| = 0 \ (k = 1, 2, \cdots, n)$.

当 $\lambda = -\lambda_k\ (k = 1, 2, \cdots, n)$ 时, 右端行列式中第 k 行与第 $n + k$ 行相同, 故 $|(-\lambda_k)E_{2n} - B| = 0\ (k = 1, 2, \cdots, n)$.

所以 B 的全部特征值为 $\lambda_1, \lambda_2, \cdots, \lambda_n, -\lambda_1, -\lambda_2, \cdots, -\lambda_n$.

注　(1) 解法二和解法三中的矩阵 A 可以是任意 n 阶方阵;

(2) 解法二用到下面的结果: 设 A, B 是两个 n 阶方阵, 则

$$\begin{vmatrix} A & B \\ B & A \end{vmatrix} = |A + B||A - B|,$$

这是因为

$$\begin{pmatrix} E & 0 \\ E & E \end{pmatrix} \begin{pmatrix} A & B \\ B & A \end{pmatrix} \begin{pmatrix} E & 0 \\ -E & E \end{pmatrix} = \begin{pmatrix} A - B & B \\ 0 & A + B \end{pmatrix}.$$

20. 设 A, B 是两个 n 阶方阵, $r(A) + r(B) < n$. 求证: A 和 B 有公共的特征值和特征向量.

证法一　由已知条件 $r(A) + r(B) < n$ 可得

$$r\begin{pmatrix} A \\ B \end{pmatrix} \leqslant r(A) + r(B) < n,$$

从而线性方程组 $\begin{pmatrix} A \\ B \end{pmatrix}X = 0$ 有非零解 X_0, 即

$$\begin{pmatrix} A \\ B \end{pmatrix}X_0 = 0,$$

从而

$$AX_0 = 0, \quad BX_0 = 0,$$

所以 0 为 A, B 的公共特征值, X_0 为 A 和 B 的公共特征向量.

证法二　设

$$V_1 = \{X \in \mathbb{R}^n | AX = 0\}, \quad V_2 = \{X \in \mathbb{R}^n | BX = 0\},$$

则 $\dim V_1 = n - r(A), \dim V_2 = n - r(B)$. 根据维数公式有

$$\begin{aligned} \dim(V_1 \cap V_2) &= \dim V_1 + \dim V_2 - \dim(V_1 + V_2) \\ &\geqslant \dim V_1 + \dim V_2 - n \\ &= (n - r(A)) + (n - r(B)) - n \\ &= n - (r(A) + r(B)) > 0. \end{aligned}$$

因此, A 和 B 有公共特征向量, 它们均属于特征值 0.

21. 设 $\mathbb{R}$ 是一个实数域, 线性变换 σ 定义如下:

$$\sigma : \mathbb{R}^2 \longrightarrow \mathbb{R}^2, (a, b) \longmapsto (a, b) \begin{pmatrix} 1 & -1 \\ 2 & 2 \end{pmatrix},$$

这里 $\mathbb{R}^2 = \{(a, b) | a, b \in \mathbb{R}\}$. 求证: $\mathbb{R}^2$ 无 σ 的真不变子空间.

证法一 取 $\mathbb{R}^2$ 的基

$$\varepsilon_1 = (0, 1), \quad \varepsilon_2 = (1, 0),$$

则

$$\sigma(\varepsilon_1, \varepsilon_2) = (\varepsilon_1, \varepsilon_2) \begin{pmatrix} 1 & 2 \\ -1 & 2 \end{pmatrix} = (\varepsilon_1, \varepsilon_2) A.$$

因为

$$f_\sigma(\lambda) = |\lambda E - A| = \begin{vmatrix} \lambda - 1 & -2 \\ 1 & \lambda - 2 \end{vmatrix} = \lambda^2 - 3\lambda + 4 = 0$$

无实根, 即 σ 没有实特征值, 从而没有实特征向量, 故 σ 没有一维不变子空间, 从而 σ 在 $\mathbb{R}^2$ 中无真不变子空间.

证法二 取 $\mathbb{R}^2$ 的基

$$\varepsilon_1 = (0, 1), \quad \varepsilon_2 = (1, 0),$$

则

$$\sigma(\varepsilon_1) = \varepsilon_1 - \varepsilon_2, \quad \sigma(\varepsilon_2) = 2\varepsilon_1 + 2\varepsilon_2.$$

设 W 是 σ 在 $\mathbb{R}^2$ 中的非零不变子空间. 取 W 中的一个非零元素 $\alpha = a_1\varepsilon_1 + a_2\varepsilon_2$, 其中 a_1, a_2 不全为零. 不妨假设 $a_1 \neq 0$, 则

$$\varepsilon = \frac{1}{a_1}\alpha = \varepsilon_1 + \frac{a_2}{a_1}\varepsilon_2 = \varepsilon_1 + \lambda\varepsilon_2 \in W,$$

这里 $\lambda = \dfrac{a_2}{a_1} \in \mathbb{R}$, 则 $\sigma(\varepsilon) = (2\lambda + 1)\varepsilon_1 + (2\lambda - 1)\varepsilon_2 \in W$. 又因为

$$(2\lambda + 1)\varepsilon = (2\lambda + 1)\varepsilon_1 + \lambda(2\lambda + 1)\varepsilon_2 \in W,$$

所以

$$(2\lambda^2 - \lambda + 1)\varepsilon_2 = (2\lambda + 1)\varepsilon - \sigma(\varepsilon) \in W.$$

由于 $2\lambda^2 - \lambda + 1 \neq 0$, 故 $\varepsilon_2 \in W$, 从而 $\varepsilon_1 = \varepsilon - \lambda\varepsilon_2 \in W$. 因此, $W = \mathbb{R}^2$, 故 σ 在 $\mathbb{R}^2$ 中无真不变子空间.

22. 设 A, B 是两个 n 阶实方阵. 若存在可逆的实矩阵 P, 使得 $B = P^{-1}AP$, 则称 A 和 B 实相似; 若存在可逆的复矩阵 Q, 使得 $B = Q^{-1}AQ$, 则称 A 和 B 复相似. 证明: A 和 B 实相似当且仅当 A 和 B 复相似.

证明　必要性显然, 下面只证充分性.

证法一　设 A 和 B 复相似, 那么 A 和 B 有相同的各阶复行列式因子. 但是特征矩阵 $\lambda E - A$ 与 $\lambda E - B$ 都是实系数 $\lambda-$ 矩阵, 它们的各阶行列式因子均是实系数多项式的最大公因式, 故作为实数域上的矩阵 A 与 B 的各阶行列式因子完全相同. 因此, A 和 B 实相似.

证法二　设 A 和 B 复相似, 则存在可逆的复矩阵 Q, 使得 $B = Q^{-1}AQ$, 即 $QB = AQ$. 令 $Q = M + \mathrm{i}N$, 这里 M, N 都是实矩阵, 则 $MB = AM, NB = AN$. 因为 $|M + \mathrm{i}N| \neq 0$, 所以 $|M + \lambda N|$ 是非零多项式, 作为非零多项式它至多有 n 个复根, 所以必存在实数 λ_0, 使得 $|M + \lambda_0 N| \neq 0$. 令 $P = M + \lambda_0 N$, 则 P 是可逆实矩阵, 且 $PB = AP$, 即 $B = P^{-1}AP$, A 和 B 实相似.

23. 设 A 是 n 阶复矩阵, $f(\lambda)$ 是 A 的特征多项式, 则 $f(A) = 0$.

证法一　考虑特征矩阵 $\lambda E - A$ 的伴随矩阵 $(\lambda E - A)^*$, 其元素至多是 λ 的 $n - 1$ 次多项式, 则 $(\lambda E - A)^*$ 可表示为

$$(\lambda E - A)^* = C_1 \lambda^{n-1} + C_2 \lambda^{n-2} + \cdots + C_{n-1} \lambda + C_n,$$

其中 $C_1, C_2, \cdots, C_n$ 都是 n 阶数字矩阵.

令 $f(\lambda) = \lambda^n + a_1 \lambda^{n-1} + \cdots + a_{n-1} \lambda + a_n$. 因为 $(\lambda E - A)(\lambda E - A)^* = f(\lambda)E$, 即

$$(\lambda E - A)(C_1 \lambda^{n-1} + C_2 \lambda^{n-2} + \cdots + C_{n-1} \lambda + C_n)$$
$$= E\lambda^n + a_1 E\lambda^{n-1} + \cdots + a_{n-1} E\lambda + a_n E.$$

比较两边 λ 的同次幂的系数矩阵, 得

$$\begin{cases} C_1 = E, \\ C_2 - AC_1 = a_1 E, \\ C_3 - AC_2 = a_2 E, \\ \quad \cdots\cdots \\ C_n - AC_{n-1} = a_{n-1} E, \\ -AC_n = a_n E. \end{cases}$$

用 $A^n, A^{n-1}, \cdots, A, E$ 分别左乘上面各式, 再两边相加得

$$f(A) = A^n + a_1 A^{n-1} + \cdots + a_{n-1} A + a_n E$$
$$= A^n C_1 + A^{n-1}(C_2 - AC_1) + \cdots + A(C_n - AC_{n-1}) - AC_n$$
$$= 0.$$

证法二 由于 A 是复数域上的 n 阶矩阵, 则 A 相似于一个上三角形矩阵, 即存在 n 阶可逆矩阵 P, 使得

$$P^{-1}AP = \begin{pmatrix} \lambda_1 & * & \cdots & * \\ 0 & \lambda_2 & \cdots & * \\ \vdots & \vdots & & \vdots \\ 0 & 0 & \cdots & \lambda_n \end{pmatrix},$$

这里 $\lambda_1, \lambda_2, \cdots, \lambda_n$ 是 A 的全部特征值. 又 A 的特征值多项式

$$f(\lambda) = (\lambda - \lambda_1)(\lambda - \lambda_2) \cdots (\lambda - \lambda_n),$$

则

$$
\begin{aligned}
P^{-1}f(A)P &= f(P^{-1}AP) \\
&= (P^{-1}AP - \lambda_1 E)(P^{-1}AP - \lambda_2 E) \cdots (P^{-1}AP - \lambda_n E) \\
&= \begin{pmatrix} 0 & * & \cdots & * \\ 0 & \lambda_2 - \lambda_1 & \cdots & * \\ \vdots & \vdots & & \vdots \\ 0 & 0 & \cdots & \lambda_n - \lambda_1 \end{pmatrix} \cdots \begin{pmatrix} \lambda_1 - \lambda_n & * & \cdots & * \\ 0 & \lambda_2 - \lambda_n & \cdots & * \\ \vdots & \vdots & & \vdots \\ 0 & 0 & \cdots & 0 \end{pmatrix} \\
&= \begin{pmatrix} 0 & 0 & * & \cdots & * & * \\ 0 & 0 & * & \cdots & * & * \\ 0 & 0 & * & \cdots & * & * \\ \vdots & \vdots & \vdots & & \vdots & \vdots \\ 0 & 0 & 0 & \cdots & 0 & * \end{pmatrix} \begin{pmatrix} \lambda_1 - \lambda_3 & * & * & \cdots & * \\ 0 & \lambda_2 - \lambda_3 & * & \cdots & * \\ 0 & 0 & 0 & \cdots & * \\ \vdots & \vdots & \vdots & & \vdots \\ 0 & 0 & 0 & \cdots & \lambda_n - \lambda_3 \end{pmatrix} \\
&\quad \cdots \begin{pmatrix} \lambda_1 - \lambda_n & * & \cdots & * \\ 0 & \lambda_2 - \lambda_n & \cdots & * \\ \vdots & \vdots & & \vdots \\ 0 & 0 & \cdots & 0 \end{pmatrix} \\
&= 0.
\end{aligned}
$$

因此, $f(A) = 0$.

证法三 设 $\lambda_1, \lambda_2, \cdots, \lambda_s$ 为 A 的互不相同的特征值, 其重数分别为 $r_1, r_2, \cdots, r_s$, 则 A 的特征多项式为

$$f(\lambda) = |\lambda E - A| = (\lambda - \lambda_1)^{r_1} (\lambda - \lambda_2)^{r_2} \cdots (\lambda - \lambda_s)^{r_s},$$

这里 $\sum\limits_{i=1}^{s} r_i = n$. 设 A 的若尔当标准形为

$$J = \begin{pmatrix} J_1 & & & \\ & J_2 & & \\ & & \ddots & \\ & & & J_t \end{pmatrix},$$

其中 J_i $(i = 1, 2, \cdots, t)$ 为若尔当块, 则存在可逆矩阵 P, 使 $P^{-1}AP = J$. 现将 $J_1, J_2, \cdots, J_t$ 重排, 使之成为

$$B = \begin{pmatrix} B_1 & & & \\ & B_2 & & \\ & & \ddots & \\ & & & B_s \end{pmatrix},$$

其中 B_i 为以 λ_i 为主对角线元素的若干个若尔当块形成的准对角矩阵, 则存在可逆矩阵 Q, 使 $Q^{-1}JQ = B$. 令 $T = PQ$, 则 $T^{-1}AT = B$, 从而

$$f(A) = T(B - \lambda_1 E)^{r_1}(B - \lambda_2 E)^{r_2} \cdots (B - \lambda_s E)^{r_s} T^{-1}.$$

由 B_i 的结构知 $B_i - \lambda_i E_{r_i}$ 是一个 r_i 阶幂零矩阵, 即

$$(B_i - \lambda_i E_{r_i})^{r_i} = 0 \quad (i = 1, 2, \cdots, s),$$

从而

$$f(A) = T \begin{pmatrix} 0 & & & \\ & (B_2 - \lambda_1 E_{r_2})^{r_1} & & \\ & & \ddots & \\ & & & (B_s - \lambda_1 E_{r_s})^{r_1} \end{pmatrix}$$
$$\begin{pmatrix} (B_1 - \lambda_2 E_{r_1})^{r_2} & & & \\ & 0 & & \\ & & \ddots & \\ & & & (B_s - \lambda_2 E_{r_s})^{r_2} \end{pmatrix} \cdots$$
$$\begin{pmatrix} (B_1 - \lambda_s E_{r_1})^{r_s} & & & \\ & (B_2 - \lambda_s E_{r_2})^{r_s} & & \\ & & \ddots & \\ & & & 0 \end{pmatrix} T^{-1}$$
$$= 0.$$

　　注　证法一对任意数域上的 n 阶矩阵成立.

　　24. 设 A, B 是两个 n 阶复方阵, 证明: 矩阵方程 $AX = XB$ 有非零解的充分必要条件是 A, B 有公共的复特征值.

(必要性) **证法一** 设矩阵方程 $AX = XB$ 的一个非零解为 X_0, 则 $AX_0 = X_0B$, 容易推知 $A^kX_0 = X_0B^k$ $(k = 1, 2, \cdots)$. 令 $f(x) = |xE - B|$, 则 $f(A)X_0 = X_0f(B) = 0$. 因为 $X_0 \neq 0$, 所以 $|f(A)| = 0$. 设 A 的特征值为 $\lambda_1, \lambda_2, \cdots, \lambda_n$, 则 $f(A)$ 的特征值为 $f(\lambda_1), f(\lambda_2), \cdots, f(\lambda_n)$. 故 $f(\lambda_1)f(\lambda_2) \cdots f(\lambda_n) = 0$, 所以必有 i_0, 使得 $f(\lambda_{i_0}) = 0$, 即得 A, B 有公共的复特征值.

证法二 设矩阵方程 $AX = XB$ 的一个非零解为 X_0, 则 $r(X_0) = r \geqslant 1$, 从而存在可逆矩阵 P, Q, 使得

$$PX_0Q = \begin{pmatrix} E_r & 0 \\ 0 & 0 \end{pmatrix}.$$

由 $AX_0 = X_0B$ 得

$$PAP^{-1} \cdot PX_0Q = PX_0Q \cdot Q^{-1}BQ.$$

令

$$PAP^{-1} = \begin{pmatrix} A_1 & A_2 \\ A_3 & A_4 \end{pmatrix}, \quad Q^{-1}BQ = \begin{pmatrix} B_1 & B_2 \\ B_3 & B_4 \end{pmatrix},$$

其中 A_1, B_1 为 r 阶方阵, 从而

$$\begin{pmatrix} A_1 & A_2 \\ A_3 & A_4 \end{pmatrix} \begin{pmatrix} E_r & 0 \\ 0 & 0 \end{pmatrix} = \begin{pmatrix} E_r & 0 \\ 0 & 0 \end{pmatrix} \begin{pmatrix} B_1 & B_2 \\ B_3 & B_4 \end{pmatrix}$$

$$\Rightarrow \begin{pmatrix} A_1 & 0 \\ A_3 & 0 \end{pmatrix} = \begin{pmatrix} B_1 & B_2 \\ 0 & 0 \end{pmatrix}$$

$$\Rightarrow A_1 = B_1, \quad B_2 = A_3 = 0$$

$$\Rightarrow PAP^{-1} = \begin{pmatrix} A_1 & A_2 \\ 0 & A_4 \end{pmatrix}, \quad Q^{-1}BQ = \begin{pmatrix} A_1 & 0 \\ B_3 & B_4 \end{pmatrix}.$$

故 $|\lambda E_r - A_1|$ 为 $|\lambda E - A|$ 和 $|\lambda E - B|$ 的公因式, 所以 A, B 有公共的复特征值.

证法三 利用反证法. 假设 A, B 无公共特征值, 下证 $AX = XB$ 只有零解.

设 n 阶方阵 C 是 $AX = XB$ 的解, 则 $AC = CB$. 设 n 阶可逆矩阵 P, 使得

$$P^{-1}BP = \begin{pmatrix} J_1 & & & \\ & J_2 & & \\ & & \ddots & \\ & & & J_s \end{pmatrix} = J,$$

其中 J 为 B 的若尔当标准形,

$$J_k = \begin{pmatrix} \lambda_k & 1 & & \\ & \lambda_k & \ddots & \\ & & \ddots & 1 \\ & & & \lambda_k \end{pmatrix}_{n_k \times n_k} \quad (k = 1, 2, \cdots, s)$$

为 n_k 阶若尔当块. 设 $CP = (\beta_1, \beta_2, \cdots, \beta_n)$. 由于 $ACP = CBP = CPP^{-1}BP$, 则

$$A(\beta_1, \beta_2, \cdots, \beta_n) = (\beta_1, \beta_2, \cdots, \beta_n)P^{-1}BP$$

$$= (\beta_1, \beta_2, \cdots, \beta_n)\begin{pmatrix} J_1 & & & \\ & J_2 & & \\ & & \ddots & \\ & & & J_s \end{pmatrix}.$$

因此,

$$\begin{cases} A\beta_1 = \lambda_1\beta_1, \\ A\beta_2 = \beta_1 + \lambda_1\beta_2, \\ A\beta_3 = \beta_2 + \lambda_1\beta_3, \\ \qquad \cdots\cdots \end{cases}$$

因为 A, B 无公共特征值, 从而 λ_1 不是 A 的特征值, 所以 $\beta_1 = 0$. 以此类推可得 $\beta_2 = \beta_3 = \cdots = \beta_t = 0$, 从而 $CP = 0$. 由于 P 可逆, 所以 $C = 0$.

(充分性) **证法一**　设 A, B 有公共的特征值 λ_1, 则存在可逆矩阵 P, Q, 使得

$$PAP^{-1} = \begin{pmatrix} \lambda_1 & C \\ 0 & D \end{pmatrix}, \quad Q^{-1}BQ = \begin{pmatrix} \lambda_1 & 0 \\ M & N \end{pmatrix}.$$

于是取 $X_0 = P^{-1}\begin{pmatrix} 1 & 0 \\ 0 & 0 \end{pmatrix}Q^{-1}$, 则 $x_0 \neq 0$ 且

$$AX_0 = AP^{-1}\begin{pmatrix} 1 & 0 \\ 0 & 0 \end{pmatrix}Q^{-1} = P^{-1}\begin{pmatrix} \lambda_1 & C \\ 0 & D \end{pmatrix}\begin{pmatrix} 1 & 0 \\ 0 & 0 \end{pmatrix}Q^{-1} = P^{-1}\begin{pmatrix} \lambda_1 & 0 \\ 0 & 0 \end{pmatrix}Q^{-1},$$

$$X_0B = P^{-1}\begin{pmatrix} 1 & 0 \\ 0 & 0 \end{pmatrix}Q^{-1}B = P^{-1}\begin{pmatrix} 1 & 0 \\ 0 & 0 \end{pmatrix}\begin{pmatrix} \lambda_1 & 0 \\ M & N \end{pmatrix}Q^{-1} = P^{-1}\begin{pmatrix} \lambda_1 & 0 \\ 0 & 0 \end{pmatrix}Q^{-1},$$

即得 $AX_0 = X_0B$.

证法二　设 A, B 有公共的特征值 λ, 则 λ 也是 B' 的特征值. 设 Y, Z 分别是 A 和 B' 的属于特征值 λ 的特征向量, 即

$$AY = \lambda Y, \quad B'Z = \lambda Z.$$

令 $X = YZ'$, 则 X 是矩阵方程 $AX = XB$ 的一个非零解.

注　利用上述结果, 可以证明: 当 n 阶复方阵 A 可逆时, 矩阵方程 $AXA' = X$ 仅有零解当且仅当 A 的任意两个特征值的乘积不为 1.

证明　设 A 的全部特征值为 $\lambda_1, \lambda_2, \cdots, \lambda_n$, 则 A^{-1} 的全部特征值为

$$\lambda_1^{-1}, \lambda_2^{-1}, \cdots, \lambda_n^{-1}.$$

令 $S = \{1, 2, \cdots, n\}$, 则

$$AXA' = X \text{ 有非零解} \Leftrightarrow XA' = A^{-1}X \text{ 有非零解}$$
$$\Leftrightarrow A' \text{ 与 } A^{-1} \text{ 有公共的特征值}$$
$$\Leftrightarrow \text{存在 } i, j \in S, \ \lambda_i = \lambda_j^{-1}$$
$$\Leftrightarrow \text{存在 } i, j \in S, \ \lambda_i \lambda_j = 1.$$

因此, 矩阵方程 $AXA' = X$ 仅有零解当且仅当 A 的任意两个特征值的乘积不为 1.

25. 设 V 是有理数域 $\mathbb{Q}$ 上的三维线性空间, σ 是 V 上的线性变换, 对于 $\alpha, \beta, \gamma \in V, \alpha \neq 0$, 有

$$\sigma\alpha = \beta, \quad \sigma\beta = \gamma, \quad \sigma\gamma = \alpha + \beta,$$

证明: α, β, γ 线性无关.

证法一 因为 $\alpha \neq 0$, 所以 α 线性无关. 若 α, β 线性相关, 则 $\beta = \lambda\alpha, \lambda \in \mathbb{Q}$, 从而 $\sigma\alpha = \lambda\alpha, \gamma = \sigma\beta = \lambda^2\alpha$, 即得 $\sigma\gamma = \lambda^3\alpha$, 所以 $\lambda^3\alpha = \alpha + \beta$, 从而 $(\lambda^3 - \lambda - 1)\alpha = 0$. 因为 $\alpha \neq 0$, 所以 $\lambda^3 - \lambda - 1 = 0$, 但 $x^3 - x - 1 = 0$ 无有理根, 矛盾, 所以 α, β 线性无关. 若 α, β, γ 线性相关, 则 $\gamma = k\alpha + l\beta, k, l \in \mathbb{Q}$, 从而

$$\alpha + \beta = \sigma\gamma = k\sigma\alpha + l\sigma\beta = k\beta + l\gamma$$
$$= k\beta + kl\alpha + l^2\beta \Rightarrow (kl - 1)\alpha + (l^2 + k - 1)\beta = 0.$$

因为 α, β 线性无关, 所以

$$kl - 1 = 0, \quad l^2 + k - 1 = 0 \Rightarrow l^3 - l + 1 = 0,$$

这与多项式 $x^3 - x + 1 = 0$ 无有理根矛盾, 所以 α, β, γ 线性无关.

证法二 利用反证法. 设 α, β, γ 线性相关, 即存在不全为零的有理数 x_1, x_2, x_3, 使得

$$x_1\alpha + x_2\beta + x_3\gamma = 0.$$

由 $\alpha \neq 0$ 知 x_2, x_3 不全为零, 下面分情况讨论.

(1) $x_3 \neq 0$. 此时可令 $\gamma = a\alpha + b\beta, a, b \in \mathbb{Q}$, 故

$$\sigma\gamma = a\sigma\alpha + b\sigma\beta = a\beta + b\gamma$$
$$\Rightarrow \alpha + \beta = a\beta + b(a\alpha + b\beta) = ab\alpha + (a + b^2)\beta$$
$$\Rightarrow (1 - ab)\alpha = (a + b^2 - 1)\beta.$$

若 $a + b^2 - 1 \neq 0$, 则

$$\beta = \frac{1 - ab}{a + b^2 - 1}\alpha.$$

令 $\lambda = \dfrac{1-ab}{a+b^2-1} \in \mathbb{Q}$, 则 $\beta = \lambda\alpha$, 从而有

$$\sigma\beta = \lambda\sigma\alpha \Rightarrow \gamma = \lambda\beta = \lambda^2\alpha$$

$$\Rightarrow \sigma\gamma = \lambda^2\sigma\alpha \Rightarrow \alpha + \beta = \lambda^2\beta$$

$$\Rightarrow \alpha = (\lambda^2 - 1)\beta = (\lambda^2 - 1)\lambda\alpha$$

$$\Rightarrow (\lambda^3 - \lambda - 1)\alpha = 0.$$

因为 $\alpha \neq 0$, 所以 $\lambda^3 - \lambda - 1 = 0$, 此与整系数多项式 $x^3 - x - 1$ 无有理根相矛盾, 故 $a + b^2 - 1 = 0$, 从而 $(1-ab)\alpha = 0$. 由 $\alpha \neq 0$ 知 $1 - ab = 0$. 故

$$\gamma = a\alpha + \frac{1}{a}\beta \Rightarrow \sigma\gamma = a\sigma\alpha + \frac{1}{a}\sigma\beta$$

$$\Rightarrow \alpha + \beta = a\beta + \frac{1}{a}\gamma = a\beta + \frac{1}{a}\left(a\alpha + \frac{1}{a}\beta\right) = \alpha + \left(a + \frac{1}{a^2}\right)\beta$$

$$\Rightarrow \left(\frac{1}{a^2} + a - 1\right)\beta = 0.$$

若 $\beta = 0$, 则 $\gamma = \sigma\beta = 0$, 从而 $\alpha = \sigma\gamma - \beta = 0$, 矛盾, 故 $\beta \neq 0$, 即得 $\dfrac{1}{a^2} + a - 1 = 0$, 也即 $a^3 - a^2 + 1 = 0$, 此与 $x^3 - x^2 + 1$ 无有理根矛盾.

(2) $x_3 = 0$. 此时 $x_1\alpha + x_2\beta = 0$. 由 $\alpha \neq 0$ 知 $x_2 \neq 0$. 令 $\beta = \theta\alpha, \theta \in \mathbb{Q}$, 则 $\beta \neq 0$, 且有 $\sigma\beta = \theta\sigma\alpha$, 得 $\gamma = \theta\beta, \sigma\gamma = \theta\sigma\beta = \theta\gamma$, 故 $\alpha + \beta = \theta^2\beta, \dfrac{1}{\theta}\beta + \beta = \theta^2\beta$, 从而 $\left(\theta^2 - \dfrac{1}{\theta} - 1\right)\beta = 0$, 因而 $\theta^3 - \theta - 1 = 0$, 此与 $x^3 - x - 1 = 0$ 无有理根矛盾.

综上所述, α, β, γ 线性无关.

26. 设 A 为一个 n 阶复矩阵. 证明: A 可以对角化的充分必要条件是对 A 的每个特征值 λ_0, $r(\lambda_0 E - A) = n - \lambda_0$ 的重数.

(必要性)**证法一**   设 A 可以对角化, 则存在 n 阶可逆矩阵 P, 使得

$$P^{-1}AP = \begin{pmatrix} \lambda_1 & & & \\ & \lambda_2 & & \\ & & \ddots & \\ & & & \lambda_n \end{pmatrix}.$$

故 $f_A(\lambda) = |\lambda E - A| = (\lambda - \lambda_1)(\lambda - \lambda_2)\cdots(\lambda - \lambda_n)$.

若 λ_0 为 A 的 k 重特征值, 则在 $\lambda_1, \lambda_2, \cdots, \lambda_n$ 中有且仅有 k 个 λ_0, 从而

$$P^{-1}(\lambda_0 E - A)P = \begin{pmatrix} \lambda_0 - \lambda_1 & & & \\ & \lambda_0 - \lambda_2 & & \\ & & \ddots & \\ & & & \lambda_0 - \lambda_n \end{pmatrix}$$

的主对角线上恰有 k 个为零, 故 $r(\lambda_0 E - A) = n - k$.

证法二 设 A 可以对角化, 则 A 的初等因子都是一次的, 故 $\lambda E - A$ 的标准形为

$$B(\lambda) = \begin{pmatrix} 1 & & & & & & \\ & \ddots & & & & & \\ & & 1 & & & & \\ & & & \lambda - \lambda_1 & & & \\ & & & & (\lambda - \lambda_1)(\lambda - \lambda_2) & & \\ & & & & & \ddots & \\ & & & & & & (\lambda - \lambda_1)(\lambda - \lambda_2) \cdots (\lambda - \lambda_s) \end{pmatrix}.$$

若 λ_0 为 A 的 k 重特征值, 则 $\lambda - \lambda_0$ 在 $B(\lambda)$ 中出现 k 次, 故 $B(\lambda_0)$ 中后 k 行为零, 前 $n - k$ 行不为零, 所以

$$r(\lambda_0 E - A) = r[B(\lambda_0)] = n - k.$$

证法三 设 λ_0 为 A 的 k 重特征值, A 的属于特征值 λ_0 的线性无关的特征向量有 s 个. 先证 $s \leqslant k$.

设 A 的属于特征值 λ_0 的线性无关的特征向量为 $\alpha_1, \alpha_2, \cdots, \alpha_s$. 把它扩充为 $\mathbb{C}^n$ 的一组基 $\alpha_1, \alpha_2, \cdots, \alpha_s, \alpha_{s+1}, \cdots, \alpha_n$. 再设

$$A\alpha_j = \sum_{k=1}^{n} a_{kj}\alpha_k \quad (s + 1 \leqslant j \leqslant n),$$

则

$$A(\alpha_1, \alpha_2, \cdots, \alpha_s, \alpha_{s+1}, \cdots, \alpha_n)$$
$$= (\alpha_1, \alpha_2, \cdots, \alpha_s, \alpha_{s+1}, \cdots, \alpha_n) \begin{pmatrix} \lambda_0 E_s & A_2 \\ 0 & A_1 \end{pmatrix},$$

从而

$$|\lambda E - A| = \begin{vmatrix} (\lambda - \lambda_0)E_s & -A_2 \\ 0 & \lambda E_{n-s} - A_1 \end{vmatrix} = (\lambda - \lambda_0)^s |\lambda E_{n-s} - A_1|.$$

故 λ_0 至少为 s 重特征值, 即 $s \leqslant k$.

若 A 可以对角化, 则 A 有 n 个线性无关的特征向量, 从而对 A 的每一个特征值 λ_i, A 的属于特征值 λ_i 的线性无关的特征向量个数等于 λ_i 的重数. 设 λ_0 为 A 的 k 重特征值, 则齐次线性方程组

$$(\lambda_0 E - A)X = 0$$

恰有 k 个线性无关向量组, 所以 $r(\lambda_0 E - A) = n - k$.

(充分性)**证法一** 设 A 的全部互异特征值为 $\lambda_1, \lambda_2, \cdots, \lambda_s$, 其重数分别为

$$n_1, n_2, \cdots, n_s,$$

则 $\sum\limits_{i=1}^{s} n_i = n$. 由题设, 对每个 λ_i, 有

$$r(\lambda_i E - A) = n - n_i \quad (1 \leqslant i \leqslant s),$$

则齐次线性方程组

$$(\lambda_i E - A)X = 0$$

恰有 n_i 个线性无关的解 $\alpha_{i1}, \alpha_{i2}, \cdots, \alpha_{in_i}(1 \leqslant i \leqslant s)$, 从而

$$\alpha_{11}, \alpha_{12}, \cdots, \alpha_{1n_i}, \alpha_{21}, \alpha_{22}, \cdots, \alpha_{2n_i}, \cdots, \alpha_{s1}, \alpha_{s2}, \cdots, \alpha_{sn_i}$$

为 A 的 n 个线性无关的特征向量. 以它们为列作矩阵 P, 则

$$P^{-1}AP = \begin{pmatrix} \lambda_1 & & & & & & \\ & \ddots & & & & & \\ & & \lambda_1 & & & & \\ & & & \ddots & & & \\ & & & & \lambda_s & & \\ & & & & & \ddots & \\ & & & & & & \lambda_s \end{pmatrix},$$

即 A 可以对角化.

证法二 设 A 的全部互异特征值为 $\lambda_1, \lambda_2, \cdots, \lambda_s$, 其重数分别为 $k_1, k_2, \cdots, k_s$. 由题设, 对每个 λ_i, 有

$$r(\lambda_i E - A) = n - k_i \quad (1 \leqslant i \leqslant s).$$

设 A 的若尔当标准形为 J, 则存在 n 阶可逆矩阵 P, 使得

$$P^{-1}AP = J = \begin{pmatrix} J_1 & & & \\ & J_2 & & \\ & & \ddots & \\ & & & J_t \end{pmatrix},$$

其中 $J_i = \begin{pmatrix} \lambda_i & 1 & & \\ & \lambda_i & \ddots & \\ & & \ddots & 1 \\ & & & \lambda_i \end{pmatrix}_{n_i \times n_i}$ 为若尔当块 $(1 \leqslant i \leqslant t)$. 对 A 的某个特征值

λ_j, 不妨设 $J_1, J_2, \cdots, J_r$ 的对角线元素为 λ_j, $J_{r+1}, \cdots, J_t$ 的对角线元素不为 λ_j, 则 $\sum\limits_{i=1}^{r} n_i = k_j$, 且

$$P^{-1}(\lambda_j E - A)P$$

$$= \begin{pmatrix} \lambda_j E_{n_1} - J_1 & & & & & \\ & \ddots & & & & \\ & & \lambda_j E_{n_r} - J_r & & & \\ & & & \lambda_j E_{n_{r+1}} - J_{r+1} & & \\ & & & & \ddots & \\ & & & & & \lambda_j E_{n_t} - J_t \end{pmatrix}.$$

故

$$n - k_j = r(\lambda_j E - A) = r[P^{-1}(\lambda_j E - A)P]$$
$$= (n_1 - 1) + (n_2 - 1) + \cdots + (n_r - 1) + n_{r+1} + \cdots + n_t$$
$$= n - r.$$

于是 $k_j = r$. 故由 $\sum\limits_{i=1}^{r} n_i = r$ 知 $n_1 = n_2 = \cdots = n_r = 1$, 即 $J_1, J_2, \cdots, J_r$ 均是一阶的. 由 λ_j 的任意性知 A 可以对角化.

证法三 若 A 不可以对角化, 则 A 的若尔当标准形中必有一个若尔当块的阶数大于 1. 不妨设 A 的若尔当标准形

$$J = \begin{pmatrix} J_1 & & & \\ & J_2 & & \\ & & \ddots & \\ & & & J_t \end{pmatrix}$$

中 $J_1 = \begin{pmatrix} \lambda_1 & 1 & & \\ & \lambda_1 & \ddots & \\ & & \ddots & 1 \\ & & & \lambda_1 \end{pmatrix}$ 的阶数大于 1, 且 $J_1, J_2, \cdots, J_r$ 的对角线元素为 λ_1, $J_{r+1}, \cdots, J_t$ 的对角线元素不为 λ_1, 则

$$\lambda_1 E - J = \begin{pmatrix} \lambda_1 E_{n_1} - J_1 & & & & & \\ & \ddots & & & & \\ & & \lambda_1 E_{n_r} - J_r & & & \\ & & & \lambda_1 E_{n_{r+1}} - J_{r+1} & & \\ & & & & \ddots & \\ & & & & & \lambda_1 E_{n_t} - J_t \end{pmatrix}.$$

易知

$$r\begin{pmatrix} \lambda_1 E_{n_{r+1}} - J_{r+1} & & \\ & \ddots & \\ & & \lambda_1 E_{n_t} - J_t \end{pmatrix} = n - \lambda_1 \text{ 的重数}; r(\lambda_1 E_1 - J_1) \geqslant 1.$$

所以

$$r(\lambda_1 E - A) = r(\lambda_1 E - J) \geqslant n - \lambda_1 \text{ 的重数} + 1 > n - \lambda_1 \text{ 的重数},$$

此与题设矛盾. 故 A 可以对角化.

证法四 若 A 不可以对角化, 则 A 必有次数高于 1 的初等因子, 设为 $(\lambda - \lambda_0)^s$, 这里 λ_0 为 A 的 k 重特征值, $s > 1$. 又含同一个一次式 $\lambda - \lambda_0$ 的方幂的初等因子的次数和为 k, 故 $\lambda E - A$ 的标准形中含 $\lambda - \lambda_0$ 的不变因子少于 k 个, 所以 $r(\lambda_0 E - A) > n - k$, 与题设矛盾, 故 A 可以对角化.

27. (全国大学生数学竞赛试题) 设 $B = \begin{pmatrix} 0 & 10 & 30 \\ 0 & 0 & 2010 \\ 0 & 0 & 0 \end{pmatrix}$. 证明: $X^2 = B$ 无解, 这里 X 是三阶未知复方阵.

证法一 设 $X^2 = B$ 有解 A, 即 $A^2 = B$. 因为 B 的特征值全为 0, 所以 A 的特征值也全为 0, 故存在可逆矩阵 P, 使得

$$A = P^{-1} \begin{pmatrix} 0 & a & b \\ 0 & 0 & c \\ 0 & 0 & 0 \end{pmatrix} P,$$

其中 a, b, c 是三个复数, 因而

$$B = A^2 = P^{-1} \begin{pmatrix} 0 & a & b \\ 0 & 0 & c \\ 0 & 0 & 0 \end{pmatrix}^2 P = P^{-1} \begin{pmatrix} 0 & 0 & ac \\ 0 & 0 & 0 \\ 0 & 0 & 0 \end{pmatrix} P,$$

即得 $r(B) \leqslant 1$, 与 $r(B) = 2$ 相矛盾, 故 $X^2 = B$ 无解.

证法二 设 $X^2 = B$ 有解 A, 即 $A^2 = B$. 由于 B 的特征值全为 0, 所以 A 的特征值也全为 0, 故 A 的若尔当标准形只能是

$$J_1 = \begin{pmatrix} 0 & 0 & 0 \\ 0 & 0 & 0 \\ 0 & 0 & 0 \end{pmatrix}, \quad J_2 = \begin{pmatrix} 0 & 0 & 0 \\ 1 & 0 & 0 \\ 0 & 0 & 0 \end{pmatrix}, \quad J_3 = \begin{pmatrix} 0 & 0 & 0 \\ 1 & 0 & 0 \\ 0 & 1 & 0 \end{pmatrix}.$$

由于

$$J_1^2 = J_2^2 = 0, \quad J_3^2 = \begin{pmatrix} 0 & 0 & 0 \\ 0 & 0 & 0 \\ 1 & 0 & 0 \end{pmatrix},$$

所以 A^2 的秩只能是 0 或 1, 这与 $r(B) = 2$ 相矛盾, 故 $X^2 = B$ 无解.

28. 设 A, B 是两个 n 阶方阵, 且 A 的 n 个特征值两两互异, 则 A 的特征向量恒为 B 的特征向量的充分必要条件是 $AB = BA$.

(必要性) **证法一** 设 A 的 n 个特征值为 $\lambda_1, \lambda_2, \cdots, \lambda_n$, 相应的特征向量分别为 $\alpha_1, \alpha_2, \cdots, \alpha_n$. 由题设知 $\alpha_1, \alpha_2, \cdots, \alpha_n$ 也是 B 的特征向量, 令 $B\alpha_i = \mu_i \alpha_i, i = 1, 2, \cdots, n$, 则有

$$A(\alpha_1, \alpha_2, \cdots, \alpha_n) = (\alpha_1, \alpha_2, \cdots, \alpha_n) \begin{pmatrix} \lambda_1 & & & \\ & \lambda_2 & & \\ & & \ddots & \\ & & & \lambda_n \end{pmatrix},$$

$$B(\alpha_1, \alpha_2, \cdots, \alpha_n) = (\alpha_1, \alpha_2, \cdots, \alpha_n) \begin{pmatrix} \mu_1 & & & \\ & \mu_2 & & \\ & & \ddots & \\ & & & \mu_n \end{pmatrix}.$$

令 $P = (\alpha_1, \alpha_2, \cdots, \alpha_n)$, 有

$$P^{-1}AP = \begin{pmatrix} \lambda_1 & & & \\ & \lambda_2 & & \\ & & \ddots & \\ & & & \lambda_n \end{pmatrix}, \quad P^{-1}BP = \begin{pmatrix} \mu_1 & & & \\ & \mu_2 & & \\ & & \ddots & \\ & & & \mu_n \end{pmatrix}.$$

因此,

$$P^{-1}AP \cdot P^{-1}BP = P^{-1}BP \cdot P^{-1}AP,$$

即得 $AB = BA$.

证法二 设 A 的 n 个互异特征值为 $\lambda_1, \lambda_2, \cdots, \lambda_n$, 其相应的特征向量分别为 $\alpha_1, \alpha_2, \cdots, \alpha_n$, 即 $A\alpha_i = \lambda_i \alpha_i$ $(i = 1, 2, \cdots, n)$. 由题设知 $\alpha_1, \alpha_2, \cdots, \alpha_n$ 又为 B 的特征向量, 故存在 n 个数 $\mu_1, \mu_2, \cdots, \mu_n$ 使得 $B\alpha_i = \mu_i \alpha_i$ $(i = 1, 2, \cdots, n)$, 从而

$$(AB - BA)\alpha_i = AB\alpha_i - BA\alpha_i = \lambda_i \mu_i \alpha_i - \mu_i \lambda_i \alpha_i = 0, \quad i = 1, 2, \cdots, n.$$

于是齐次线性方程组 $(AB - BA)X = 0$ 有 n 个线性无关的解, 所以 $AB - BA = 0$, 故 $AB = BA$.

(充分性) **证法一** 设 A 的 n 个特征值为 $\lambda_1, \lambda_2, \cdots, \lambda_n$, 且 $A\alpha_i = \lambda_i \alpha_i, \alpha_i \neq 0, i = 1, 2, \cdots, n$. 记 V_{λ_i} 为 A 的特征子空间, 则由 $\lambda_1, \lambda_2, \cdots, \lambda_n$ 两两互异得

$$\dim V_{\lambda_i} = 1 \quad (i = 1, 2, \cdots, n).$$

又因为 $AB = BA$, 所以

$$A(B\alpha_i) = B(A\alpha_i) = \lambda_i B\alpha_i, \quad i = 1, 2, \cdots, n,$$

即 $B\alpha_i \in V_{\lambda_i}(i = 1, 2, \cdots, n)$, 故存在 μ_i, 使得 $B\alpha_i = \mu_i \alpha_i$, 因而 α_i 为 B 的特征向量.

证法二　设 A 的 n 个特征值为 $\lambda_1, \lambda_2, \cdots, \lambda_n$, $\alpha_1, \alpha_2, \cdots, \alpha_n$ 分别为其相应的特征向量. 令 $P = (\alpha_1, \alpha_2, \cdots, \alpha_n)$, 则 P 可逆且

$$P^{-1}AP = \begin{pmatrix} \lambda_1 & & & \\ & \lambda_2 & & \\ & & \ddots & \\ & & & \lambda_n \end{pmatrix}.$$

由 $AB = BA$ 知

$$P^{-1}AP \cdot P^{-1}BP = P^{-1}BP \cdot P^{-1}AP.$$

因为 $\lambda_1, \lambda_2, \cdots, \lambda_n$ 互异, 所以 $P^{-1}BP$ 为对角矩阵. 令

$$P^{-1}BP = \begin{pmatrix} \mu_1 & & & \\ & \mu_2 & & \\ & & \ddots & \\ & & & \mu_n \end{pmatrix},$$

则有

$$B(\alpha_1, \alpha_2, \cdots, \alpha_n) = (\alpha_1, \alpha_2, \cdots, \alpha_n) \begin{pmatrix} \mu_1 & & & \\ & \mu_2 & & \\ & & \ddots & \\ & & & \mu_n \end{pmatrix},$$

于是 $B\alpha_i = \mu_i \alpha_i (i = 1, 2, \cdots, n)$, 因而 α_i 都为 B 的特征向量, 即 A 的特征向量都是 B 的特征向量.

29. 设 A 为 n 阶方阵, 证明下列命题相互等价:

(1) $r(A) = r(A^2)$;

(2) 存在可逆矩阵 P 和 B, 使得 $A = P \begin{pmatrix} B & 0 \\ 0 & 0 \end{pmatrix} P^{-1}$;

(3) 存在可逆矩阵 C, 使得 $A = A^2 C$.

(1) $\Rightarrow$ (2)**证法一**　设 A 的若尔当标准形为

$$J = \begin{pmatrix} J_1 & & & \\ & J_2 & & \\ & & \ddots & \\ & & & J_t \end{pmatrix},$$

其中 $J_i = \begin{pmatrix} \lambda_i & 1 & & \\ & \lambda_i & \ddots & \\ & & \ddots & 1 \\ & & & \lambda_i \end{pmatrix}$ 的阶数为 n_i, $i = 1, 2, \cdots, t$, 则存在可逆矩阵 P,

使得 $A = PJP^{-1}$.

由 $r(A) = r(A^2)$ 知, 若 $\lambda_i = 0$ 必有 $n_i = 1$. 不妨设 $\lambda_1, \lambda_2, \cdots, \lambda_s$ 为 A 的非零特征值, 而 $\lambda_{s+1} = \cdots = \lambda_t = 0$. 令

$$B = \begin{pmatrix} J_1 & & & \\ & J_2 & & \\ & & \ddots & \\ & & & J_s \end{pmatrix},$$

即得 $A = P \begin{pmatrix} B & 0 \\ 0 & 0 \end{pmatrix} P^{-1}$.

证法二 设 V 是数域上的 n 维线性空间, $\varepsilon_1, \varepsilon_2, \cdots, \varepsilon_n$ 是它的一组基, 定义 V 的线性变换 σ 如下:

$$\sigma(\varepsilon_1, \varepsilon_2, \cdots, \varepsilon_n) = (\varepsilon_1, \varepsilon_2, \cdots, \varepsilon_n)A.$$

由 $r(A) = r(A^2)$ 知 $\dim \sigma(V) = \dim \sigma^2(V)$. 显然 $\sigma^2(V) \subseteq \sigma(V)$, 从而 $\sigma^2(V) = \sigma(V)$. 设 $\sigma^2(e_1), \sigma^2(e_2), \cdots, \sigma^2(e_r)$ 是 $\sigma(V)$ 的一组基, $e_{r+1}, e_{r+2}, \cdots, e_n$ 是 $\sigma^{-1}(0)$ 的一组基, 则 $\sigma(e_1), \sigma(e_2), \cdots, \sigma(e_r), e_{r+1}, \cdots, e_n$ 是 V 的一组基, 并且 σ 在这组基下的矩阵为 $\begin{pmatrix} B & 0 \\ 0 & 0 \end{pmatrix}$, 其中矩阵 B 满足

$$(\sigma^2(e_1), \sigma^2(e_2), \cdots, \sigma^2(e_r)) = (\sigma(e_1), \sigma(e_2), \cdots, \sigma(e_r))B.$$

因为 $\sigma(e_1), \sigma(e_2), \cdots, \sigma(e_r)$ 和 $\sigma^2(e_1), \sigma^2(e_2), \cdots, \sigma^2(e_r)$ 都是 $\sigma(V)$ 的基, 所以过渡矩阵 B 可逆. 令 $(\sigma(e_1), \sigma(e_2), \cdots, \sigma(e_r), e_{r+1}, \cdots, e_n) = (\varepsilon_1, \varepsilon_2, \cdots, \varepsilon_n)P$, 则有

$$A = P \begin{pmatrix} B & 0 \\ 0 & 0 \end{pmatrix} P^{-1}.$$

$(2) \Rightarrow (3)$ 已知 $A = P \begin{pmatrix} B & 0 \\ 0 & 0 \end{pmatrix} P^{-1}$, 所以取矩阵 C 为

$$C = P \begin{pmatrix} B^{-1} & 0 \\ 0 & E_{n-r} \end{pmatrix} P^{-1},$$

这里 r 为 B 的阶数, 则

$$A^2 C = P \begin{pmatrix} B^2 & 0 \\ 0 & 0 \end{pmatrix} P^{-1} P \begin{pmatrix} B^{-1} & 0 \\ 0 & E_{n-r} \end{pmatrix} P^{-1} = P \begin{pmatrix} B & 0 \\ 0 & 0 \end{pmatrix} P^{-1} = A.$$

(3) $\Rightarrow$ (1) 已知 $A = A^2 C$, 则有 $r(A^2) \leqslant r(A) = r(A^2 C) \leqslant r(A^2)$, 故有 $r(A) = r(A^2)$.

30. n 维欧氏空间 V 的线性变换 σ 满足 $\sigma^3 + \sigma = 0$. 证明: σ 的迹为 0.

证法一 取 V 的一组基 $\varepsilon_1, \varepsilon_2, \cdots, \varepsilon_n$. 设

$$\sigma(\varepsilon_1, \varepsilon_2, \cdots, \varepsilon_n) = (\varepsilon_1, \varepsilon_2, \cdots, \varepsilon_n) A,$$

则 A 为 n 阶实矩阵. 由 $\sigma^3 + \sigma = 0$ 知 $A^3 + A = 0$. 设 λ_0 为 A 的任意一个特征值, 则 $\lambda_0^3 + \lambda_0 = 0$, 所以 $\lambda_0 = 0$ 或 $\lambda_0 = \pm \mathrm{i}$. 又 A 为实矩阵, 所以它的虚特征值成共轭对出现, 而 $\mathrm{Tr}(A)$ 等于 A 的所有特征值的和, 故 $\mathrm{Tr}(A) = 0$, 即 $\mathrm{Tr}(\sigma) = 0$.

证法二 取 V 的一组基 $\varepsilon_1, \varepsilon_2, \cdots, \varepsilon_n$. 设

$$\sigma(\varepsilon_1, \varepsilon_2, \cdots, \varepsilon_n) = (\varepsilon_1, \varepsilon_2, \cdots, \varepsilon_n) A.$$

因为 $\sigma^3 + \sigma = 0$, 所以 $A^3 + A = 0$. 令 $g(\lambda) = \lambda^3 + \lambda = \lambda(\lambda^2 + 1)$, 则 $g(\lambda)$ 为 A 的零化多项式. 设 $d_n(\lambda)$ 为 A 的最小多项式, 则 $d_n(\lambda)|g(\lambda)$, 即 A 的最后一个不变因子只能是 $d_n(\lambda) = \lambda$ 或 $d_n(\lambda) = \lambda^2 + 1$ 或 $d_n(\lambda) = g(\lambda)$.

(1) 若 $d_n(\lambda) = \lambda$, 则 $0 = d_n(A) = A$. 此时 $\mathrm{Tr}(\sigma) = \mathrm{Tr}(A) = 0$.

(2) 若 $d_n(\lambda) = \lambda^2 + 1$, 则 $n = 2k$ 为偶数, 且 A 的不变因子为

$$d_1(\lambda) = \cdots = d_k(\lambda) = 1, \quad d_{k+1}(\lambda) = \cdots = d_n(\lambda) = \lambda^2 + 1.$$

故 A 的有理标准形为

$$B = \begin{pmatrix} \begin{pmatrix} 0 & -1 \\ 1 & 0 \end{pmatrix} & & \\ & \ddots & \\ & & \begin{pmatrix} 0 & -1 \\ 1 & 0 \end{pmatrix} \end{pmatrix},$$

所以 $\mathrm{Tr}(\sigma) = \mathrm{Tr}(A) = \mathrm{Tr}(B) = 0$.

(3) 若 $d_n(\lambda) = \lambda(\lambda^2 + 1)$, 则

(a) A 的不变因子为

$$d_1(\lambda) = \cdots = d_m(\lambda) = 1, \quad d_{m+1}(\lambda) = \cdots = d_{m+k}(\lambda) = \lambda,$$

$$d_{m+k+1}(\lambda) = \cdots = d_n(\lambda) = \lambda(\lambda^2 + 1).$$

故 A 的有理标准形为

$$B_1 = \begin{pmatrix} 0 & & & & & & \\ & \ddots & & & & & \\ & & 0 & & & & \\ & & & \begin{matrix} 0 & 0 & 0 \\ 1 & 0 & -1 \\ 0 & 1 & 0 \end{matrix} & & & \\ & & & & \ddots & & \\ & & & & & \begin{matrix} 0 & 0 & 0 \\ 1 & 0 & -1 \\ 0 & 1 & 0 \end{matrix} \end{pmatrix},$$

所以 $\mathrm{Tr}(\sigma) = \mathrm{Tr}(A) = \mathrm{Tr}(B_1) = 0.$

(b) A 的不变因子为

$$d_1(\lambda) = \cdots = d_m(\lambda) = 1, \quad d_{m+1}(\lambda) = \cdots = d_{m+k}(\lambda) = \lambda^2 + 1,$$

$$d_{m+k+1}(\lambda) = \cdots = d_n(\lambda) = \lambda(\lambda^2 + 1).$$

故 A 的有理标准形为

$$B_2 = \begin{pmatrix} \begin{matrix} 0 & -1 \\ 1 & 0 \end{matrix} & & & & & \\ & \ddots & & & & \\ & & \begin{matrix} 0 & -1 \\ 1 & 0 \end{matrix} & & & \\ & & & \begin{matrix} 0 & 0 & 0 \\ 1 & 0 & -1 \\ 0 & 1 & 0 \end{matrix} & & \\ & & & & \ddots & \\ & & & & & \begin{matrix} 0 & 0 & 0 \\ 1 & 0 & -1 \\ 0 & 1 & 0 \end{matrix} \end{pmatrix},$$

所以 $\mathrm{Tr}(\sigma) = \mathrm{Tr}(A) = \mathrm{Tr}(B_2) = 0.$

(c) A 的不变因子为

$$d_1(\lambda) = \cdots = d_m(\lambda) = 1, \quad d_{m+1}(\lambda) = \cdots = d_n(\lambda) = \lambda(\lambda^2 + 1).$$

故 A 的有理标准形为

$$B_3 = \begin{pmatrix} \begin{pmatrix} 0 & 0 & 0 \\ 1 & 0 & -1 \\ 0 & 1 & 0 \end{pmatrix} & & \\ & \ddots & \\ & & \begin{pmatrix} 0 & 0 & 0 \\ 1 & 0 & -1 \\ 0 & 1 & 0 \end{pmatrix} \end{pmatrix},$$

所以 $\mathrm{Tr}(\sigma) = \mathrm{Tr}(A) = \mathrm{Tr}(B_3) = 0.$

31. 设 n 阶复方阵 A 的 n 个特征值互异, n 阶方阵 B 与 A 相乘可交换. 证明: B 可对角化且可表示为 A 的多项式.

证法一　因为 A 有 n 个互异特征值 $\lambda_1, \lambda_2, \cdots, \lambda_n$, 所以 A 可以对角化, 即存在可逆矩阵 C, 使

$$C^{-1}AC = \begin{pmatrix} \lambda_1 & & & \\ & \lambda_2 & & \\ & & \ddots & \\ & & & \lambda_n \end{pmatrix}.$$

由设 $AB = BA$ 得

$$(C^{-1}AC)(C^{-1}BC) = (C^{-1}BC)(C^{-1}AC).$$

因为 $\lambda_1, \lambda_2, \cdots, \lambda_n$ 互异, 所以 $C^{-1}BC$ 必为对角矩阵, 设

$$C^{-1}BC = \begin{pmatrix} b_1 & & & \\ & b_2 & & \\ & & \ddots & \\ & & & b_n \end{pmatrix}.$$

构造方程组

$$\begin{cases} x_1 + \lambda_1 x_2 + \cdots + \lambda_1^{n-1} x_n = b_1, \\ x_1 + \lambda_2 x_2 + \cdots + \lambda_2^{n-1} x_n = b_2, \\ \qquad\qquad \cdots\cdots \\ x_1 + \lambda_n x_2 + \cdots + \lambda_n^{n-1} x_n = b_n, \end{cases}$$

其系数行列式为

$$\begin{vmatrix} 1 & \lambda_1 & \cdots & \lambda_1^{n-1} \\ 1 & \lambda_2 & \cdots & \lambda_2^{n-1} \\ \vdots & \vdots & & \vdots \\ 1 & \lambda_n & \cdots & \lambda_n^{n-1} \end{vmatrix} \neq 0,$$

故其有唯一解 $(a_0, a_1, \cdots, a_{n-1})$. 令

$$f(x) = a_0 + a_1 x + \cdots + a_{n-1} x^{n-1},$$

则 $f(\lambda_i) = b_i \ (i = 1, 2, \cdots, n)$, 故

$$C^{-1} f(A) C = \begin{pmatrix} f(\lambda_1) & & & \\ & f(\lambda_2) & & \\ & & \ddots & \\ & & & f(\lambda_n) \end{pmatrix} = \begin{pmatrix} b_1 & & & \\ & b_2 & & \\ & & \ddots & \\ & & & b_n \end{pmatrix} = C^{-1} B C.$$

由此知 $B = f(A)$.

证法二 设 V 为复数域上的 n 维线性空间, $\alpha_1, \alpha_2, \cdots, \alpha_n$ 为 V 的一组基. 定义 V 的线性变换 σ, τ 如下:

$$\sigma(\alpha_1, \alpha_2, \cdots, \alpha_n) = (\alpha_1, \alpha_2, \cdots, \alpha_n) A,$$

$$\tau(\alpha_1, \alpha_2, \cdots, \alpha_n) = (\alpha_1, \alpha_2, \cdots, \alpha_n) B.$$

设 A 的 n 个互异特征值为 $\lambda_1, \lambda_2, \cdots, \lambda_n$, 即 σ 的 n 个互异特征值为 $\lambda_1, \lambda_2, \cdots, \lambda_n$; 设 V_i 为 σ 的属于特征值 λ_i 的特征子空间. 因为 A 的特征值 $\lambda_1, \lambda_2, \cdots, \lambda_n$ 互异, 所以

$$V = \bigoplus_{i=1}^{n} V_i.$$

在 V_i 中取非零向量 $\beta_i \ (i = 1, 2, \cdots, n)$, 则 $\beta_1, \beta_2, \cdots, \beta_n$ 为 V 的一组基.

因为 $AB = BA$, 所以 $\sigma\tau = \tau\sigma$, 故 V_i 也是 τ 的不变子空间. 又 $\dim V_i = 1$, 所以

$$\tau\beta_i = k_i \beta_i \ (i = 1, 2, \cdots, n).$$

于是

$$\tau(\beta_1, \beta_2, \cdots, \beta_n) = (\beta_1, \beta_2, \cdots, \beta_n) \begin{pmatrix} k_1 & & & \\ & k_2 & & \\ & & \ddots & \\ & & & k_n \end{pmatrix},$$

$$\sigma(\beta_1,\beta_2,\cdots,\beta_n) = (\beta_1,\beta_2,\cdots,\beta_n)\begin{pmatrix} \lambda_1 & & & \\ & \lambda_2 & & \\ & & \ddots & \\ & & & \lambda_n \end{pmatrix}.$$

再设 $(\beta_1,\beta_2,\cdots,\beta_n) = (\alpha_1,\alpha_2,\cdots,\alpha_n)C$, 则

$$C^{-1}AC = \begin{pmatrix} \lambda_1 & & & \\ & \lambda_2 & & \\ & & \ddots & \\ & & & \lambda_n \end{pmatrix}, \quad C^{-1}BC = \begin{pmatrix} k_1 & & & \\ & k_2 & & \\ & & \ddots & \\ & & & k_n \end{pmatrix}.$$

因为 $\lambda_1,\lambda_2,\cdots,\lambda_n$ 互不相同, 所以由拉格朗日插值公式知存在一个 $n-1$ 次多项式

$$f(\lambda) = \sum_{i=1}^{n} k_i \prod_{j\neq i} \frac{\lambda - \lambda_j}{\lambda_i - \lambda_j}$$

满足

$$f(\lambda_i) = k_i \quad (i = 1,2,\cdots,n).$$

故

$$C^{-1}f(A)C = \begin{pmatrix} f(\lambda_1) & & & \\ & f(\lambda_2) & & \\ & & \ddots & \\ & & & f(\lambda_n) \end{pmatrix} = \begin{pmatrix} k_1 & & & \\ & k_2 & & \\ & & \ddots & \\ & & & k_n \end{pmatrix} = C^{-1}BC.$$

从而 $B = f(A)$.

32. 设 V 为数域 P 上的 n 维线性空间, T 为 V 上的线性变换. 证明:

$$\dim T^{-1}(0) + \dim TV = n.$$

证法一　设 TV 的一组基为 $\eta_1,\eta_2,\cdots,\eta_r$, 它们的原像为 $\varepsilon_1,\varepsilon_2,\cdots,\varepsilon_r$, 即

$$T\varepsilon_i = \eta_i, \quad i = 1,2,\cdots,r.$$

又取 $T^{-1}(0)$ 的一组基为 $\varepsilon_{r+1},\varepsilon_{r+2},\cdots,\varepsilon_s$. 现在证

$$\varepsilon_1,\varepsilon_2,\cdots,\varepsilon_r,\varepsilon_{r+1},\cdots,\varepsilon_s$$

为 V 的一组基. 如果有

$$l_1\varepsilon_1 + l_2\varepsilon_2 + \cdots + l_r\varepsilon_r + l_{r+1}\varepsilon_{r+1} + \cdots + l_s\varepsilon_s = 0.$$

用 T 作用于它的两端, 则

$$l_1 T\varepsilon_1 + l_2 T\varepsilon_2 + \cdots + l_r T\varepsilon_r + l_{r+1} T\varepsilon_{r+1} + \cdots + l_s T\varepsilon_s = T0 = 0.$$

因 $\varepsilon_{r+1}, \varepsilon_{r+2}, \cdots, \varepsilon_s$ 属于 $T^{-1}(0)$, 故

$$T\varepsilon_{r+1} = T\varepsilon_{r+2} = \cdots = T\varepsilon_s = 0.$$

又 $T\varepsilon_i = \eta_i, i = 1, 2, \cdots, r.$ 由上式即得

$$l_1 \eta_1 + l_2 \eta_2 + \cdots + l_r \eta_r = 0.$$

但 $\eta_1, \eta_2, \cdots, \eta_r$ 是线性无关的, 有 $l_1 = l_2 = \cdots = l_r = 0.$ 于是

$$l_{r+1} \varepsilon_{r+1} + l_{r+2} \varepsilon_{r+2} + \cdots + l_s \varepsilon_s = 0.$$

又 $\varepsilon_{r+1}, \varepsilon_{r+2}, \cdots, \varepsilon_s$ 是 $T^{-1}(0)$ 的一组基所以也线性无关, 则有 $l_{r+1} = \cdots = l_s = 0.$ 这证明了 $\varepsilon_1, \varepsilon_2, \cdots, \varepsilon_r, \varepsilon_{r+1}, \cdots, \varepsilon_s$ 是线性无关的.

再证 V 的任一向量 α 是 $\varepsilon_1, \varepsilon_2, \cdots, \varepsilon_r, \varepsilon_{r+1}, \cdots, \varepsilon_s$ 的线性组合. 由 $\eta_1 = T\varepsilon_1, \cdots, \eta_r = T\varepsilon_r$ 是 TV 的一组基, 则有一组数 $l_1, \cdots, l_r$ 使得

$$T\alpha = l_1 T\varepsilon_1 + \cdots + l_r T\varepsilon_r = T(l_1 \varepsilon_1 + l_2 \varepsilon_2 + \cdots + l_r \varepsilon_r).$$

于是 $T(\alpha - l_1 \varepsilon_1 - \cdots - l_r \varepsilon_r) = 0$, 即 $\alpha - l_1 \varepsilon_1 - \cdots - l_r \varepsilon_r \in T^{-1}(0).$ 又 $\varepsilon_{r+1}, \varepsilon_{r+2}, \cdots, \varepsilon_s$ 是 $T^{-1}(0)$ 的一组基, 必有一组数 $l_{r+1}, \cdots, l_s$ 使得

$$\alpha - l_1 \varepsilon_1 - \cdots - l_r \varepsilon_r = l_{r+1} \varepsilon_{r+1} + l_{r+2} \varepsilon_{r+2} + \cdots + l_s \varepsilon_s.$$

于是

$$\alpha = l_1 \varepsilon_1 + \cdots + l_r \varepsilon_r + l_{r+1} \varepsilon_{r+1} + l_{r+2} \varepsilon_{r+2} + \cdots + l_s \varepsilon_s$$

是 $\varepsilon_1, \varepsilon_2, \cdots, \varepsilon_s$ 的线性组合. 这就证明了 $\varepsilon_1, \varepsilon_2, \cdots, \varepsilon_r, \varepsilon_{r+1}, \cdots, \varepsilon_s$ 是 V 的一组基.

由 V 的维数为 n, 知 $s = n.$ 又 r 是 TV 的维数, $s - r = n - r$ 是 $T^{-1}(0)$ 的维数, 因而

$$\dim T^{-1}(0) + \dim TV = n.$$

(北京大学数学系前代数小组, 2013)[303−304]

证法二 取 V 的一组基 $\varepsilon_1, \varepsilon_2, \cdots, \varepsilon_n$, 设 T 在这组基下的矩阵为 A, 即

$$T(\varepsilon_1, \varepsilon_2, \cdots, \varepsilon_n) = (\varepsilon_1, \varepsilon_2, \cdots, \varepsilon_n)A.$$

任取

$$\alpha = \sum_{i=1}^{n} x_i \varepsilon_i = (\varepsilon_1, \varepsilon_2, \cdots, \varepsilon_n) \begin{pmatrix} x_1 \\ x_2 \\ \vdots \\ x_n \end{pmatrix} \in V,$$

易知

$$T\alpha = 0 \text{ 当且仅当 } A \begin{pmatrix} x_1 \\ x_2 \\ \vdots \\ x_n \end{pmatrix} = 0.$$

设 $AX = 0$ 的解空间为 W, 则 $T^{-1}(0) \cong W$, 所以

$$\dim T^{-1}(0) = \dim W = n - r(A).$$

设 $U = \{AX | X \in P^n\}$, 则 U 为 P^n 的子空间且

$$TV = \{T\alpha | \alpha \in V\} = \{(\varepsilon_1, \varepsilon_2, \cdots, \varepsilon_n)AX | X \in P^n\} \cong U.$$

下证 $\dim U = r(A)$. 设 $A = (\alpha_1, \alpha_2, \cdots, \alpha_n), \alpha_i \, (i = 1, 2, \cdots, n)$ 为 A 的列向量. 因为

$$\alpha_i = (\alpha_1, \alpha_2, \cdots, \alpha_n) \begin{pmatrix} 0 \\ \vdots \\ 0 \\ 1 \\ 0 \\ \vdots \\ 0 \end{pmatrix} = A \begin{pmatrix} 0 \\ \vdots \\ 0 \\ 1 \\ 0 \\ \vdots \\ 0 \end{pmatrix} \in U \quad (i = 1, 2, \cdots, n),$$

所以 $\dim U \geqslant r(A)$.

另一方面, 任取 $\beta \in U$,

$$\beta = AX = (\alpha_1, \alpha_2, \cdots, \alpha_n) \begin{pmatrix} x_1 \\ x_2 \\ \vdots \\ x_n \end{pmatrix} = \sum_{i=1}^{n} x_i \alpha_i,$$

可由 $\alpha_1, \alpha_2, \cdots, \alpha_n$ 线性表出, 从而 β 可由 $\alpha_1, \alpha_2, \cdots, \alpha_n$ 的极大线性无关组线性表出, 所以

$$\dim U = r\{\alpha_1, \alpha_2, \cdots, \alpha_n\} = r(A).$$

因为 $TV \cong U$, 所以 $\dim TV = \dim U = r(A)$, 故

$$\dim T^{-1}(0) + \dim TV = n.$$

证法三 若 $\dim T^{-1}(0) = 0$, 则 T 为可逆线性变换, $TV = V$, 这时

$$\dim T^{-1}(0) + \dim TV = n.$$

设 $\dim T^{-1}(0) = r > 0$. 取 $T^{-1}(0)$ 的一组基 $\varepsilon_1, \varepsilon_2, \cdots, \varepsilon_r$, 把它扩充为 V 的一组基 $\varepsilon_1, \varepsilon_2, \cdots, \varepsilon_r, \varepsilon_{r+1}, \cdots, \varepsilon_n$, 则 $TV = L(T\varepsilon_{r+1}, \cdots, T\varepsilon_n)$.

下证 $T\varepsilon_{r+1}, \cdots, T\varepsilon_n$ 线性无关. 设有常数 $k_{r+1}, \cdots, k_n$ 使得 $\sum\limits_{j=r+1}^{n} k_j T\varepsilon_j = 0$, 即

$$T\left(\sum_{j=r+1}^{n} k_j \varepsilon_j\right) = 0 \Rightarrow \sum_{j=r+1}^{n} k_j \varepsilon_j \in T^{-1}(0),$$

故其可由 $T^{-1}(0)$ 的基线性表示:

$$\sum_{j=r+1}^{n} k_j \varepsilon_j = \sum_{l=1}^{r} l_i \varepsilon_i.$$

因为 $\varepsilon_1, \varepsilon_2, \cdots, \varepsilon_n$ 为 V 的一组基, 所以 $k_{r+1} = \cdots = k_n = 0$. 故 $T\varepsilon_{r+1}, \cdots, T\varepsilon_n$ 线性无关, 即为 TV 的一组基. 由此得 $\dim TV = n - r$. 故 $\dim T^{-1}(0) + \dim TV = n$.

33. 设 V 是复数域上的线性空间, $\mathcal{A}$ 是 V 上的线性变换, 其特征多项式为 $f(\lambda)$, 它可分解成一次因式的乘积:

$$f(\lambda) = (\lambda - \lambda_1)^{r_1}(\lambda - \lambda_2)^{r_2} \cdots (\lambda - \lambda_s)^{r_s},$$

则 V 可分解成不变子空间的直和

$$V = V_1 \oplus V_2 \oplus \cdots \oplus V_s,$$

其中 $V_i = \{\xi \in V | (\mathcal{A} - \lambda_i \varepsilon)^{r_i} \xi = 0\}$.

证法一 令

$$\begin{aligned}
f_i(\lambda) &= \frac{f(\lambda)}{(\lambda - \lambda_i)^{r_i}} \\
&= (\lambda - \lambda_1)^{r_1} \cdots (\lambda - \lambda_{i-1})^{r_{i-1}}(\lambda - \lambda_{i+1})^{r_{i+1}} \cdots (\lambda - \lambda_s)^{r_s}
\end{aligned}$$

及

$$V_i = f_i(\mathcal{A})V,$$

则 V_i 是 $f_i(\mathcal{A})$ 的值域. 易知, V_i 是 $\mathcal{A}$ 的不变子空间. 显然, V_i 满足

$$(\mathcal{A} - \lambda_i \varepsilon)^{r_i} V_i = f(\mathcal{A})V = \{0\}.$$

下面来证明 $V = V_1 \oplus V_2 \oplus \cdots \oplus V_s$.

为此我们要证明两点, 第一, 要证 V 中每个向量 α 都可表成

$$\alpha = \alpha_1 + \alpha_2 + \cdots + \alpha_s, \quad \alpha_i \in V_i, \quad i = 1, 2, \cdots, s.$$

第二, 向量的这种表示法是唯一的.

显然 $(f_1(\lambda), f_2(\lambda), \cdots, f_s(\lambda)) = 1$, 因此, 有多项式 $u_1(\lambda), u_2(\lambda), \cdots, u_s(\lambda)$, 使得

$$u_1(\lambda)f_1(\lambda) + u_2(\lambda)f_2(\lambda) + \cdots + u_s(\lambda)f_s(\lambda) = 1.$$

于是

$$u_1(\mathcal{A})f_1(\mathcal{A}) + u_2(\mathcal{A})f_2(\mathcal{A}) + \cdots + u_s(\mathcal{A})f_s(\mathcal{A}) = \varepsilon.$$

这样对 V 中的每个向量 α 都有

$$\alpha = u_1(\mathcal{A})f_1(\mathcal{A})\alpha + u_2(\mathcal{A})f_2(\mathcal{A})\alpha + \cdots + u_s(\mathcal{A})f_s(\mathcal{A})\alpha,$$

其中

$$u_i(\mathcal{A})f_i(\mathcal{A})\alpha \in f_i(\mathcal{A})V = V_i, \quad i = 1, 2, \cdots, s.$$

这就证明了第一点.

为证明第二点, 设有

$$\beta_1 + \beta_2 + \cdots + \beta_s = 0, \tag{7}$$

其中 β_i 满足

$$(\mathcal{A} - \lambda_i \varepsilon)^{r_i} \beta_i = 0, \quad i = 1, 2, \cdots, s. \tag{8}$$

现在证明任一个 $\beta_i = 0$.

因为 $(\lambda - \lambda_j)^{r_j} | f_i(\lambda)(j \neq i)$, 所以 $f_i(\mathcal{A})\beta_j = 0(j \neq i)$. 用 $f_i(\mathcal{A})$ 作用于 (7) 的两边, 即得

$$f_i(\mathcal{A})\beta_i = 0.$$

又

$$(f_i(\lambda), (\lambda - \lambda_i)^{r_i}) = 1,$$

所以有多项式 $u(\lambda), v(\lambda)$, 使

$$u(\lambda)f_i(\lambda) + v(\lambda)(\lambda - \lambda_i)^{r_i} = 1.$$

于是

$$\beta_i = u(\mathcal{A})f_i(\mathcal{A})\beta_i + v(\mathcal{A})(\mathcal{A} - \lambda_i \varepsilon)^{r_i}\beta_i = 0.$$

现在设

$$\alpha_1 + \alpha_2 + \cdots + \alpha_s = 0,$$

其中 $\alpha_i \in V_i$. 当然 α_i 满足

$$(\mathcal{A} - \lambda_i \varepsilon)^{r_i} \alpha_i = 0, \quad i = 1, 2, \cdots, s,$$

所以 $\alpha_i = 0, i = 1, 2, \cdots, s$. 由此可得到第一点中的表示法是唯一的.

再设有一向量 $\alpha \in (\mathcal{A} - \lambda_i \varepsilon)^{r_i}$ 的核. 把 α 表示成

$$\alpha = \alpha_1 + \alpha_2 + \cdots + \alpha_s, \quad \alpha_i \in V_i \ (i = 1, 2, \cdots, s),$$

即

$$\alpha_1 + \alpha_2 + \cdots + (\alpha_i - \alpha) + \cdots + \alpha_s = 0.$$

令 $\beta_j = \alpha_j, j \neq i, \beta_i = \alpha_i - \alpha$, 则 $\beta_1, \beta_2, \cdots, \beta_s$ 是满足式 (7) 和 (8) 的向量, 所以

$$\beta_1 = \beta_2 = \cdots = \beta_i = \cdots = \beta_s = 0.$$

于是 $\alpha = \alpha_i \in V_i$, 这就证明了 V_i 是 $(\mathcal{A} - \lambda_i \varepsilon)^{r_i}$ 的核, 即

$$V_i = \{\xi \in V | (\mathcal{A} - \lambda_i \varepsilon)^{r_i} \xi = 0\}.$$

(北京大学数学系前代数小组, 2013)[309−311]

证法二　任取 $g(\lambda), h(\lambda) \in \mathbb{C}[\lambda]$, 令

$$\ker(g) = \{\xi \in V | g(\mathcal{A})\xi = 0\}, \quad \ker(h) = \{\xi \in V | h(\mathcal{A})\xi = 0\}.$$

易知 $\ker(g), \ker(h)$ 是 $\mathcal{A}$ 的不变子空间, 下证

$$\ker(g) \cap \ker(h) = \ker(d), \quad \ker(g) + \ker(h) = \ker(l), \tag{9}$$

这里 $d(\lambda) = (g(\lambda), h(\lambda)), l(\lambda) = [g(\lambda), h(\lambda)]$.

利用

$$\varphi(\lambda) | \phi(\lambda) \Rightarrow \ker(\varphi) \subseteq \ker(\phi),$$

可得 $\ker(d) \subseteq \ker(g), \ker(d) \subseteq \ker(h)$, 故 $\ker(d) \subseteq \ker(g) \cap \ker(h)$. 反之, 任取 $\alpha \in \ker(g) \cap \ker(h)$, 则 $g(\mathcal{A})\alpha = h(\mathcal{A})\alpha = 0$.

由 $d(\lambda) = (g(\lambda), h(\lambda))$ 知存在 $u(\lambda), v(\lambda) \in \mathbb{C}[\lambda]$, 使得

$$d(\lambda) = u(\lambda)g(\lambda) + v(\lambda)h(\lambda),$$

从而

$$d(\mathcal{A})\alpha = u(\mathcal{A})g(\mathcal{A})\alpha + v(\mathcal{A})h(\mathcal{A})\alpha = 0,$$

故 $\alpha \in \ker(d)$, 即得 $\ker(g) \cap \ker(h) \subseteq \ker(d)$. 因此, $\ker(g) \cap \ker(h) = \ker(d)$.

因为 $g(\lambda)|l(\lambda), h(\lambda)|l(\lambda)$, 所以 $\ker(g) \subseteq \ker(l), \ker(h) \subseteq \ker(l)$, 即得 $\ker(g) + \ker(h) \subseteq \ker(l)$. 任取 $\beta \in \ker(l)$, 即 $l(\mathcal{A})\beta = 0$. 令 $g(\lambda) = d(\lambda)g_1(\lambda), h(\lambda) = d(\lambda)h_1(\lambda)$, 则 $(g_1(\lambda), h_1(\lambda)) = 1$, 进而存在 $p(\lambda), q(\lambda) \in \mathbb{C}[\lambda]$, 使得 $p(\lambda)g_1(\lambda) + q(\lambda)h_1(\lambda) = 1$. 故

$$\beta = p(\mathcal{A})g_1(\mathcal{A})\beta + q(\mathcal{A})h_1(\mathcal{A})\beta.$$

注意到 $l(\lambda) = g(\lambda)h_1(\lambda) = g_1(\lambda)h(\lambda)$, 则有

$$h(\mathcal{A})[p(\mathcal{A})g_1(\mathcal{A})\beta] = p(\mathcal{A})l(\mathcal{A})\beta = 0,$$

$$g(\mathcal{A})[q(\mathcal{A})h_1(\mathcal{A})\beta] = q(\mathcal{A})l(\mathcal{A})\beta = 0,$$

即得

$$p(\mathcal{A})g_1(\mathcal{A})\beta \in \ker(h), \quad q(\mathcal{A})h_1(\mathcal{A})\beta \in \ker(g).$$

故 $\beta \in \ker(g) + \ker(h)$, 即得 $\ker(l) \subseteq \ker(g) + \ker(h)$. 因此, $\ker(g) + \ker(h) = \ker(l)$.

利用结论 (9), 得到: 若 $(g(\lambda), h(\lambda)) = 1$, 则

$$\ker(gh) = \ker(g) \oplus \ker(h). \tag{10}$$

注意到 $f(\lambda)$ 是 $\mathcal{A}$ 的特征多项式, 故 $\ker(f) = V$; 再反复利用结论 (10) 可得 V 的直和分解.

证法三　令 $f_i(\lambda) = \dfrac{f(\lambda)}{(\lambda - \lambda_i)^{r_i}}(1 \leqslant i \leqslant s)$, 则 $(f_1(\lambda), f_2(\lambda), \cdots, f_s(\lambda)) = 1$, 故存在 $u_i(\lambda) \in \mathbb{C}[\lambda]$, 使得

$$u_1(\lambda)f_1(\lambda) + u_2(\lambda)f_2(\lambda) + \cdots + u_s(\lambda)f_s(\lambda) = 1.$$

记 $\mathcal{A}_i = u_i(\mathcal{A})f_i(\mathcal{A})(i = 1, 2, \cdots, s)$, 则

$$\mathcal{A}_1 + \mathcal{A}_2 + \cdots + \mathcal{A}_s = \varepsilon \text{ (恒等变换)},$$

$$\mathcal{A}_i\mathcal{A}_j = \begin{cases} \mathcal{A}_i, & i = j, \\ 0, & i \neq j. \end{cases}$$

由此我们断言 $\mathcal{A}_iV = V_i, i = 1, 2, \cdots, s$.

事实上, 对任意的 $\alpha \in V, i \in \{1, 2, \cdots, s\}$, 我们有

$$(\mathcal{A} - \lambda_i\varepsilon)^{r_i}(\mathcal{A}_i\alpha) = (\mathcal{A} - \lambda_i\varepsilon)^{r_i}u_i(\mathcal{A})f_i(\mathcal{A})\alpha = u_i(\mathcal{A})f(\mathcal{A})\alpha = 0,$$

即得 $\mathcal{A}_i V \subseteq V_i, i = 1, 2, \cdots, s.$ 又设 $\beta \in V_i,$ 即 $(\mathcal{A} - \lambda_i \varepsilon)^{r_i} \beta = 0,$ 则 $\mathcal{A}_j \beta = 0 (\forall j \neq i).$ 故

$$\beta = \varepsilon \beta = \mathcal{A}_1 \beta + \mathcal{A}_2 \beta + \cdots + \mathcal{A}_s \beta = \mathcal{A}_i \beta \in \mathcal{A}_i V,$$

即得 $V_i \subseteq \mathcal{A}_i V.$ 因此, $V_i = \mathcal{A}_i V.$ 显然, V_i 是 $\mathcal{A}$ 的不变子空间.

对任意的 $\gamma \in V,$ 有

$$\gamma = \varepsilon \gamma = \mathcal{A}_1 \gamma + \mathcal{A}_2 \gamma + \cdots + \mathcal{A}_s \gamma \in \mathcal{A}_1 V + \mathcal{A}_2 V + \cdots + \mathcal{A}_s V.$$

故

$$V = \mathcal{A}_1 V + \mathcal{A}_2 V + \cdots + \mathcal{A}_s V = V_1 + V_2 + \cdots + V_s.$$

再证此和为直和. 令

$$\mathcal{A}_1 \alpha_1 + \mathcal{A}_2 \alpha_2 + \cdots + \mathcal{A}_s \alpha_s = 0,$$

这里 $\alpha_i \in V, i = 1, 2, \cdots, s,$ 则对任意的 $k(1 \leqslant k \leqslant s),$

$$\mathcal{A}_k (\mathcal{A}_1 \alpha_1 + \mathcal{A}_2 \alpha_2 + \cdots + \mathcal{A}_s \alpha_s) = 0,$$

即 $\mathcal{A}_k^2 \alpha_k = 0,$ 进而得 $\mathcal{A}_k \alpha_k = 0.$ 因此, $V = V_1 \oplus V_2 \oplus \cdots \oplus V_s.$

34. 设 V 是实数域 $\mathbb{R}$ 上的 n 维线性空间, ϕ 是 V 的线性变换, 满足 $\phi^2 = -\varepsilon(\varepsilon$ 是恒等变换).

(1) 证明: n 是偶数;

(2) 设 V 是线性变换, ψ 与 ϕ 可交换, 即 $\psi \phi = \phi \psi.$ 证明: ψ 在 V 的任意基下的矩阵的行列式均非负.

(1) **证法一** 设 $\varepsilon_1, \varepsilon_2, \cdots, \varepsilon_n$ 是 V 的任一组基, ϕ 在这组基下的矩阵为 $A,$ 则有 $A^2 = -E.$ 两边取行列式, 有 $0 < |A|^2 = |A^2| = (-1)^n,$ 所以 n 是偶数.

证法二 设 λ 是 ϕ 的特征值, 由于 $\phi^2 = -\varepsilon,$ 所以 $\lambda^2 + 1 = 0,$ 故 $\lambda = \pm \mathrm{i},$ 即 ϕ 没有实特征值. 因为 ϕ 是实数域上线性空间的线性变换, 虚根成共轭对出现, 所以 n 为偶数.

(2) **证法一** 由 (1) 可设 $n = 2k, k \in \mathbb{Z}^+.$ 设 $\varepsilon_1, \varepsilon_2, \cdots, \varepsilon_n$ 是 V 的任一组基, ϕ 在这组基下的矩阵为 $A,$ 则有 $A^2 = -E.$ 由 $A^2 + E_n = 0$ 知, 多项式 $g(\lambda) = \lambda^2 + 1$ 是 A 的零化多项式. 注意到 A 是实矩阵, 因此, 它也是 A 的最小多项式, 所以 A 的不变因子为

$$\underbrace{1, 1, \cdots, 1}_{k \text{个}}, \underbrace{\lambda^2 + 1, \lambda^2 + 1, \cdots, \lambda^2 + 1}_{k \text{个}},$$

设 $J = \begin{pmatrix} 0 & -E_k \\ E_k & 0 \end{pmatrix}$, 则

$$\lambda E_n - J = \begin{pmatrix} \lambda E_k & E_k \\ -E_k & \lambda E_k \end{pmatrix} \rightarrow \begin{pmatrix} E_k & \lambda E_k \\ \lambda E_k & -E_k \end{pmatrix}$$

$$\rightarrow \begin{pmatrix} E_k & \lambda E_k \\ 0 & -(\lambda^2 + 1)E_k \end{pmatrix} \rightarrow \begin{pmatrix} E_k & 0 \\ 0 & -(\lambda^2 + 1)E_k \end{pmatrix},$$

由此知, $J = \begin{pmatrix} 0 & -E_k \\ E_k & 0 \end{pmatrix}$ 的不变因子也是

$$\underbrace{1, 1, \cdots, 1}_{k\text{个}}, \underbrace{\lambda^2 + 1, \lambda^2 + 1, \cdots, \lambda^2 + 1}_{k\text{个}},$$

所以 A 相似于 J, 故存在实可逆矩阵 P, 使得 $P^{-1}AP = J$.

设 ψ 在基 $\varepsilon_1, \varepsilon_2, \cdots, \varepsilon_n$ 下的矩阵为 B, 则由假设知 $AB = BA$. 若令 $\widetilde{B} = P^{-1}BP$, 则有 $J\widetilde{B} = \widetilde{B}J$. 设 $\widetilde{B} = \begin{pmatrix} B_{11} & B_{12} \\ B_{21} & B_{22} \end{pmatrix}$, 利用上述交换条件可知,

$$J\widetilde{B} = \begin{pmatrix} -B_{21} & -B_{22} \\ B_{11} & B_{12} \end{pmatrix} = \begin{pmatrix} B_{12} & -B_{11} \\ B_{22} & -B_{21} \end{pmatrix} = \widetilde{B}J.$$

由此可得 $B_{11} = B_{22}, B_{21} = -B_{12}$, 即 $\widetilde{B} = \begin{pmatrix} B_{11} & B_{12} \\ -B_{12} & B_{11} \end{pmatrix}$.

因为 $|B| = |\widetilde{B}|$, 所以只需证明 $|\widetilde{B}| > 0$ 即可.

注意到

$$\begin{pmatrix} E_k & 0 \\ -\mathrm{i}E_k & E_k \end{pmatrix} \begin{pmatrix} B_{11} & B_{12} \\ -B_{12} & B_{11} \end{pmatrix} \begin{pmatrix} E_k & 0 \\ \mathrm{i}E_k & E_k \end{pmatrix} = \begin{pmatrix} B_{11} + \mathrm{i}B_{12} & B_{12} \\ 0 & B_{11} - \mathrm{i}B_{12} \end{pmatrix},$$

其中 B_{11}, B_{12} 均为 k 阶实方阵, i 为虚数单位. 两边取行列式, 可得

$$|\widetilde{B}| = |B_{11} + \mathrm{i}B_{12}||B_{11} - \mathrm{i}B_{12}| = |B_{11} + \mathrm{i}B_{12}|\overline{|B_{11} - \mathrm{i}B_{12}|} \geqslant 0.$$

证法二 由 (1) 可设 $n = 2k, k \in \mathbb{Z}^+$. 设 $\varepsilon_1, \varepsilon_2, \cdots, \varepsilon_n$ 是 V 的任一组基, ϕ 在这组基下的矩阵为 A, 则有 $A^2 = -E$. 由 $A^2 + E_n = 0$ 知, 多项式 $g(\lambda) = \lambda^2 + 1$ 是 A 的零化多项式. 注意到 A 是实矩阵, 因此, 它也是 A 的最小多项式, 所以 A 的不变因子为

$$\underbrace{1, 1, \cdots, 1}_{k\text{个}}, \underbrace{\lambda^2 + 1, \lambda^2 + 1, \cdots, \lambda^2 + 1}_{k\text{个}},$$

设 $A_1 = \begin{pmatrix} 0 & -1 \\ 1 & 0 \end{pmatrix}$, 则 A 的有理标准形为

$$J = \begin{pmatrix} A_1 & & 0 \\ & \ddots & \\ 0 & & A_1 \end{pmatrix},$$

所以存在可逆矩阵 P, 使得 $P^{-1}AP = J$.

设 ψ 在基 $\varepsilon_1, \varepsilon_2, \cdots, \varepsilon_n$ 下的矩阵为 B, 则由假设知 $AB = BA$, 故有

$$(P^{-1}AP)(P^{-1}BP) = (P^{-1}BP)(P^{-1}AP).$$

令

$$\overline{B} = P^{-1}BP = \begin{pmatrix} B_{11} & B_{12} & \cdots & B_{1k} \\ B_{21} & B_{22} & \cdots & B_{2k} \\ \vdots & \vdots & & \vdots \\ B_{k1} & B_{k2} & \cdots & B_{kk} \end{pmatrix},$$

则由 $J\overline{B} = \overline{B}J$ 可得

$$B_{ij}\begin{pmatrix} 0 & -1 \\ 1 & 0 \end{pmatrix} = \begin{pmatrix} 0 & -1 \\ 1 & 0 \end{pmatrix}B_{ij}, \quad i,j = 1,2,\cdots,k.$$

比较元素, 可设 $B_{ij} = \begin{pmatrix} b_{ij} & -c_{ij} \\ c_{ij} & b_{ij} \end{pmatrix}, i,j = 1,2,\cdots,k$. 显然,

$$|B_{ij}| \geqslant 0, \quad i,j = 1,2,\cdots,k.$$

容易验证, 形如 $\begin{pmatrix} a & -b \\ b & a \end{pmatrix}$ 的两个矩阵的和与积还是这种类型的矩阵. 当它可逆时, 其逆矩阵仍然是这种类型的矩阵, 且 $\begin{pmatrix} a & -b \\ b & a \end{pmatrix}$ 可逆的充要条件是 a,b 不全为零.

下面对 k 利用数学归纳法证明: 分块元素均形如 $\begin{pmatrix} a & -b \\ b & a \end{pmatrix}$ 的分块矩阵的行列式非负.

当 $k = 1$ 时, 结论显然成立. 假设 $k = m$ 时结论成立, 即 $\overline{B}$ 为 $2m$ 阶矩阵时, $|\overline{B}| \geqslant 0$. 下证当 $k = m + 1$ 时, 结论也成立.

(1) 若 $B_{m+1,m+1}$ 可逆, 将 $\overline{B}$ 的最后一列右乘以 $-B_{m+1,m+1}^{-1}B_{m+1,j}$ 加到第 $j(j = 1,2,\cdots,m)$ 列上去, 再把最后一行左乘以 $-B_{i,m+1}B_{m+1,m+1}^{-1}$ 加到第 $i(i = 1,2,\cdots,m)$ 行上去, 可得

$$|B| = \begin{vmatrix} \overline{B_1} & 0 \\ 0 & B_{m+1,m+1} \end{vmatrix},$$

其中 $\overline{B_1}$ 的分块元素都还是形如 $\begin{pmatrix} a & -b \\ b & a \end{pmatrix}$ 的 $m \times m$ 分块矩阵. 由归纳假设, $|\overline{B_1}| \geqslant 0$, 所以

$$|\overline{B}| = |\overline{B_1}| |B_{m+1,m+1}| \geqslant 0.$$

(2) 若 $B_{m+1,m+1}$ 不可逆, 但有 $B_{m+1,l}$ 可逆, 此时把第 l 列交换到最后一列, 则有

$$|\overline{B}| = (-1)^{2(m-l)} \begin{vmatrix} B_{11} & \cdots & B_{1,m+1} & B_{1l} \\ B_{21} & \cdots & B_{2,m+1} & B_{2l} \\ \vdots & & \vdots & \vdots \\ B_{m+1,1} & \cdots & B_{m+1,m+1} & B_{m+1,l} \end{vmatrix}$$

$$= \begin{vmatrix} B_{11} & \cdots & B_{1,m+1} & B_{1l} \\ B_{21} & \cdots & B_{2,m+1} & B_{2l} \\ \vdots & & \vdots & \vdots \\ B_{m+1,1} & \cdots & B_{m+1,m+1} & B_{m+1,l} \end{vmatrix},$$

这就化为 (1) 的情形, 因此仍有 $|\overline{B}| \geqslant 0$.

(3) 若最后一行分块元素均不可逆, 即 $B_{m+1,j} = 0 (j = 1, 2, \cdots, m+1)$, 此时 $|\overline{B}| = 0$, 结论仍然成立.

由数学归纳法, 对任意正整数 k, 均有 $|B| = |\overline{B}| \geqslant 0$.

又因为线性变换在不同基下的矩阵是相似的, 而相似矩阵的行列式相等, 所以线性变换 ψ 在任意基下的矩阵的行列式均非负.

证法三   设 ϕ, ψ 在线性空间 V 的某组基下的矩阵为 A, B, 则 $A^2 = -E, AB = BA$. 注意以下事实: 若 ψ 有实特征值 λ, ξ 为 ψ 的属于特征值 λ 的特征向量, 即 $\psi\xi = \lambda\xi$. 因为 $\psi\phi = \phi\psi$, 所以

$$\psi(\phi\xi) = \phi(\psi\xi) = \phi(\lambda\xi) = \lambda(\phi\xi).$$

既然 ϕ 可逆, 故 $\phi\xi \neq 0$, 即得 $\phi\xi$ 也是 ψ 的属于特征值 λ 的特征向量.

设 $n = 2k (k \in \mathbb{Z}^+)$, 对 k 作数学归纳法.

当 $k = 1$ 时, $n = 2$. 若 ψ 有两个互为共轭的虚特征值, 或有两个不变号的实特征值, 则 $|B| \geqslant 0$. 若 ψ 有一正一负两个特征值 λ_1, λ_2, 则

$$\dim V_{\lambda_1} = \dim V_{\lambda_2} = 1.$$

对任意的 $0 \neq \xi \in V_{\lambda_1}$, 则 $\phi\xi \in V_{\lambda_1}$, 从而存在实数 μ, 使得 $\phi\xi = \mu\xi$, 这与 ϕ 没有实特征值矛盾, 故这种情形不会出现, 故当 $k = 1$ 时, $|B| \geqslant 0$ 成立.

假设结论对 $k \leqslant m$ 成立, 即对 $2k(k \leqslant m)$ 维线性空间的满足 $\phi^2 = -\varepsilon, \phi\psi = \psi\phi$ 的线性变换 ψ 有 $|B| \geqslant 0$.

当 $k = m+1$ 时, $\dim V = 2m+2$, ϕ, ψ 的矩阵 A, B 均为 $2m+2$ 阶矩阵, 它们满足 $A^2 = -E, AB = BA$.

若 ψ 没有负特征值, 即 ψ 的特征值为非负数或共轭虚数, 则 $|B| \geqslant 0$ 成立. 假设 ψ 有负特征值 λ, 设 $\dim V_\lambda = r$, 取 $V_\lambda = r$ 的一组基 $\alpha_1, \alpha_2, \cdots, \alpha_r$, 把它扩充为 V 的一组基 $\alpha_1, \alpha_2, \cdots, \alpha_r, \alpha_{r+1}, \cdots, \alpha_n$, 则

$$\psi(\alpha_1, \alpha_2, \cdots, \alpha_r, \alpha_{r+1}, \cdots, \alpha_n) = (\alpha_1, \alpha_2, \cdots, \alpha_r, \alpha_{r+1}, \cdots, \alpha_n)\begin{pmatrix} \lambda E_r & B_3 \\ 0 & B_2 \end{pmatrix}.$$

注意到 $\phi(\alpha_i) \in V_\lambda (i = 1, 2, \cdots, r)$, 有

$$\phi(\alpha_1, \alpha_2, \cdots, \alpha_r, \alpha_{r+1}, \cdots, \alpha_n) = (\alpha_1, \alpha_2, \cdots, \alpha_r, \alpha_{r+1}, \cdots, \alpha_n)\begin{pmatrix} A_1 & A_3 \\ 0 & A_2 \end{pmatrix}.$$

因为 $\begin{pmatrix} A_1 & A_3 \\ 0 & A_2 \end{pmatrix}^2 = -E$, 所以 $A_2^2 = -E_{n-r}$, 从而 r 为偶数. 又

$$\begin{pmatrix} A_1 & A_3 \\ 0 & A_2 \end{pmatrix}\begin{pmatrix} \lambda E_r & B_3 \\ 0 & B_2 \end{pmatrix} = \begin{pmatrix} \lambda E_r & B_3 \\ 0 & B_2 \end{pmatrix}\begin{pmatrix} A_1 & A_3 \\ 0 & A_2 \end{pmatrix},$$

所以 $A_2 B_2 = B_2 A_2$.

令 $W = L(\alpha_{r+1}, \cdots, \alpha_n)$, 则 $\dim W = n - r \leqslant 2m$. 定义线性变换 σ, τ 如下:

$$\sigma(\alpha_{r+1}, \cdots, \alpha_n) = (\alpha_{r+1}, \cdots, \alpha_n)A_2, \quad \tau(\alpha_{r+1}, \cdots, \alpha_n) = (\alpha_{r+1}, \cdots, \alpha_n)B_2,$$

则 $\sigma^2 = -\varepsilon, \sigma\tau = \tau\sigma$. 由归纳假设 $|B_2| \geqslant 0$. 又 r 为偶数, 所以

$$|B| = \begin{vmatrix} \lambda E_r & B_3 \\ 0 & B_2 \end{vmatrix} = \lambda^r |B_2| \geqslant 0.$$

由归纳法原理, 结论对任意自然数 k 成立.

第8章 λ-矩阵

8.1 思路点拨

1. n 阶 λ- 矩阵 $A(\lambda)$ 可逆的判定

(1) 存在 n 阶 λ- 矩阵 $B(\lambda)$, 使 $A(\lambda)B(\lambda) = E$(或 $B(\lambda)A(\lambda) = E$), 则 $A(\lambda)$ 可逆.

(2) 若 $A(\lambda)$ 可经初等变换化为单位矩阵, 则 $A(\lambda)$ 可逆.

(3) $A(\lambda)$ 的行列式为非零常数 ($|A(\lambda)| = c \neq 0$).

注 满秩不再是 n 阶 λ- 矩阵可逆的充分条件.

2. n 阶 λ- 矩阵 $A(\lambda)$ 的不变因子的求法

(1) 化 $A(\lambda)$ 为标准形.

(2) 利用不变因子与行列式因子的关系. 若有行列式因子 D_k 为常数, 则 $d_1(\lambda) = \cdots = d_k(\lambda)$ 均为常数.

(3) 利用不变因子与初等因子的关系. 若 $A(\lambda)$ 的初等因子已知, 则将相同的一次因式 $\lambda - \lambda_j (j = 1, 2, \cdots, s)$ 的方幂横行按降幂排列, 不足 n 个用 "1" 凑足 n 个. 逐行排好后, 上下相乘可得 $A(\lambda)$ 的不变因子 $d_n(\lambda), d_{n-1}(\lambda), \cdots, d_1(\lambda)$.

3. 两个 λ- 矩阵等价的判定

设 $A(\lambda), B(\lambda)$ 为两个 n 阶 λ- 矩阵, 满足下列条件之一, 则 $A(\lambda), B(\lambda)$ 等价.

(1) 存在 n 阶可逆 λ- 矩阵 $P(\lambda), Q(\lambda)$ 使得 $B(\lambda) = P(\lambda)A(\lambda)Q(\lambda)$.

(2) $A(\lambda), B(\lambda)$ 有相同的不变因子.

(3) $A(\lambda), B(\lambda)$ 有相同的各级行列式因子.

(4) $A(\lambda), B(\lambda)$ 等秩且有完全相同的初等因子.

4. 两个 n 阶复矩阵相似的判定

设 A, B 是复数域 $\mathbb{C}$ 上的 n 阶矩阵, 则满足下列条件之一时, A 与 B 相似.

(1) $\lambda E - A$ 与 $\lambda E - B$ 等价.

(2) A 与 B 有相同的各级行列式因子.

(3) A 与 B 有相同的不变因子.

(4) A 与 B 有相同的初等因子.

5. 最小多项式的性质和求法

(1) 最小多项式是唯一的.

(2) 相似矩阵的最小多项式相同.

(3) 最小多项式整除特征多项式.

(4) 设 A_1, A_2 分别是 n_1, n_2 阶方阵, $A = \text{diag}(A_1, A_2)$, A_1, A_2, A 的最小多项式分别是 $m_1(x), m_2(x), m(x)$, 则 $m(x) = [m_1(x), m_2(x)]$.

(5) n 阶复矩阵 A 的最后一个不变因子 $d_n(\lambda)$ 就是 A 的最小多项式. 求矩阵 A 的最小多项式通常是利用上述性质, 当矩阵阶数不高时常考虑特征多项式的因式.

6. 复数域上任一 n 阶矩阵 A 都相似于一个若尔当形矩阵; 数域 P 上的任一 n 阶矩阵相似于一个有理标准形矩阵.

8.2 问题探索

1. 设 A 是一个 n 阶复方阵, 证明: A 与 A' 相似.

证法一 A' 的特征矩阵 $\lambda E - A' = (\lambda E - A)'$, 故 $\lambda E - A'$ 与 A 的特征矩阵 $\lambda E - A$ 有完全相同的行列式因子, 所以矩阵 A 与 A' 相似.

证法二 设 A 的若尔当标准形为

$$J = \begin{pmatrix} J_1 & & & \\ & J_2 & & \\ & & \ddots & \\ & & & J_s \end{pmatrix},$$

则存在可逆矩阵 P, 使 $A = P^{-1}JP$. 设

$$J_i = \begin{pmatrix} \lambda_i & & & \\ 1 & \ddots & & \\ & \ddots & \ddots & \\ & & 1 & \lambda_i \end{pmatrix}_{r_i} \quad (i = 1, 2, \cdots, s).$$

令

$$Q_i = \begin{pmatrix} & & & 1 \\ & & 1 & \\ & \ddots & & \\ 1 & & & \end{pmatrix}_{r_i},$$

则

$$Q_i J_i Q_i = J_i' \quad (i = 1, 2, \cdots, s).$$

再令

$$Q = \begin{pmatrix} Q_1 & & & \\ & Q_2 & & \\ & & \ddots & \\ & & & Q_s \end{pmatrix},$$

则 $QJQ = J'$, 从而

$$A = P^{-1}JP = P^{-1}QJ'QP = P^{-1}Q(P^{-1})'A'P'QP.$$

令 $M = P'QP$, 则 M 可逆且 $A = M^{-1}A'M$. 所以 A 与 A' 相似.

2. 设 $f(\lambda), g(\lambda)$ 是两个多项式. 证明: λ- 矩阵 $A(\lambda) = \begin{pmatrix} f(\lambda) & 0 \\ 0 & g(\lambda) \end{pmatrix}$ 与 $B(\lambda) = \begin{pmatrix} 1 & 0 \\ 0 & f(\lambda)g(\lambda) \end{pmatrix}$ 等价的充分必要条件是 $(f(\lambda), g(\lambda)) = 1$.

(充分性)**证法一**   因为 $(f(\lambda), g(\lambda)) = 1$, 所以存在多项式 $u(\lambda), v(\lambda)$, 使得

$$u(\lambda)f(\lambda) + v(\lambda)g(\lambda) = 1,$$

从而

$$A(\lambda) \to \begin{pmatrix} f(\lambda) & v(\lambda)g(\lambda) \\ 0 & g(\lambda) \end{pmatrix} \to \begin{pmatrix} f(\lambda) & u(\lambda)f(\lambda) + v(\lambda)g(\lambda) \\ 0 & g(\lambda) \end{pmatrix}$$

$$= \begin{pmatrix} f(\lambda) & 1 \\ 0 & g(\lambda) \end{pmatrix} \to \begin{pmatrix} f(\lambda) & 1 \\ -f(\lambda)g(\lambda) & 0 \end{pmatrix} \to \begin{pmatrix} 1 & f(\lambda) \\ 0 & f(\lambda)g(\lambda) \end{pmatrix}$$

$$\to \begin{pmatrix} 1 & 0 \\ 0 & f(\lambda)g(\lambda) \end{pmatrix} = B(\lambda).$$

$B(\lambda)$ 可由 $A(\lambda)$ 经初等变换得到, 所以 $B(\lambda)$ 与 $A(\lambda)$ 等价.

证法二   易知 $A(\lambda), B(\lambda)$ 的 2 阶行列式因子相同, $B(\lambda)$ 的一阶行列式因子为 1. 因为 $(f(\lambda), g(\lambda)) = 1$, 所以 $A(\lambda)$ 的一阶行列式因子也为 1. 这样 $A(\lambda)$ 与 $B(\lambda)$ 有相同的行列式因子, 所以它们等价.

(必要性)**证法一**   因为 $A(\lambda)$ 与 $B(\lambda)$ 等价, 所以存在可逆 λ- 矩阵

$$P(\lambda) = \begin{pmatrix} u_1(\lambda) & u_2(\lambda) \\ u_3(\lambda) & u_4(\lambda) \end{pmatrix}, \quad Q(\lambda) = \begin{pmatrix} v_1(\lambda) & v_2(\lambda) \\ v_3(\lambda) & v_4(\lambda) \end{pmatrix}$$

使得 $P(\lambda)A(\lambda)Q(\lambda) = B(\lambda)$. 比较左上角元素, 得

$$u_1(\lambda)v_1(\lambda)f(\lambda) + u_2(\lambda)v_3(\lambda)g(\lambda) = 1.$$

所以 $(f(\lambda), g(\lambda)) = 1$.

证法二   若 $(f(\lambda), g(\lambda)) = d(\lambda) \neq 1$, 则 $A(\lambda)$ 的一阶行列式因子为 $d(\lambda)$, 而 $B(\lambda)$ 的一阶行列式因子为 1, 这与 $A(\lambda), B(\lambda)$ 等价矛盾, 所以 $(f(\lambda), g(\lambda)) = 1$.

3. 设 A 为 $n(n \geqslant 2)$ 阶矩阵, 若存在最小正整数 k, 使得 $A^k = 0$, 则称 A 为 k 次幂零矩阵. 证明: 所有 n 阶 $n - 1$ 次幂零矩阵彼此相似.

证法一 设 A 为任意一个 n 阶 $n-1$ 次幂零矩阵, 则 $A^{n-1} = 0, A^s \neq 0(1 \leqslant s \leqslant n-2)$. 由此可知, 矩阵 A 的最小多项式即 A 的最后一个不变因子 $d_n(\lambda) = \lambda^{n-1}$. 因为 A 的各级不变因子满足

$$d_i(\lambda) | d_{i+1}(\lambda) \quad (i = 1, 2, \cdots, n-1),$$

且它们的次数和为 n, 所以

$$d_1(\lambda) = d_2(\lambda) = \cdots = d_{n-2}(\lambda) = 1, \quad d_{n-1}(\lambda) = \lambda.$$

因此, n 阶 $n-1$ 次幂零矩阵的不变因子均相同, 从而它们彼此相似.

证法二 因为幂零矩阵的特征值均为零, 所以幂零矩阵 A 的若尔当标准形为

$$J = \begin{pmatrix} J_1 & & & \\ & J_2 & & \\ & & \ddots & \\ & & & J_s \end{pmatrix},$$

其中

$$J_i = \begin{pmatrix} 0 & 1 & & \\ & 0 & \ddots & \\ & & \ddots & 1 \\ & & & 0 \end{pmatrix}_{k_i \times k_i} \quad (i = 1, 2, \cdots, s).$$

若 A 为 n 阶 $n-1$ 次幂零矩阵, 则 $A^{n-1} = 0, A^k \neq 0(1 \leqslant k \leqslant n-2)$, 从而 $J^{n-1} = 0, J^k \neq 0(1 \leqslant k \leqslant n-2)$, 所以其若尔当标准形中必有一个若尔当块是 $n-1$ 阶的, 这只有 $s = 2$, 且

$$J = \begin{pmatrix} 0 & 1 & & & \\ & 0 & \ddots & & \\ & & \ddots & 1 & \\ & & & 0 & \\ & & & & 0 \end{pmatrix}.$$

因为 n 阶 $n-1$ 次幂零矩阵的若尔当标准形相同, 从而它们彼此相似.

4. 求证: n 阶矩阵 A 与对角阵相似的充分必要条件是对 A 的每个特征值 λ 均有

$$r(\lambda E - A) = r[(\lambda E - A)^2].$$

(必要性)证法一 显然 $r(\lambda E - A) \geqslant r[(\lambda E - A)^2]$. 因为矩阵 A 与对角阵相似, 所以 A 的最小多项式 $m(x)$ 无重根, 又矩阵 A 的每个特征值 λ 都是其最小多项式 $m(x)$ 的根, 从而

$$((x - \lambda)^2, m(x)) = x - \lambda.$$

进而存在多项式 $u(x), v(x)$, 使得

$$u(x)m(x) + v(x)(x - \lambda)^2 = x - \lambda.$$

于是

$$u(A)m(A) + v(A)(A - \lambda E)^2 = A - \lambda E.$$

由 $m(A) = 0$ 得

$$v(A)(A - \lambda E)^2 = A - \lambda E,$$

所以 $r(\lambda E - A) \leqslant r[(\lambda E - A)^2]$. 因此, $r(\lambda E - A) = r[(\lambda E - A)^2]$.

证法二　因为矩阵 A 与对角阵相似, 故存在 n 阶可逆矩阵 P, 使得

$$P^{-1}AP = \text{diag}(\lambda_1, \lambda_2, \cdots, \lambda_n),$$

其中 $\lambda_1, \lambda_2, \cdots, \lambda_n$ 是 A 的特征值. 对矩阵 A 的每个特征值 λ_i, 有

$$P^{-1}(\lambda_i E - A)P = \text{diag}(\lambda_i - \lambda_1, \lambda_i - \lambda_2, \cdots, \lambda_i - \lambda_n) = D,$$

$$P^{-1}(\lambda_i E - A)^2 P = \text{diag}\big((\lambda_i - \lambda_1)^2, (\lambda_i - \lambda_2)^2, \cdots, (\lambda_i - \lambda_n)^2\big) = D^2,$$

因为 $r(D) = r(D^2)$, 所以 $r[(\lambda E - A)] = r[(\lambda E - A)^2]$.

(充分性)证法一　由设对 A 的每个特征值 λ 均有 $r(\lambda E - A) = r[(\lambda E - A)^2]$, 知齐次线性方程组 $(\lambda E - A)X = 0$ 和 $(\lambda E - A)^2 X = 0$ 同解. 下面证明 A 的最小多项式 $m(x)$ 无重根. 否则设 λ_0 是 $m(x)$ 的重根, 则 $(x - \lambda_0)^2 | m(x)$. 设 $m(x) = (x - \lambda_0)^2 q(x)$, 由最小多项式的定义, $(A - \lambda_0 E)q(A) \neq 0$, 从而必有 $q(A)$ 的某一非零列 X_0, 使得 $(A - \lambda_0 E)X_0 \neq 0$, 但是由 $(A - \lambda_0 E)^2 q(A) = m(A) = 0$ 可得 $(A - \lambda_0 E)^2 X_0 = 0$, 这与 $(\lambda_0 E - A)X = 0$ 和 $(\lambda_0 E - A)^2 X = 0$ 同解相矛盾. 所以 A 的最小多项式 $m(x)$ 无重根, 从而 A 与对角阵相似.

证法二　设存在 n 阶可逆矩阵 P, 使得

$$P^{-1}AP = \begin{pmatrix} J_1 & & & \\ & J_2 & & \\ & & \ddots & \\ & & & J_s \end{pmatrix} = J,$$

这里 J 为 A 的若尔当标准形,

$$J_k = \begin{pmatrix} \lambda_k & 1 & & \\ & \lambda_k & \ddots & \\ & & \ddots & 1 \\ & & & \lambda_k \end{pmatrix}_{n_k \times n_k} \quad (k = 1, 2, \cdots, s)$$

为 n_k 阶若当块, $\lambda_1, \lambda_2, \cdots, \lambda_s$ 是 A 的特征值.

下证每个若当块必是一阶的. 否则不妨设 J_k 的阶数 $n_k > 1$, 则

$$r[(\lambda_k E_{n_k} - J_k)^2] < r(\lambda_k E_{n_k} - J_k).$$

又

$$P^{-1}(\lambda_i E - A)P = \begin{pmatrix} \lambda_i E_{n_1} - J_1 & & & \\ & \lambda_i E_{n_2} - J_2 & & \\ & & \ddots & \\ & & & \lambda_i E_{n_s} - J_s \end{pmatrix},$$

$$P^{-1}(\lambda_i E - A)^2 P = \begin{pmatrix} (\lambda_i E_{n_1} - J_1)^2 & & & \\ & (\lambda_i E_{n_2} - J_2)^2 & & \\ & & \ddots & \\ & & & (\lambda_i E_{n_s} - J_s)^2 \end{pmatrix},$$

所以

$$r[(\lambda_i E - A)^2] = \sum_{j=1}^{s} r[(\lambda_i E_{n_j} - J_j)^2] < \sum_{j=1}^{s} r(\lambda_i E_{n_j} - J_j) = r(\lambda_i E - A),$$

此与题设矛盾. 所以 $n_1 = n_2 = \cdots = n_s = 1, n = s$, 即 A 与对角矩阵相似.

5. 设 A 为一个 n 阶复矩阵, 证明: A 的最后一个不变因子 $d_n(\lambda)$ 就是 A 的最小多项式.

证法一 设 A 的若尔当标准形为

$$J = \begin{pmatrix} J_1 & & & \\ & J_2 & & \\ & & \ddots & \\ & & & J_s \end{pmatrix},$$

其中

$$J_k = \begin{pmatrix} \lambda_k & 1 & & \\ & \lambda_k & \ddots & \\ & & \ddots & 1 \\ & & & \lambda_k \end{pmatrix}_{n_k \times n_k} \quad (k = 1, 2, \cdots, s)$$

为 n_k 级若当块. 显然, J 与 A 有相同的的最小多项式. 因为 J_k 的最小多项式 $m_k(\lambda)$ 和不变因子都是 $(\lambda - \lambda_k)^{n_k}$ $(k = 1, 2, \cdots, s)$, 所以 J 的最小多项式为

$$m(\lambda) = [m_1(\lambda), m_2(\lambda), \cdots, m_s(\lambda)]$$
$$= [(\lambda - \lambda_1)^{n_1}, (\lambda - \lambda_2)^{n_2}, \cdots, (\lambda - \lambda_k)^{n_k}] = d_n(\lambda),$$

因此, A 的的最小多项式 $m_A(\lambda) = m(\lambda) = d_n(\lambda)$.

证法二   设 $D_k(\lambda)$ 为 A 的 k $(k = 1, 2, \cdots, n)$ 级行列式因子, 则 $D_n(\lambda) = |\lambda E - A|$, $D_{n-1}(\lambda)$ 等于 $\lambda E - A$ 的伴随矩阵 $(\lambda E - A)^*$ 的所有元素的最大公因式. 从 $(\lambda E - A)^*$ 的每个元素中提出 $D_{n-1}(\lambda)$, 令

$$(\lambda E - A)^* = D_{n-1}(\lambda)B(\lambda),$$

其中 $B(\lambda)$ 为所有元素互素的 n 阶 λ- 矩阵. 由

$$(\lambda E - A)(\lambda E - A)^* = |\lambda E - A|E,$$

得

$$(\lambda E - A)D_{n-1}(\lambda)B(\lambda) = D_n(\lambda)E.$$

于是

$$(\lambda E - A)B(\lambda) = \frac{D_n(\lambda)}{D_{n-1}(\lambda)}E = d_n(\lambda)E,$$

从而 $d_n(A) = 0$, 所以 A 的最小多项式 $m_A(\lambda)|d_n(\lambda)$. 令 $d_n(\lambda) = m_A(\lambda)g(\lambda)$. 由于 $m_A(A) = 0$, 所以由广义余数定理知, $(\lambda E - A)|m_A(\lambda)E$. 令 $m_A(\lambda)E = (\lambda E - A)C(\lambda)$. 于是

$$d_n(\lambda)E = m_A(\lambda)g(\lambda)E = (\lambda E - A)C(\lambda)g(\lambda).$$

故

$$B(\lambda) = C(\lambda)g(\lambda),$$

即 $g(\lambda)$ 为 $B(\lambda)$ 的所有元素的公因式, 而 $B(\lambda)$ 的所有元素互素, 所以 $g(\lambda) = 1$, 从而 $m_A(\lambda) = d_n(\lambda)$.

第 9 章 欧几里得空间

9.1 思 路 点 拨

1. 证明欧几里得空间以下简称 (欧氏空间) 中向量 $\alpha = 0$ 的常用方法

(1) 证明 $(\alpha, \alpha) = 0$.

(2) 证明 α 与欧氏空间的一组基正交.

2. 证明欧氏空间中的不等关系常考虑运用柯西–布涅柯夫斯基不等式

3. 欧氏空间中问题的证明常取标准正交基

(1) 在标准正交基下向量的坐标可用内积表示, 两向量的内积可用它们的坐标的内积表示.

(2) 欧氏空间中一般基的度量矩阵是正定的, 标准正交基的度量矩阵是单位矩阵.

(3) 两标准正交基之间的过渡矩阵是正交矩阵.

(4) 设 $\varepsilon_1, \varepsilon_2, \cdots, \varepsilon_n$ 为欧氏空间 V 的一组标准正交基, A 为一个 n 阶正交矩阵且 $(\alpha_1, \alpha_2, \cdots, \alpha_n) = (\varepsilon_1, \varepsilon_2, \cdots, \varepsilon_n)A$, 则 $\alpha_1, \alpha_2, \cdots, \alpha_n$ 也是 V 的一组标准正交基.

4. 施密特正交化的运用

欧氏空间中一线性无关组 (基) 经施密特正交化法可化为一个标准正交组 (标准正交基). 由此可证任意一个 n 阶可逆实矩阵 A 可以分解为一个正交矩阵 Q 与一个主对角元素大于零的上三角形矩阵 T 之积.

5. 欧氏空间的线性变换 σ 为正交变换的判定

(1) 按定义, 对欧氏空间中任意向量 α, β, 证明有 $(\sigma\alpha, \sigma\beta) = (\alpha, \beta)$.

(2) 对欧氏空间中任意向量 α, 证明有 $|\sigma\alpha| = |\alpha|$.

(3) 证明 σ 在标准正交基下的矩阵为正交矩阵.

(4) 证明某标准正交基的像向量组仍为标准正交基.

6. 欧氏空间的线性变换 σ 为对称变换的判定

(1) 按定义, 对欧氏空间中任意向量 α, β, 证明有 $(\sigma\alpha, \beta) = (\alpha, \sigma\beta)$.

(2) 证明 σ 在标准正交基下的矩阵为实对称矩阵.

7. 正交矩阵的判定

(1) 设 A 为一个 n 阶实矩阵, 若 $A'A = AA' = E$, 则 A 为一个正交矩阵.

(2) A 的列向量组 (或行向量组) 构成 n 维欧氏空间 $\mathbb{R}^n$ 的一组标准正交基, 则 A 是一个正交矩阵.

(3) A 是一个 n 阶实矩阵, 若对 n 维欧氏空间 $\mathbb{R}^n$ 中任意的向量 x, 有 $(Ax, Ax) = (x, x)$, 则 A 为正交矩阵.

8. 正交矩阵的常用性质

(1) 正交矩阵的逆、伴随矩阵以及两正交矩阵的乘积还是正交矩阵.

(2) 正交矩阵的行列式或为 1, 或为 -1.

(3) 正交矩阵的特征值的模为 1, 特别地, 正交矩阵的实特征值只能是 1 或 -1.

9.2　问题探索

1. (柯西–布涅柯夫斯基不等式) 设 V 为一个欧氏空间, 则对任意 $\alpha, \beta \in V$, 有

$$|(\alpha, \beta)| \leqslant |\alpha||\beta|,$$

等号成立当且仅当 α, β 线性相关.

证法一　若 α, β 线性相关, 则 $\beta = k\alpha$ 或者 $\alpha = l\beta$ 至少有一个成立. 不妨设 $\beta = k\alpha$, 则

$$|(\alpha, \beta)| = |(\alpha, k\alpha)| = |k(\alpha, \alpha)| = |k||\alpha|^2 = |\alpha|(|k||\alpha|) = |\alpha||k\alpha| = |\alpha||\beta|.$$

若 α, β 线性无关, 则对任意实数 t, $\alpha + t\beta \neq 0$, 从而 $(\alpha + t\beta, \alpha + t\beta) > 0$, 即对任意实数 t, 二次多项式

$$f(t) = (\alpha, \alpha) + 2t(\alpha, \beta) + t^2(\beta, \beta) > 0,$$

故其判别式 $\Delta = 4(\alpha, \beta)^2 - 4(\alpha, \alpha)(\beta, \beta) < 0$, 所以 $|(\alpha, \beta)| < |\alpha||\beta|$.

综上, 对任意 $\alpha, \beta \in V$, 有 $|(\alpha, \beta)| \leqslant |\alpha||\beta|$, 等号成立当且仅当 α, β 线性相关.

证法二　若 α, β 线性相关, 由证法一可知 $|(\alpha, \beta)| = |\alpha||\beta|$. 若 α, β 线性无关, 下证 $|(\alpha, \beta)| < |\alpha||\beta|$.

(1) 先证: 若 α, β 为两个线性无关的单位向量, 则 $|(\alpha, \beta)| < 1 = |\alpha||\beta|$.

因为 α, β 线性无关, 所以 $\alpha \pm \beta \neq 0$. 于是

$$0 < (\alpha - \beta, \alpha - \beta) = (\alpha, \alpha) + (\beta, \beta) - 2(\alpha, \beta) = 2 - 2(\alpha, \beta),$$

$$0 < (\alpha + \beta, \alpha + \beta) = (\alpha, \alpha) + (\beta, \beta) + 2(\alpha, \beta) = 2 + 2(\alpha, \beta),$$

所以 $-1 < (\alpha, \beta) < 1$, 即 $|(\alpha, \beta)| < 1$. 故当 α, β 为两个线性无关单位向量时, 有

$$|(\alpha, \beta)| < 1 = |\alpha||\beta|.$$

(2) 再证: 任意 α, β 线性无关时, 有 $|(\alpha, \beta)| < |\alpha||\beta|$.

因为 $\dfrac{\alpha}{|\alpha|}, \dfrac{\beta}{|\beta|}$ 是两个线性无关的单位向量, 所以由 (1) 知,

$$\frac{1}{|\alpha||\beta|}|(\alpha, \beta)| = \left|\left(\frac{\alpha}{|\alpha|}, \frac{\beta}{|\beta|}\right)\right| < 1.$$

故 $|(\alpha, \beta)| < |\alpha||\beta|$.

综上, 对任意 $\alpha, \beta \in V$, 有 $|(\alpha, \beta)| \leqslant |\alpha||\beta|$, 等号成立当且仅当 α, β 线性相关.

证法三 若 $\alpha = 0$, 该式两边都是零, 结论成立. 下设 $\alpha \neq 0$, 那么 $(\alpha, \alpha) > 0$.

令 $\gamma = \beta - \dfrac{(\alpha, \beta)}{(\alpha, \alpha)}\alpha$, 由内积的正定性有 $(\gamma, \gamma) \geqslant 0$, 即

$$\begin{aligned}
0 &\leqslant \left(\beta - \frac{(\alpha, \beta)}{(\alpha, \alpha)}\alpha, \beta - \frac{(\alpha, \beta)}{(\alpha, \alpha)}\alpha\right) \\
&= (\beta, \beta) + \left(\beta, -\frac{(\alpha, \beta)}{(\alpha, \alpha)}\alpha\right) + \left(-\frac{(\alpha, \beta)}{(\alpha, \alpha)}\alpha, \beta\right) + \left(-\frac{(\alpha, \beta)}{(\alpha, \alpha)}\alpha, -\frac{(\alpha, \beta)}{(\alpha, \alpha)}\alpha\right) \\
&= (\beta, \beta) - \frac{(\alpha, \beta)}{(\alpha, \alpha)}(\beta, \alpha) - \frac{(\alpha, \beta)}{(\alpha, \alpha)}(\alpha, \beta) + \frac{(\alpha, \beta)^2}{(\alpha, \alpha)^2}(\alpha, \alpha) \\
&= (\beta, \beta) - \frac{(\alpha, \beta)^2}{(\alpha, \alpha)}.
\end{aligned}$$

因为 $(\alpha, \alpha) > 0$, 所以不等式两边乘以 (α, α) 可得 $(\alpha, \beta)^2 \leqslant (\alpha, \alpha)(\beta, \beta)$, 从而

$$|(\alpha, \beta)| \leqslant |\alpha||\beta|.$$

上式等号成立当且仅当 $\gamma = 0$, 即 $\beta - \dfrac{(\alpha, \beta)}{(\alpha, \alpha)}\alpha = 0$, 也就是 α, β 线性相关.

2. 设 V 为一个 n 维欧氏空间, 证明: V 的关于不同基的度量矩阵是合同的.

证法一 设 $\alpha_1, \alpha_2, \cdots, \alpha_n$ 和 $\beta_1, \beta_2, \cdots, \beta_n$ 为 V 的任意两组基, 其度量矩阵分别为 $A = (a_{ij}), B = (b_{ij})$, 这里 $a_{ij} = (\alpha_i, \alpha_j), b_{ij} = (\beta_i, \beta_j)$. 又设

$$(\beta_1, \beta_2, \cdots, \beta_n) = (\alpha_1, \alpha_2, \cdots, \alpha_n)C,$$

其中 $C = (c_{ij})$ 为两组基之间的过渡矩阵, 则

$$\beta_j = c_{1j}\alpha_1 + c_{2j}\alpha_2 + \cdots + c_{nj}\alpha_n = \sum_{k=1}^{n} c_{kj}\alpha_k \quad (j = 1, 2, \cdots, n),$$

于是

$$b_{ij} = (\beta_i, \beta_j) = \left(\sum_{k=1}^{n} c_{ki}\alpha_k, \sum_{l=1}^{n} c_{lj}\alpha_l \right) = \sum_{k,l=1}^{n} (\alpha_k, \alpha_l) c_{ki} c_{lj}$$

$$= \sum_{k,l=1}^{n} a_{kl} c_{ki} c_{lj} = (c_{1i}, c_{2i}, \cdots, c_{ni}) A \begin{pmatrix} c_{1j} \\ c_{2j} \\ \vdots \\ c_{nj} \end{pmatrix},$$

所以 $B = C'AC$.

证法二　设 $\alpha_1, \alpha_2, \cdots, \alpha_n$ 和 $\beta_1, \beta_2, \cdots, \beta_n$ 为 V 的任意两组基, 其度量矩阵分别为 $A = (a_{ij})$, $B = (b_{ij})$, 这里 $a_{ij} = (\alpha_i, \alpha_j)$, $b_{ij} = (\beta_i, \beta_j)$. 又设

$$(\beta_1, \beta_2, \cdots, \beta_n) = (\alpha_1, \alpha_2, \cdots, \alpha_n) C,$$

其中 $C = (c_{ij})$ 为两组基之间的过渡矩阵. 对任意的 $\alpha, \beta \in V$, 设它们在基 $\alpha_1,$ $\alpha_2, \cdots, \alpha_n$ 下的坐标分别为 $(x_1, x_2, \cdots, x_n)'$ 和 $(y_1, y_2, \cdots, y_n)'$; 在基 $\beta_1, \beta_2, \cdots, \beta_n$ 下的坐标分别为 $(u_1, u_2, \cdots, u_n)'$ 和 $(v_1, v_2, \cdots, v_n)'$, 则有坐标变换公式知

$$\begin{pmatrix} x_1 \\ x_2 \\ \vdots \\ x_n \end{pmatrix} = C \begin{pmatrix} u_1 \\ u_2 \\ \vdots \\ u_n \end{pmatrix}, \quad \begin{pmatrix} y_1 \\ y_2 \\ \vdots \\ y_n \end{pmatrix} = C \begin{pmatrix} v_1 \\ v_2 \\ \vdots \\ v_n \end{pmatrix},$$

从而

$$(\alpha, \beta) = (x_1, x_2, \cdots, x_n) A \begin{pmatrix} y_1 \\ y_2 \\ \vdots \\ y_n \end{pmatrix} = (u_1, u_2, \cdots, u_n) C'AC \begin{pmatrix} v_1 \\ v_2 \\ \vdots \\ v_n \end{pmatrix}.$$

又,

$$(\alpha, \beta) = (u_1, u_2, \cdots, u_n) B \begin{pmatrix} v_1 \\ v_2 \\ \vdots \\ v_n \end{pmatrix},$$

所以 $B = C'AC$.

3. 设 V_1, V_2 是 n 维欧氏空间 V 的两个子空间, $\dim V_1 < \dim V_2$, 证明: V_2 中必有一个非零向量与 V_1 正交.

证法一　只需证明 $V_2 \cap V_1^\perp \neq \{0\}$. 若 $V_2 \cap V_1^\perp = \{0\}$, 则 $V_2 + V_1^\perp$ 为直和, 所以

$$\dim V_1^\perp + \dim V_2 = \dim(V_2 + V_1^\perp).$$

又 $V = V_1^\perp \oplus V_1$, 所以

$$V_1^\perp \oplus V_2 \subseteq V_1^\perp \oplus V_1 = V,$$

从而

$$\dim V_1^\perp + \dim V_2 \leqslant \dim V_1^\perp + \dim V_1.$$

于是 $\dim V_2 \leqslant \dim V_1$, 这与题设条件 $\dim V_1 < \dim V_2$ 矛盾. 故 $V_2 \cap V_1^\perp \neq \{0\}$, 即 V_2 中必有一个非零向量与 V_1 正交.

证法二 当 $\dim V_1 = 0$ 时, 结论显然. 设 $\dim V_1 = r > 0$. 取 V_1 的一组基 $\alpha_1, \alpha_2, \cdots, \alpha_r$ 和 V_2 的一组基 $\beta_1, \beta_2, \cdots, \beta_s$ ($s > r$), 令 $\gamma = x_1\beta_1 + x_2\beta_2 + \cdots + x_s\beta_s$, 则 $\gamma \perp V_1$ 当且仅当 $(\gamma, \alpha_i) = 0 (i = 1, 2, \cdots, r)$, 而这又当且仅当下面各等式成立:

$$x_1(\beta_1, \alpha_i) + x_2(\beta_2, \alpha_i) + \cdots + x_s(\beta_s, \alpha_i) = 0 \quad (i = 1, 2, \cdots, r).$$

而上述齐次线性方程组中, 方程的个数 r 小于未知量的个数 s, 故它有非零解 $(k_1, k_2, \cdots, k_s)$, 令 $\gamma_0 = k_1\beta_1 + k_2\beta_2 + \cdots + k_s\beta_s$, 则 $\gamma_0 \in V_2, \gamma_0 \neq 0$, 且 γ_0 与 V_1 正交.

4. 设 V 为奇数维欧氏空间, σ 是 V 的第一类正交变换, 证明: $\lambda = 1$ 是 σ 的特征值.

证法一 设 σ 在一组标准正交基下的矩阵为 A, 则 A 为正交矩阵且 $|A| = 1$; 又 n 为奇数, 从而

$$|E - A| = |A'A - A| = |A' - E||A| = |A' - E|$$
$$= |A - E| = (-1)^n|E - A| = -|E - A|,$$

所以 $|E - A| = 0$, 即 $\lambda = 1$ 是 σ 的特征值.

证法二 设 σ 在一组标准正交基下的矩阵为 A, 则 A 为正交矩阵且 $|A| = 1$. σ 的特征多项式 $f(\lambda) = |\lambda E - A|$ 的全部根为 $\lambda_1, \lambda_2, \cdots, \lambda_n$. 因为 $f(\lambda)$ 为一个 n 次实系数多项式, 其虚根成共轭对出现. 不妨设前 $2k$ 个是虚根, 记为 μ_i 和 $\overline{\mu_i}$ ($i = 1, 2, \cdots, k$), 则 $\mu_1\overline{\mu_1} \cdots \mu_k\overline{\mu_k}\lambda_{2k+1} \cdots \lambda_n = |A| = 1$. 因为 n 为奇数, 所以 $n - 2k$ 也是奇数, 且正交矩阵特征根的模为 1, 所以 $\lambda_{2k+1}, \cdots, \lambda_n$ 中必有一个为 1, 即 $\lambda = 1$ 是 σ 的特征值.

5. 设 A 是一个 n 阶正定矩阵, $\alpha_1, \alpha_2, \cdots, \alpha_n$ 为 n 个 n 维实非零列向量, 满足 $\alpha_i'A\alpha_j = 0$ ($i \neq j, i, j = 1, 2, \cdots, n$). 如果实 n 维列向量 β 与每个 α_i 均正交, 证明:

$$\beta = 0.$$

证法一 设

$$k_1\alpha_1 + k_2\alpha_2 + \cdots + k_n\alpha_n = 0,$$

用 $\alpha_i'A$ 左乘上式两边, 由 $\alpha_i'A\alpha_j = 0$ ($i \neq j, i, j = 1, 2, \cdots, n$) 可得

$$k_i\alpha_i'A\alpha_i = 0 \quad (i = 1, 2, \cdots, n).$$

因为 A 正定, $\alpha_i \neq 0$, 所以 $\alpha_i' A \alpha_i > 0 (i = 1, 2, \cdots, n)$, 故 $k_i = 0$ $(i = 1, 2, \cdots, n)$, 所以 $\alpha_1, \alpha_2, \cdots, \alpha_n$ 线性无关, 即为欧氏空间 $\mathbb{R}^n$ 的一组基.

设 $\beta = \sum\limits_{i=1}^{n} x_i \alpha_i$, 则

$$\left(\sum_{i=1}^{n} x_i \alpha_i, \alpha_j \right) = (\beta, \alpha_j) = 0 \quad (j = 1, 2, \cdots, n),$$

进而有

$$\left(\sum_{i=1}^{n} x_i \alpha_i, \sum_{j=1}^{n} x_j \alpha_j \right) = \sum_{j=1}^{n} x_j \left(\sum_{i=1}^{n} x_i \alpha_i, \alpha_j \right) = 0,$$

所以 $\beta = \sum\limits_{i=1}^{n} x_i \alpha_i = 0$.

证法二　因为 A 为正定矩阵, 所以可定义实线性空间 $\mathbb{R}^n$ 的一个内积:

$$(\alpha, \beta)_1 = \alpha' A \beta,$$

使 $\mathbb{R}^n$ 成为关于内积 $(*, *)_1$ 的欧氏空间.

因为 $\alpha_1, \alpha_2, \cdots, \alpha_n$ 为非零向量组且满足

$$(\alpha_i, \alpha_j)_1 = \alpha_i' A \alpha_j = 0 \quad (i \neq j),$$

所以 $\alpha_1, \alpha_2, \cdots, \alpha_n$ 为一个正交组, 从而它们线性无关, 即为 $\mathbb{R}^n$ 的一组基. 又 A 为正定矩阵, 所以 $A\alpha_1, A\alpha_2, \cdots, A\alpha_n$ 仍为 $\mathbb{R}^n$ 的一组基. 设 $\beta = \sum\limits_{j=1}^{n} x_j A\alpha_j$, 则

$$0 = (\alpha_i, \beta) = \alpha_i' \beta = \sum_{j=1}^{n} x_j \alpha_i' A \alpha_j = x_i \alpha_i' A \alpha_i.$$

因为 $\alpha_i' A \alpha_i > 0$, 所以 $x_i = 0$ $(i = 1, 2, \cdots, n)$. 故 $\beta = 0$.

6. 设 $\alpha_1, \alpha_2, \cdots, \alpha_m$ 是 n 维欧氏空间 V 中一组向量, 而

$$\Delta = \begin{pmatrix} (\alpha_1, \alpha_1) & (\alpha_1, \alpha_2) & \cdots & (\alpha_1, \alpha_m) \\ (\alpha_2, \alpha_1) & (\alpha_2, \alpha_2) & \cdots & (\alpha_2, \alpha_m) \\ \vdots & \vdots & & \vdots \\ (\alpha_m, \alpha_1) & (\alpha_m, \alpha_2) & \cdots & (\alpha_m, \alpha_m) \end{pmatrix}.$$

证明: $|\Delta| = 0$ 的充分必要条件是向量组 $\alpha_1, \alpha_2, \cdots, \alpha_m$ 线性相关.

(必要性)**证法一**　若 $|\Delta| = 0$, 则齐次线性方程组 $\Delta X = 0$ 有非零解 $(k_1, k_2, \cdots, k_m)$, 从而

$$k_1(\alpha_i, \alpha_1) + k_2(\alpha_i, \alpha_2) + \cdots + k_m(\alpha_i, \alpha_m) = 0 \quad (i = 1, 2, \cdots, m),$$

即

$$\left(\alpha_i, \sum_{j=1}^{m} k_j \alpha_j\right) = 0 \quad (i = 1, 2, \cdots, m).$$

各等式依次乘以 k_i 再相加, 得

$$\left(\sum_{i=1}^{m} k_i \alpha_i, \sum_{j=1}^{m} k_j \alpha_j\right) = 0,$$

故得 $\sum\limits_{i=1}^{m} k_i \alpha_i = 0$, 所以向量组 $\alpha_1, \alpha_2, \cdots, \alpha_m$ 线性相关.

证法二 用反证法. 若向量组 $\alpha_1, \alpha_2, \cdots, \alpha_m$ 线性无关, 令 $W = L(\alpha_1, \alpha_2, \cdots, \alpha_m)$, 则 $\alpha_1, \alpha_2, \cdots, \alpha_m$ 为 W 的一组基, Δ 是它的度量矩阵. 因为度量矩阵是正定的, 故 $|\Delta| > 0$, 与题设矛盾. 因此, $|\Delta| = 0$ 时, 向量组 $\alpha_1, \alpha_2, \cdots, \alpha_m$ 线性相关.

(充分性)证法一 向量组 $\alpha_1, \alpha_2, \cdots, \alpha_m$ 线性相关, 则存在一组不全为零的数 $k_1, k_2, \cdots, k_m$, 使 $\sum\limits_{i=1}^{m} k_i \alpha_i = 0$. 不妨设 $k_1 \neq 0$. 将 Δ 的第一列乘以 k_1, 其余各列依次乘以 $k_2, \cdots, k_m$ 后都加到第一列, 得到

$$|\Delta| = \frac{1}{k_1} \begin{vmatrix} \left(\alpha_1, \sum\limits_{i=1}^{m} k_i \alpha_i\right) & (\alpha_1, \alpha_2) & \cdots & (\alpha_1, \alpha_m) \\ \left(\alpha_2, \sum\limits_{i=1}^{m} k_i \alpha_i\right) & (\alpha_2, \alpha_2) & \cdots & (\alpha_2, \alpha_m) \\ \vdots & \vdots & & \vdots \\ \left(\alpha_m, \sum\limits_{i=1}^{m} k_i \alpha_i\right) & (\alpha_m, \alpha_2) & \cdots & (\alpha_m, \alpha_m) \end{vmatrix}$$

$$= \frac{1}{k_1} \begin{vmatrix} (\alpha_1, 0) & (\alpha_1, \alpha_2) & \cdots & (\alpha_1, \alpha_m) \\ (\alpha_2, 0) & (\alpha_2, \alpha_2) & \cdots & (\alpha_2, \alpha_m) \\ \vdots & \vdots & & \vdots \\ (\alpha_m, 0) & (\alpha_m, \alpha_2) & \cdots & (\alpha_m, \alpha_m) \end{vmatrix} = 0.$$

证法二 用反证法. 若 $|\Delta| \neq 0$. 设

$$k_1 \alpha_1 + k_2 \alpha_2 + \cdots + k_m \alpha_m = 0,$$

依次用 $\alpha_1, \alpha_2, \cdots, \alpha_m$ 和上式两边作内积, 可得

$$k_1(\alpha_i, \alpha_1) + k_2(\alpha_i, \alpha_2) + \cdots + k_m(\alpha_i, \alpha_m) = 0 \quad (i = 1, 2, \cdots, m).$$

上述方程组的系数行列式为 $|\Delta| \neq 0$, 它只有零解 $k_1 = k_2 = \cdots = k_m$, 向量组 $\alpha_1, \alpha_2, \cdots, \alpha_m$ 线性无关, 与题设矛盾, 所以向量组 $\alpha_1, \alpha_2, \cdots, \alpha_m$ 线性相关时, $|\Delta| = 0$.

7. 设 T 是 n 维欧氏空间 V 的正交变换, W 为 T 的不变子空间, 证明: W 的正交补 $W^\perp$ 也是 T 的不变子空间.

证法一　因为 W 为 T 的不变子空间, 所以 T 在 W 上的限制 $T|_W$ 是 W 的正交变换, 从而它是 W 的双射变换, 故对任意 $\xi \in W$, 都有 $\eta \in W$, 使得 $T|_W(\eta) = T\eta = \xi$, 从而对任意 $\alpha \in W^\perp$,

$$(T\alpha, \xi) = (T\alpha, T\eta) = (\alpha, \eta) = 0,$$

故 $T\alpha \in W^\perp$, 即证得 $W^\perp$ 也是 T 的不变子空间.

证法二　分别取 W 和 $W^\perp$ 的标准正交基 $\varepsilon_1, \varepsilon_2, \cdots, \varepsilon_m$ 和 $\varepsilon_{m+1}, \varepsilon_{m+2}, \cdots, \varepsilon_n$. 因为 $V = W \oplus W^\perp$, 所以 $\varepsilon_1, \varepsilon_2, \cdots, \varepsilon_m, \varepsilon_{m+1}, \varepsilon_{m+2}, \cdots, \varepsilon_n$ 是 V 的标准正交基. 又 T 是 V 的正交变换, 所以

$$T\varepsilon_1, T\varepsilon_2, \cdots, T\varepsilon_m, T\varepsilon_{m+1}, T\varepsilon_{m+2}, \cdots, T\varepsilon_n$$

也是 V 的标准正交基. 但 W 为 T 的不变子空间, 所以 $T\varepsilon_1, T\varepsilon_2, \cdots, T\varepsilon_m$ 是 W 的一组基, 从而

$$T\varepsilon_{m+1}, T\varepsilon_{m+2}, \cdots, T\varepsilon_n \in W^\perp.$$

因此, 对任意 $\alpha = k_{m+1}\varepsilon_{m+1} + k_{m+2}\varepsilon_{m+2} + \cdots + k_n\varepsilon_n \in W^\perp$, 有

$$T\alpha = k_{m+1}T\varepsilon_{m+1} + k_{m+2}T\varepsilon_{m+2} + \cdots + k_nT\varepsilon_n \in W^\perp,$$

所以 $W^\perp$ 也是 T 的不变子空间.

8. 设 T 是 n 维欧氏空间 V 的对称变换, 若对 V 中任意非零向量 α 都有 $(T\alpha, \alpha) > 0$, 则称 T 是正定的. 证明: n 维欧氏空间 V 的对称变换 T 正定的充分必要条件是它在标准正交基下的矩阵是正定的.

证法一　设 T 在标准正交基 $\varepsilon_1, \varepsilon_2, \cdots, \varepsilon_n$ 下的矩阵为 A, 即

$$T(\varepsilon_1, \varepsilon_2, \cdots, \varepsilon_n) = (\varepsilon_1, \varepsilon_2, \cdots, \varepsilon_n)A,$$

则 A 是对称矩阵. 对任意 $\alpha = x_1\varepsilon_1 + x_2\varepsilon_2 + \cdots + x_n\varepsilon_n \neq 0$, 令 $X = (x_1, x_2, \cdots, x_n)'$, 则

$$\alpha = (\varepsilon_1, \varepsilon_2, \cdots, \varepsilon_n)X, \quad T\alpha = (\varepsilon_1, \varepsilon_2, \cdots, \varepsilon_n)AX.$$

因为 $\varepsilon_1, \varepsilon_2, \cdots, \varepsilon_n$ 是标准正交基, 所以

$$(T\alpha, \alpha) = (AX, X) = (AX)'X = X'AX.$$

又因为
$$(T\alpha, \alpha) > 0 \Leftrightarrow \text{二次型} X'AX \text{正定} \Leftrightarrow A \text{ 正定},$$

所以 T 正定的充分必要条件是 A 正定.

证法二 设 T 是正定的, 则 T 是 V 的对称变换, 故其在标准正交基下的矩阵 A 是对称矩阵. 再设 λ_0 是它的任意一个特征值, α 是相应的特征向量, 则 λ_0 是实数, 且 $T\alpha = \lambda_0 \alpha$. 于是

$$0 < (T\alpha, \alpha) = (\lambda_0 \alpha, \alpha) = \lambda_0 (\alpha, \alpha),$$

但 $(\alpha, \alpha) > 0$, 故 $\lambda_0 > 0$, 即 T 的特征值均为正数, 从而矩阵 A 的特征值全大于零, 所以对称矩阵 A 正定.

反过来, 设 T 在标准正交基 $\varepsilon_1, \varepsilon_2, \cdots, \varepsilon_n$ 下的矩阵 A 正定, 则存在正交矩阵 U 使得

$$U^{-1}AU = \mathrm{diag}(\lambda_1, \lambda_2, \cdots, \lambda_n) = D,$$

其中 $\lambda_1, \lambda_2, \cdots, \lambda_n$ 为 A 的特征值且都大于 0.

令 $(\alpha_1, \alpha_2, \cdots, \alpha_n) = (\varepsilon_1, \varepsilon_2, \cdots, \varepsilon_n)U$, 则 $\alpha_1, \alpha_2, \cdots, \alpha_n$ 也是标准正交基, 且

$$T(\alpha_1, \alpha_2, \cdots, \alpha_n) = (\alpha_1, \alpha_2, \cdots, \alpha_n)U^{-1}AU = (\alpha_1, \alpha_2, \cdots, \alpha_n)D.$$

对任意 $0 \neq k_1\alpha_1 + k_2\alpha_2 + \cdots + k_n\alpha_n = (\alpha_1, \alpha_2, \cdots, \alpha_n)\begin{pmatrix} k_1 \\ k_2 \\ \vdots \\ k_n \end{pmatrix} \in V$, 有 $k_1, k_2, \cdots, k_n$

不全为零, 且

$$T\alpha = T(\alpha_1, \alpha_2, \cdots, \alpha_n)\begin{pmatrix} k_1 \\ k_2 \\ \vdots \\ k_n \end{pmatrix} = (\alpha_1, \alpha_2, \cdots, \alpha_n)D\begin{pmatrix} k_1 \\ k_2 \\ \vdots \\ k_n \end{pmatrix}$$

$$= (\alpha_1, \alpha_2, \cdots, \alpha_n)\begin{pmatrix} k_1\lambda_1 \\ k_2\lambda_2 \\ \vdots \\ k_n\lambda_n \end{pmatrix},$$

从而 $(T\alpha, \alpha) = k_1^2\lambda_1 + k_2^2\lambda_2 + \cdots + k_n^2\lambda_n > 0$, 所以 T 正定的.

9. 设 n 维欧氏空间 V 的一组基 $\alpha_1, \alpha_2, \cdots, \alpha_n$ 的度量矩阵为 $G = (g_{ij})$, V 的正交变换 σ 在基 $\alpha_1, \alpha_2, \cdots, \alpha_n$ 下的矩阵为 A, 证明: $A'GA = G$.

证法一　因为 σ 为 V 的正交变换, 所以 σ 可逆, 故 $\sigma\alpha_1, \sigma\alpha_2, \cdots, \sigma\alpha_n$ 仍为 V 的一组基. 设 $\sigma\alpha_1, \sigma\alpha_2, \cdots, \sigma\alpha_n$ 的度量矩阵为 $B = (b_{ij})$, 则

$$b_{ij} = (\sigma\alpha_i, \sigma\alpha_j) = (\alpha_i, \alpha_j) = g_{ij},$$

从而 $B = G$.

又由设

$$(\sigma\alpha_1, \sigma\alpha_2, \cdots, \sigma\alpha_n) = (\alpha_1, \alpha_2, \cdots, \alpha_n)A,$$

即两组基之间的过渡矩阵为 A, 故基 $\sigma\alpha_1, \sigma\alpha_2, \cdots, \sigma\alpha_n$ 的度量矩阵为 $A'GA$. 因此,

$$A'GA = G.$$

证法二　设 $A = (a_{ij})$, 则

$$\sigma\alpha_j = a_{1j}\alpha_1 + a_{2j}\alpha_2 + \cdots + a_{nj}\alpha_n \quad (j = 1, 2, \cdots, n),$$

$$g_{ij} = (\alpha_i, \alpha_j) \quad (i, j = 1, 2, \cdots, n).$$

因为 σ 为正交变换, 所以

$$g_{ij} = (\alpha_i, \alpha_j) = (\sigma\alpha_i, \sigma\alpha_j) = \left(\sum_{s=1}^{n} a_{si}\alpha_s, \sum_{t=1}^{n} a_{tj}\alpha_t\right) = \sum_{s=1}^{n}\sum_{t=1}^{n} a_{si}a_{tj}(\alpha_s, \alpha_t)$$

$$= \sum_{s=1}^{n}\sum_{t=1}^{n} g_{st}a_{si}a_{tj} = (a_{1i}, a_{2i}, \cdots, a_{ni})G\begin{pmatrix} a_{1j} \\ a_{2j} \\ \vdots \\ a_{nj} \end{pmatrix}, i, j = 1, 2, \cdots, n,$$

故有 $A'GA = G$.

10. 设 A 为 n 阶实可逆矩阵, 证明: 存在正交矩阵 U_1, U_2, 使得

$$U_1AU_2 = \mathrm{diag}(d_1, d_2, \cdots, d_n),$$

其中 $d_i > 0$ $(i = 1, 2, \cdots, n)$.

证法一　因为 A 为 n 阶实可逆矩阵, 所以 $A'A$ 是 n 阶正定矩阵, 故存在正交矩阵 U 使得

$$U'A'AU = \mathrm{diag}(\lambda_1, \lambda_2, \cdots, \lambda_n),$$

其中 $\lambda_1, \lambda_2, \cdots, \lambda_n$ 是 $A'A$ 的全部特征值. 令 $B = \mathrm{diag}(\sqrt{\lambda_1}, \sqrt{\lambda_2}, \cdots, \sqrt{\lambda_n})$, 则 $U'A'AU = B^2$, 从而 $B^{-1}U'A'AUB^{-1} = E$, 即 $(AUB^{-1})'(AUB^{-1}) = E$, 故 AUB^{-1} 是正交矩阵, 且 $(AUB^{-1})'AU = B$. 令 $U_1 = (AUB^{-1})', U_2 = U$, 则

$$U_1AU_2 = B = \mathrm{diag}(d_1, d_2, \cdots, d_n),$$

其中 $d_i = \sqrt{\lambda_i} > 0 \ (i = 1, 2, \cdots, n)$.

证法二 由可逆矩阵的正定、正交分解知存在正定矩阵 B 和正交矩阵 Q, 使得 $A = QB$. 矩阵 B 正定, 从而有正交矩阵 U_2, 使得 $U_2'BU_2 = \mathrm{diag}\,(\lambda_1, \lambda_2, \cdots, \lambda_n)$, 其中 $\lambda_i > 0 \ (i = 1, 2, \cdots, n)$ 是 B 的全部特征值. 令 $U_1 = U_2'Q'$, 则 U_1 仍为正交矩阵, 且有

$$U_1AU_2 = U_2'Q'(QB)U_2 = U_2'BU_2 = \mathrm{diag}(\lambda_1, \lambda_2, \cdots, \lambda_n),$$

其中 $\lambda_i > 0, i = 1, 2, \cdots, n$.

11. 设 $\alpha_1, \alpha_2, \cdots, \alpha_m$ 与 $\beta_1, \beta_2, \cdots, \beta_m$ 是欧氏空间 V 中两组向量, $V_1 = L(\alpha_1, \alpha_2, \cdots, \alpha_m)$, $V_2 = L(\beta_1, \beta_2, \cdots, \beta_m)$. 若 $(\alpha_i, \alpha_j) = (\beta_i, \beta_j) \ (i, j = 1, 2, \cdots, m)$, 则 $V_1 \cong V_2$.

证法一 令 $\sigma : \sum\limits_{i=1}^{m} k_i\alpha_i \mapsto \sum\limits_{i=1}^{m} k_i\beta_i$, 则 σ 为 V_1 到 V_2 的映射, 易知 σ 为满映射. 若有 $\xi = \sum\limits_{i=1}^{m} k_i\alpha_i$, $\eta = \sum\limits_{i=1}^{m} l_i\alpha_i$, 使得 $\sigma\xi = \sigma\eta$, 则 $\sum\limits_{i=1}^{m} k_i\beta_i = \sum\limits_{i=1}^{m} l_i\beta_i$, 即 $\sum\limits_{i=1}^{m}(k_i - l_i)\beta_i = 0$. 由 $(\alpha_i, \alpha_j) = (\beta_i, \beta_j)(i, j = 1, 2, \cdots, m)$ 可得

$$0 = \left(\sum_{i=1}^{m}(k_i - l_i)\beta_i, \sum_{i=1}^{m}(k_i - l_i)\beta_i\right) = \left(\sum_{i=1}^{m}(k_i - l_i)\alpha_i, \sum_{i=1}^{m}(k_i - l_i)\alpha_i\right),$$

所以 $\sum\limits_{i=1}^{m}(k_i - l_i)\alpha_i = 0$, 即 $\sum\limits_{i=1}^{m} k_i\alpha_i = \sum\limits_{i=1}^{m} l_i\alpha_i$, 即 $\xi = \eta$, 从而 σ 为单射.

综上, σ 为 V_1 到 V_2 的双射.

对以上定义的 σ, 容易验证对任意 $\xi, \eta \in V_1, k \in P$, 有

$$\sigma(\xi + \eta) = \sigma\xi + \sigma\eta, \quad \sigma(k\xi) = k\sigma\xi, \quad (\sigma\xi, \sigma\eta) = (\xi, \eta),$$

所以 σ 为 V_1 到 V_2 的同构映射, 故 $V_1 \cong V_2$.

证法二 对 $\alpha_1, \alpha_2, \cdots, \alpha_m$ 的任意一个部分组 $\alpha_{i_1}, \alpha_{i_2}, \cdots, \alpha_{i_s}$, 由

$$(\alpha_i, \alpha_j) = (\beta_i, \beta_j) \quad (i, j = 1, 2, \cdots, m)$$

可得

$$\left(\sum_{i=1}^{s} k_{i_j}\alpha_{i_j}, \sum_{i=1}^{s} k_{i_j}\alpha_{i_j}\right) = \left(\sum_{i=1}^{s} k_{i_j}\beta_{i_j}, \sum_{i=1}^{s} k_{i_j}\beta_{i_j}\right),$$

故

$$\sum_{i=1}^{s} k_{i_j}\alpha_{i_j} = 0 \Leftrightarrow \sum_{i=1}^{s} k_{i_j}\beta_{i_j} = 0,$$

从而向量组 $\alpha_1, \alpha_2, \cdots, \alpha_m$ 与 $\beta_1, \beta_2, \cdots, \beta_m$ 有相同的秩, 故 $\dim V_1 = \dim V_2$, 所以

$$V_1 \cong V_2.$$

12. 设 $\mathbb{R}$ 为实数域, $2m$ 阶矩阵 $J = \begin{pmatrix} 0 & E_m \\ -E_m & 0 \end{pmatrix}$. 若 $A \in \mathbb{R}^{2m \times 2m}$, 满足 $AJA' = J$, 则 $|A| = 1$.

证法一　易知 $|J| = \begin{vmatrix} 0 & E_m \\ -E_m & 0 \end{vmatrix} = |E_m|(-1)^{m^2}| - E_m| = (-1)^{m(m+1)} = 1$, 所以由 $AJA' = J$ 可得 $|A| = \pm 1$. 下证 $|A| > 0$.

设 $A = \begin{pmatrix} B & C \\ D & F \end{pmatrix}$, $A_0 = AJ + JA$, 则 $A_0 = \begin{pmatrix} P & Q \\ -Q & P \end{pmatrix}$, 其中 $P = D - C, Q = B + F$. 构造酉矩阵 $U = \dfrac{1}{\sqrt{2}} \begin{pmatrix} E_m & \mathrm{i}E_m \\ E_m & -\mathrm{i}E_m \end{pmatrix}$, 则有

$$UA_0\overline{U}' = \begin{pmatrix} P - \mathrm{i}Q & 0 \\ 0 & P + \mathrm{i}Q \end{pmatrix}.$$

所以

$$|A_0| = |UA_0\overline{U}'| = \begin{vmatrix} P - \mathrm{i}Q & 0 \\ 0 & P + \mathrm{i}Q \end{vmatrix} = |P - \mathrm{i}Q||P + \mathrm{i}Q| = |P - \mathrm{i}Q||\overline{P - \mathrm{i}Q}| > 0.$$

又由 $E_{2m} + AA'$ 正定, 知 $|E_{2m} + AA'| > 0$. 由 $|J| = 1$, 得

$$|A_0 A'| = |(AJ + JA)A'| = |AJA' + JAA'| = |J + JAA'| = |J||E_{2m} + AA'| > 0.$$

因为 $|A_0| > 0$, 所以 $|A| > 0$, 从而 $|A| = 1$.

证法二　设 $A = \begin{pmatrix} B & C \\ D & F \end{pmatrix}$, 构造酉矩阵 $U = \dfrac{1}{\sqrt{2}} \begin{pmatrix} E_m & \mathrm{i}E_m \\ E_m & -\mathrm{i}E_m \end{pmatrix}$, 则有

$$T = UA\overline{U}' = \begin{pmatrix} P & Q \\ \overline{Q} & \overline{P} \end{pmatrix},$$

其中 $2P = B + F + \mathrm{i}(D - C), 2Q = B - F + \mathrm{i}(D + C)$, 而且

$$T(UJ\overline{U}')T' = UA\overline{U}'(UJ\overline{U}')UA\overline{U}' = U(AJA)\overline{U}' = UJ\overline{U}' = -\mathrm{i}\begin{pmatrix} E_m & 0 \\ 0 & -E_m \end{pmatrix},$$

于是

$$\begin{pmatrix} P & Q \\ \overline{Q} & \overline{P} \end{pmatrix} \begin{pmatrix} E_m & 0 \\ 0 & -E_m \end{pmatrix} \begin{pmatrix} \overline{P}' & Q' \\ \overline{Q}' & P' \end{pmatrix} = \begin{pmatrix} E_m & 0 \\ 0 & -E_m \end{pmatrix},$$

所以 $P\overline{P}' - Q\overline{Q}' = E_m, PQ' = QP'$.

注意 $P\overline{P}' = E_m + Q\overline{Q}'$ 是正定Hermite 矩阵, 所以 $|P| \neq 0$. 进一步有

$$|A| = |T| = \begin{vmatrix} P & Q \\ \overline{Q} & \overline{P} \end{vmatrix}$$

$$= \left| \begin{pmatrix} E_m & 0 \\ -\overline{Q}P^{-1} & E_m \end{pmatrix} \begin{pmatrix} P & Q \\ \overline{Q} & \overline{P} \end{pmatrix} \right| = \left| \begin{pmatrix} P & Q \\ 0 & \overline{P} - \overline{Q}P^{-1}Q \end{pmatrix} \right|$$

$$= |P||\overline{P} - \overline{Q}P^{-1}Q| = |\overline{P} - \overline{Q}P^{-1}Q||P| = |\overline{P} - \overline{Q}P^{-1}Q||P'|$$

$$= |\overline{P}P' - \overline{Q}P^{-1}QP'| = |\overline{P}P' - \overline{Q}Q'| = |E_m| = 1.$$

参 考 文 献

北京大学数学系前代数小组, 2013. 高等代数[M]. 王萼芳, 石生明, 修订. 4 版. 北京: 高等教育出版社.

陈现平, 张彬, 2018. 高等代数考研——高频真题分类精解 300 例[M]. 北京: 机械工业出版社.

樊恽, 郑延履, 刘合国, 2003. 线性代数学习指导[M]. 北京: 科学出版社.

黎伯堂, 刘桂真, 2001. 高等代数解题技巧与方法[M]. 济南: 山东科学技术出版社.

李志慧, 李永明, 2008. 高等代数中的典型问题与方法[M]. 北京: 科学出版社.

刘洪星, 2018. 考研高等代数总复习: 精选名校真题[M]. 2 版. 北京: 机械工业出版社.

麻常利, 刘淑霞, 2014. 高等代数思维训练[M]. 北京: 清华大学出版社.

孟道骥, 王立云, 2009. 高等代数与解析几何学习辅导[M]. 北京: 科学出版社.

钱吉林, 2002. 高等代数题解精粹[M]. 北京: 中央民族大学出版社.

屠伯埙, 1986. 线性代数 —— 方法导引[M]. 上海: 复旦大学出版社.

王利广, 李本星, 2016. 高等代数中的典型问题与方法[M]. 北京: 机械工业出版社.

王品超, 1989. 高等代数新方法[M]. 上册. 济南: 山东教育出版社.

王品超, 2003. 高等代数新方法[M]. 下册. 北京: 中国矿业大学出版社.

魏宗宣, 1986. 研究生入学考试线性代数试题选解[M]. 长沙: 中南工业大学出版社.

许甫华, 张贤科, 2005. 高等代数解题方法[M]. 2 版. 北京: 清华大学出版社.

杨子胥, 2001. 高等代数习题解[M]. 上册. 济南: 山东科学技术出版社.

杨子胥, 2001. 高等代数习题解[M]. 下册. 济南: 山东科学技术出版社.

杨子胥, 2008. 高等代数精选题解[M]. 北京: 高等教育出版社.

张贤科, 许甫华, 2004. 高等代数学[M]. 2 版. 北京: 清华大学出版社.

周金土, 2008. 高等代数解题思想与方法[M]. 杭州: 浙江大学出版社.

Axler S, 2016. 线性代数应该这样学[M]. 杜现昆, 刘大艳, 马晶, 译. 3 版. 北京: 人民邮电出版社.